2025 최신개정

名品 최신 복원문제 수록

유기농업기능사

권현준 저

실기

명품강의 보러가기
www.kisa.co.kr

실시간 카톡문의
@kisa
1544-8509

자격시험안내

1. 개요

최근 환경오염과 함께 유기농업의 중요성 및 수요는 증대되고 있으며, 과거 저부가가치의 농작물에서 고부가가치가 가능한 농작물로 전환할 필요성이 대두되고 이러한 고부가가치 작물생산의 한 방안으로 최근 유기농업에 대한 관심 및 수요가 증가되는 추세에 있다. 유기농업이란 화학비료, 유기합성농약(농약, 생장조절제, 제초제 등), 가축사료첨가제 등 일체의 합성화학물질을 사용하지 않고 유기물과 자연광석 미생물 등 자연적인 자재만을 사용하는 농법을 말한다. 이러한 유기농업은 단순히 자연보호 및 농가소득증대라는 소극적 중요성을 떠나, WTO에 대응하여 자국농업을 보호하는 수단이 되며, 아울러 국민의 보건복지 증진이라는 의미에서도 매우 중요하다. 이러한 유기농업의 중요성에도 불구하고, 전문 유기농업인력을 육성·공급할 수 있는 자격신설이 필요하게 됨

2. 시행기관 및 원서접수

한국산업인력공단(www.q-net.or.kr)

3. 수행직무

유기농업 분야의 입지선정, 작목선정, 경영여건분석, 환경분석 등을 기획하고, 윤작체계 및 자재의 선정, 토양비옥도 및 병해충방지, 시비방법선정 사료확보 등 생산, 축사 설계, 축사분뇨처리업무와 유기농산물 원료의 가공, 포장, 유통 직무 수행

4. 시험과목 및 검정방법

구분	시험과목	검정방법
필기시험	① 유기작물재배 ② 토양관리 ③ 유기농업일반	객관식 4지 택일형, 60문항(1시간)
실기시험	유기농산물재배실무	필답형(2시간)

5. 합격기준

① 필기 : 100점을 만점으로 하여 과목당 40점 이상, 전 과목 평균 60점 이상
② 실기 : 100점을 만점으로 하여 60점 이상

6. 응시절차

1	필기원서접수	• Q-net를 통한 인터넷 원서접수 • 필기접수 기간 내 수험원서 인터넷 제출 • 사진(6개월 이내에 촬영한 90×120픽셀 사진파일(JPG) 수수료 전자결제 • 수험표 본인 선택(선착순)
2	필기시험	수험표, 신분증, 필기구(흑색 싸인펜 등), 공학용계산기 지참
3	합격자 발표	• Q-net를 통한 합격확인(마이페이지 등) • 응시자격(기술사, 기능장, 산업기사, 서비스 분야 일부종목) • 제한종목은 합격예정자 발표일부터 8일 이내에(토, 공휴일 제외) • 반드시 응시자격서류를 제출하여야되며 단, 실기접수는 4일 임.
4	실기원서 접수	• 실기접수기간 내 수험원서 인터넷(www.Q-net.or.kr)제출 • 사진(6개월 이내에 촬영한 반명함판 사진파일(JPG), 수수료(정액) • 시험일시, 장소, 본인 선택(선착순) 단, 기술사 면접시험은 시행 10일 전 공고
5	실기시험	수험표, 신분증, 필기구, 공학용 계산기, 수험자 지참준비물(작업형 시험한정) 지참
6	최종합격자 발표	Q-net를 통한 합격확인(마이페이지 등)
7	자격증 발급	• (인터넷) 공인인증 등을 통한 발급, 택배가능 • (방문수령) 여권규격사진 및 신분확인 서류

모두 바르게 빨리 **올배움** 한다.

이러닝교육기관 올배움이 특별한 이유!

01 SINCE 1997 국가기술자격증 이러닝교육기관 올배움

02 고객이 신뢰하는 브랜드대상 수상기관

03 합격생이 인정하는 최고의 명품강의

전국 한국산업인력공단 안내

기관명	기술자격시험팀 연락처	주소
울산지사	• 자격시험부 : 052-220-3223~4 / 052-220-3210~3218	울산시 중구 종가로 347(교동)
서울지역본부	• 응시자격서류 제출검사 : 02-2137-0503~6 • 자격증발급 : [우편]02-2137-0516 [방문]02-2137-0509 • 실기(필답, 작업)시험 : 02-2137-0521~4	서울 동대문구 장안벚꽃로 279(휘경동 49-35)
서울서부지사 (구, 서울동부지사)	• 필기 및 실기 응시자격 서류 제출심사 및 자격증 발급 (필기서류제출심사) 02-2024-1707, 1708, 1710, 1728 (자격증발급)02-2204-1728 • 실기(필답, 작업)시험 : 02-2024-1702,1704,1706,1711,1712	서울시 은평구 진관3로 36(진관동 산100-23)
서울남부지사	• 자격증발급 : 02-6907-7137 • 필기 및 실기 : 02-6907-7133~9, 7151~156	서울시 영등포구 버드나루로 110(당산동)
강원지사(춘천)	• 자격증발급 : 033-248-8516 • 국가기술자격시험 : 033-248-8512~3, 8515~9	강원도 춘천시 동내면 원창 고개길 135(학곡리)
강원동부지사(강릉)	• 자격증발급 : 033-650-5711 • 국가기술자격시험 : 033-650-5713(필), 033-650-5717(실)	강원도 강릉시 사천면 방동길 60(방동리)
부산지역본부	• 국가기술자격시험 : 051-330-1918, 1922, 1925~6, 1928	부산시 북구 금곡대로 441번길 26(금곡동)
부산남부지사	• 자격시험부 : 051-620-1910~9	부산시 남구 신선로 454-18(용당동)
경남지사	• 자격시험부 : 0522-212-7240~245, 248, 250	경남 창원시 성산구 두대로 239(중앙동)
대구지역본부	• 국가기술자격시험 : 053-580-2451~2361	대구시 달서구 성서공단로 213(갈산동)
경북지사	• 국가자격검정(자격시험부) : 054-840-3031~34	경북 안동시 서후면 학가산 온천길 42(명리)
경북동부지사(포항)	• 국가자격검정(자격시험부) : 054-230-3251~8	경북 포항시 북구 법원로 140번길 9(장성동)
경북서부지사	• 국가기술자격시험 : 054-713-3022~3025	경북 구미시 산호대로 253(구미첨단의료기술타워)
인천지역본부 (구, 중부지역본부)	• 자격시험부 : 032-820-8619,8622~8635 • 자격증발급 및 응시자격 : 032-820-8679	인천시 남동구 남동서로 209(고잔동)
경기지사	• 자격증 발급 : 031-249-1224 • 기술자격 필실기시험 : 031-249-1212~7, 219, 221, 224	경기도 수원시 권선구 호매실로 46-68(탑동)
경기북부지사	• 자격시험(필기) : 031-850-9122,9123,9127,9128 • 자격시험(실기) : 031-850-9123, 9173	경기도 의정부시 추동로 140(신곡동)
경기동부지사 (성남)	• 시험시행 및 응시자격서류 : 031-750-6222~9, 6216 • 자격증 발급 : 031-750-6226, 6215	경기 성남시 수정구 성남대로 1217(수진동)
경기남부지사	• 자격시험부 : 031-615-9001~9006 • 응시자격서류 및 자격증 발급 : 031-615-9001	경기 안성시 공도읍 공도로 51-23
광주지역본부	• 기술자격시험 : 062-970-1761~67, 69, 99	광주광역시 북구 첨단벤처로 82(대촌동)
전북지사	• 국가기술자격시험 : 063-210-9221~7	전북 전주시 덕진구 유상로 69(팔복동)
전남지사	• 정기시험 : 061-720-8531,8532,8534~8536,8539,8561	전남 순천시 순광로 35-2(조례동)
전남서부지사(목포)	• 기사필(실)기 : 061-288-3327, • 기능사필(실)기 : 061-288-3326	전남 목포시 영산로 820(대양동)
제주지사	• 국가자격검정(자격시험부) : 064-729-0701~2 • 국가기술자격 : 064-729-0712,0715,0717~8	제주 제주시 복지로 19(도남동)
대전지역본부	042-580-9131~7, 9139	대전광역시 중구 서문로 25번길 1(문화동)
충북지사	• 국가기술(정기) : 043-279-9041~9046	충북 청주시 흥덕구 1순환로 394번길 81(신봉동)
충남지사	• 국가기술자격 정기시험 : 041-620-7632~9	충남 천안시 서북구 천일고 1길 27(신당동)
세종지사	• 자격시험부 : 044-410-8021-8023	세종특별자치시 한누리대로 296(나성동)

7. 출제기준

유기농업기능사

직무 분야	농림어업	중직무 분야	농업	자격 종목	유기농업기능사	적용 기간	2025.1.1. ~2027.12.31.

○ 직무내용
　유기농축 산업 분야에 대한 윤작체계, 자재선정, 토양특성, 병해충관리, 가축사육 및 질병, 인증관리 등 관련 업무를 수행하는 직무이다.

실기검정방법	필답형	시험시간	2시간

실기과목명	주요항목	세부항목
식품생산관리실무	1. 유기재배 준비	1. 유기농업 환경 분석하기 2. 생산계획 수립하기 3. 작부체계 수립하기
	2. 유기재배 토양관리	1. 토양 검정하기 2. 퇴비 선택하기 3. 토양 관리하기
	3. 유기재배 생육관리	1. 거름 주기 2. 생육단계별 관리하기 3. 생육진단 처방하기
	4. 유기재배 잡초관리	1. 잡초 조사하기 2. 논잡초 관리하기 3. 밭잡초 관리하기
	5. 유기재배 수확관리	1. 수확하기 2. 저장하기 3. 판매 관리하기
	6. 유기재배 농자재 제조	1. 유기농업 자재 활용하기 2. 토양 양분관리 자재 제조하기
	7. 유기재배 병해관리	1. 병해 예방하기 2. 병해 진단하기 3. 병해 방제하기
	8. 유기재배 충해관리	1. 충해 예방하기 2. 충해 진단하기 3. 해충 방제하기
	9. 유기 축산	1. 유기축산 이해하기

차례

1과목 토양 및 퇴비

- 1-1 토양 ········· 2
- 1-2 토양 관리 ········· 7
- 1-3 토양의 유기물 ········· 10
- 1-4 탄질율 ········· 12
- 1-5 논토양 ········· 13
- 1-6 밭토양 ········· 15
- 1-7 토양의 생성과 발달 ········· 17
- 1-8 퇴비 ········· 21
- 1-9 퇴비의 종류 및 특성 ········· 23
- 1-10 퇴비화 ········· 24
- 1-11 퇴비 분석 ········· 26
- ▌1단원 기본문제 ········· 28
- ▌1단원 OX문제 ········· 43

2과목 유기작물의 재배 및 관리

- 2-1 작부체계 ········· 52
- 2-2 파종 ········· 56
- 2-3 재배관리 ········· 58
- 2-4 작물 구성원소 ········· 63
- 2-5 수확 ········· 67
- 2-6 수확 후 처리 ········· 68
- 2-7 저장 ········· 70
- 2-8 포장 ········· 72
- 2-9 제초 ········· 74
- 2-10 유기농업 해충 방제 ········· 79
- 2-11 냉해 ········· 84
- 2-12 습해 및 수해 ········· 84
- 2-13 가뭄해 및 열해 ········· 86
- 2-14 동해 및 상해 ········· 88
- 2-15 도복과 풍해 ········· 89
- ▌2단원 기본문제 ········· 91
- ▌2단원 OX문제 ········· 104

3과목 관련법령 및 인증기준

- 3-1 유기농업자재 공시기준 ········· 112
- 3-2 친환경농어업 육성 및 유기식품 등의 관리·지원에 관한 법률 ········· 124
- 3-3 유기농산물 및 유기축산물 인증 ········· 125
- ▌3단원 기본문제 ········· 174
- ▌3단원 OX문제 ········· 104

부록 I 법령 및 시행규칙

- ▪친환경농어업법 ········· 198
- ▪인증신청서 ········· 236
- ▪인증품 생산계획서(농산물·임산물) ········· 237
- ▪인증품 생산계획서(축산물) ········· 238

부록 II 실기 복원문제

- ▪2021년 유기농업기능사
  - 1회 ········· 240
  - 2회 ········· 247
  - 3회 ········· 254
- ▪2022년 유기농업기능사
  - 1회 ········· 260
  - 2회 ········· 267
  - 3회 ········· 274
- ▪2023년 유기농업기능사
  - 1회 ········· 281
  - 2회 ········· 287
  - 3회 ········· 294
  - 4회 ········· 300
- ▪2024년 유기농업기능사
  - 1회 ········· 307
  - 2회 ········· 313
  - 3회 ········· 320
  - 4회 ········· 328

PART 1

토양 및 퇴비

ORGANIC AGRICULTURE

PART 01 토양 및 퇴비

1. 토양

(1) 토성

① 토양은 고상, 기상, 액상으로 구성되어 있으며 고상의 대부분은 무기물이, 기상은 토양공기, 액상은 토양수분을 의미하며 고상:액상:기상=50:25:25 비율로 구성되어 있는 것이 작물이 크기에 가장 이상적인 구조이다.

② 토성은 모래(미사, 조사), 점토 함량을 기준으로 분류하는데 주로 점토를 기준으로 분류하며 사토, 식토, 양토, 사양토, 식양토 등으로 분류된다.

토양	진흙정도(%)
사토	12.5 이하
사양토	12.5 ~ 25.0
양토	25.0 ~ 37.5
식양토	37.5 ~ 50.0
식토	50.0 이상

③ 토양의 공극 및 상태에 따라 통기성 및 투수성이 결정되며 토성 중 사토가 가장 크며 다음 순서로 사양토, 양토, 식양토, 식토의 순서로 식토가 가장 작다.

④ 국제토양학회에서는 토양입자의 입경에 따라 아래와 같이 분류된다.

입자	입경(mm)
자갈	2.0 이상
조사(거친모래)	0.2 ~ 2.0
세사(가는모래)	0.02 ~ 0.2
미사(고운모래)	0.002 ~ 0.02
점토	0.002 이하

⑤ 자갈이나 모래가 많은 토양의 경우 빈공극이 많아 통기성이 좋으나 보수력이나 보비력이 낮아 작물의 생육에는 오히려 불리하다. 점토함량이 많은 토양의 경우 보수력과 보비력은 좋으나 공극이 작아 통기성이 불량하여 이 역시도 작물의 생육에는 불리하다.

⑥ 토성 삼각도법
  ㉠ 모래, 미사, 점토의 함량비를 이용한다.
  ㉡ 2가지 이상의 함량비를 삼각도표 보조 선상에서 검색한다.
  ㉢ 삼각형 안으로 각 변과 평행하게 선을 그어 만나는 점의 구역이 토성이 된다.
  ㉣ 만나는 점이 경계에 있을 경우 작은 알갱이가 많은 토성의 이름을 정한다.

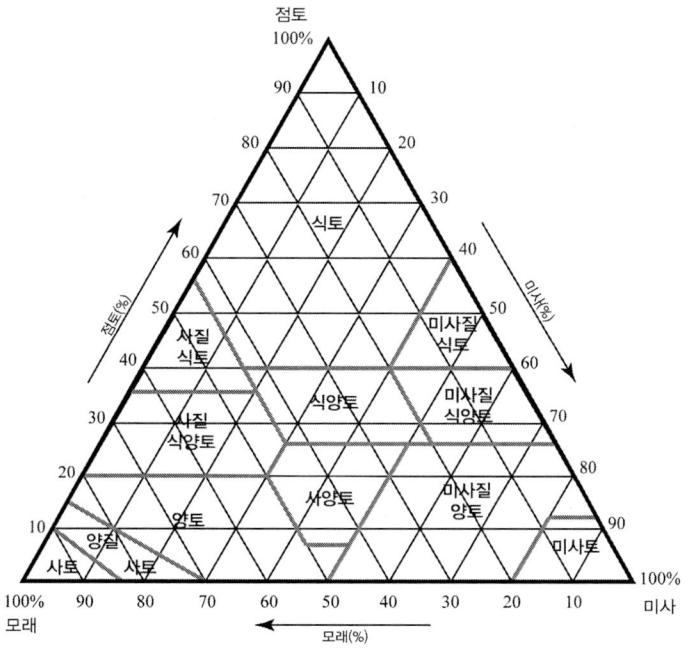

(2) 토양의 구조
  ① 토양 구조는 토양입자의 배열상태를 말하며 토양입자가 개별적으로 있는 경우 단립구조, 서로 결합되어 무리를 이루는 경우를 입단구조라 정의한다.

단립구조(홑알구조)	입단구조(떼알구조)
· 토양에서 각각 독립적으로 존재하는 구조로서 큰공극이 많아 수분 및 비료의 함량이 적은 편이다. · 대표적으로 모래와 미사가 단립구조를 가진다.	· 여러 입자들이 하나의 단체를 만들고 단체끼리 모여 입단을 만드는 구조로 통기성이 좋고 적정량의 수분을 보유한다. · 식물이 생육하기에 수분 및 공기의 유동에 적합한 구조이다.

② 입단을 조성하기 위해서는 칼슘(Ca^{2+})과 같은 양이온의 작용과 점토, 유기물 등을 첨가, 콩과식물의 재배, 토양의 피복, 토양개량제(krillium, PVC) 등을 통해 구조를 개선해야 한다.
③ 유기물질의 수산기 혹은 카르복시기가 점토광물과 결합하면서 입단을 형성하거나 토양에서 죽은 식물체가 미생물의 분해작용으로 분해되면서 입단이 조성되기도 한다.
④ 입단의 분해 혹은 파괴가 일어나는 경우는 과도한 경운작업과 같은 물리적 충격을 주거나 환경 및 기상에 의한 입단의 수축, 팽윤의 반복 혹은 입단구조에 반발력을 이온(나트륨이온 등)이 과다할 때 발생한다.
⑤ 토양구조는 모양에 따라 구상구조(입상구조), 괴상구조, 주상구조, 판상구조 등이 있다.

구상구조	· 구상구조는 입상구조라 하며 주로 유기물이 많은 표층토에서 발달하고 입단이 구상을 나타낸다. · 외관은 거의 구상이고 유기물이 많은 건조한 곳에서 생성된다. 모양은 둥글고 직경은 1cm 이하의 작은 입단으로 되어 있다.
괴상구조	· 배수와 통기성이 양호하고 뿌리의 발달이 원활한 심토층에 주로 발달된다. · 입단의 모양은 불규칙하나 대개 6면체로 되어 있으며 덩어리의 외면 특성에 따라 각이 있으면 각괴라고 하며 각이 없으면 아각괴라 한다.
주상구조	· 각주상, 원주상인 것이 있으며 토양입자가 세로로 배열되어 때로는 길고 큰 구조를 만든다.
ㄴ각주상 구조	· 건조 또는 반건조지역의 심층토에 주로 지표면과 수직한 형태로 발달한다. · 단위구조의 수직길이가 수평길이보다 긴 기둥모양이며 수평면이 평탄하고 각진 모서리 구조를 가진다. · 습윤지역의 배수가 불량한 토양이나 팽창 특성을 지닌 점토가 많은 토양에 주로 발달한다.
ㄴ원주상 구조	· 기둥모양의 주상 구조이지만 각주상 구조와 달리 수평면이 둥글게 발달한다. · Na 이온이 많은 B층의 토양에서 많이 관찰된다.
판상구조	· 접시와 같은 모양이거나 수평배열의 토괴로 구성된 구조로 토양생성과정 중에 발달하는 편이다. · 우리나라의 논토양에서 많이 발견되며 용적밀도가 크고 공극률이 낮으며 대공극이 없다. · 토양의 투수성과 통기성이 불량하여 수분의 하향이동이 어렵고 뿌리가 밑으로 자랄 수 없다.

(3) 토양공극
① 토양의 공극률
  ㉠ 진비중은 입자밀도 혹은 진밀도라고도 하며, 가비중은 용적밀도 혹은 용적중이라고 한다.
  ㉡ 토양의 공극률은 다음과 같이 구할 수 있다.
  $$공극률(\%) = (1 - \frac{가비중}{진비중}) \times 100$$

② 토양의 공극량
  ㉠ 토양의 공극량은 사토(40%), 사양토(43%), 양토(47%), 식양토(55%), 식토(58%)을 보인다.
  ㉡ 토양의 공극량은 토양의 구조, 요소의 배열, 입단의 크기 등에 의해 영향을 받는다.
  ㉢ 모래의 함량이 많은 토양은 비모관공극이 모관공극보다 많고 점토의 함량이 많은 토양은 모관공극이 비모관공극보다 많다.

③ 토양공극에 따른 작물 생육
  ㉠ 토양 공극의 크기가 작으면 공기의 유통이 불량하여 작물의 호흡이 저하되어 뿌리 발달이 불량해진다.
  ㉡ 토양 공극의 크기가 너무 크면 수분의 보유력이 작아 한해를 받기 쉽고 비료성분의 유실 가능성이 높아진다.
  ㉢ 사질토양은 식질토양보다 전공극량이 작지만 대공극량이 많아 공기 및 물의 유동이 빠른편이다.

④ 토양밀도
  ㉠ 토양에서 입자밀도는 고상을 구성하는 자체밀도로서 $2.5 \sim 2.7 g/cm^3$ 으로 평균 $2.65 g/cm^3$ 이다.
  ㉡ 용적밀도는 자연상태의 토양밀도로 무기질, 유기질, 공기, 수분이 혼합된 밀도이다. 이러한 용적밀도 측정을 통해 토양의 구조발달 정도를 파악한다.
  ㉢ 용적밀도는 사토, 사양토, 양토, 식양토, 식토 순서로 사토가 가장 높다.

(4) 토양공기
① 토양에 빈공간에 공기로 차 있는 공극부분을 용기량이라 하며 일반적으로 모관공극에는 수분이 차지하고 있으며 비모관 공극에 공기가 분포되어 있다.
② 토양공기의 분포는 산소는 10~21%, 이산화탄소는 0.1~10%, 질소는 75~80% 정도이다.
③ 작물이 생육하기 위한 가장 적합한 최적용기량은 10~25% 정도이며 작물에 따라 최적용기

량은 달라진다.
④ 토양에 공기는 미생물의 호흡 및 환경에 의해 주로 산소는 적은편이고 이산화탄소의 경우 일반 대기의 이산화탄소 농도보다 높은 편이다.
⑤ 토양도 깊이에 따라 공기의 차이가 있는데 아래로 내려갈수록 산소의 농도는 낮아지고 이산화탄소의 농도는 높아진다.
⑥ 식물이 살아가는데 토양의 통기성을 양호하게 하는 방법으로 유기물, 토양개량제 등을 이용한 입단조성, 배수 시설의 조성, 객토 등을 통한 물리적 방법등이 있다.

(5) 토양온도
① 토양에서 온도는 미생물 활동, 종자 발아, 식물 생장, 토양 화학반응, 토양 수분 이동, 토양의 비열 및 열전도율 등이 영향을 준다.
② 토양의 수분함량은 토양온도의 가장 큰 영향을 준다. 물의 비열이 크기에 토양수분이 많을수록 토양온도의 변화가 적다.
③ 경사도에 영향을 받는데 경사도가 작을수록 수광량이 작아지고 경사도가 수직일 때 수광량이 가장 높다.
④ 피복식물 및 멀칭 등에 의해 토양온도가 영향을 받는데 피복된 지역의 온도 변화가 상대적으로 적다.
⑤ 토양의 색은 열의 흡수 정도에 영향을 주고 온도를 변화시키는데 흑색이 가장 많은 열을 흡수하고 백색의 토양이 가장 적은 열을 흡수한다.
⑥ 토양의 온도가 높아지면 유기물의 분해속도가 빨라져 토양의 유기물 함량은 줄어드는 경향을 보인다.

(6) 토양색
① 토양색의 영향 요인
  ㉠ 토양의 색은 모재의 종류, 토양 유기물 함량, 수분함량 등에 의해 다르게 나타난다.
  ㉡ 토양의 유기물 함량에 의해 흑색이나 어두운 회색을 띠는데 유기물의 함량이 많을수록 어두운 색을 띤다.
  ㉢ 흑운모, 각섬석, 전기석 등은 철(Fe)이 들어 있어 흑색, 녹색 등 여러 색을 띠고 이들이 풍화되면서 황색이나 적색을 띠게 된다.
② 토양색 표시
  ㉠ 토양색은 객관적이고 미세한 차이 구별을 위해 'Munsell 컬러차트'를 활용하여 색상, 명도, 채도의 3속성 조합으로 표현한다.

ⓒ 보통 색상, 명도, 채도의 순서로 표기한다. 예를 들어 7.5R 7/2 로 표기한 토양은 색상은 7.5R, 명도는 7, 채도는 2를 의미한다.

ⓒ 색상은 빛의 색을 숫자로 표시한다. 빨강, 노랑, 초록, 파랑 및 보라의 5개 색상과 5개의 중간색상을 포함한 10개의 색상으로 구분하고 각 색상은 2.5의 배수로 '2.5, 5, 7.5, 10' 의 4단계로 구분한다.

ⓒ 명도는 색상의 밝기로 검은색을 0, 순백을 10 으로 표시하며 토양의 명도는 2에서 8까지 구분한다.

ⓒ 채도는 색깔의 선명도를 나타내는데 Munsell 체계에서 각각의 색상별로 회색에 가까울수록 낮은 값인 1 로부터 2, 3, 4, 6, 8 까지로 구분하고 있다.

2. 토양 관리

(1) 토양산도

① 토양을 산성, 염기성, 중성 토양으로 분류하는 것을 pH 로 수치화하며 1~14 까지 분류한다. pH 7 을 중성으로 수가 작을수록 산성, 수가 클수록 염기성 혹은 알칼리성 토양이라 한다.

② 토양 산도에 따른 가용 원소들은 아래와 같이 분류된다.

산성토양에서 가용도가 높은 원소	알루미늄(Al), 구리(Cu), 철(Fe), 망간(Mn), 아연(Zn)
산성토양에서 가용도가 낮은 원소	붕소(B), 칼슘(Ca), 마그네슘(Mg), 인산(P), 몰리브덴(Mo)

(2) 토양보호

① 강우로 표토가 유실되거나 바람에 의해 표토가 비산되는 경우 토양침식이라 한다.

② 강우가 원인이 되는 수식, 바람이 원인이 되는 풍식으로 구별되며 수식은 다시 빗방울에 의한 우적침식과 빗물이 표토를 씻어 내리는 소류침식으로 구별된다.

③ 수식에 관여 요인

ⓒ 10분간 2mm를 초과하는 강우는 토양침식 위험이 높아 위험강우라 하고, 그 적산치를 위험강우량이라 한다. 위험강우가 많은 여름철(7~9월)을 위험강우기라 한다.

ⓒ 작토에 내수성 입단이 잘 형성되고 심토의 투수성이 높은 토양은 침식이 적다.

ⓒ 사토는 분산되기 쉽고 식토는 빗물의 흡수능이 작아 침식되기 쉽다.

ⓒ 경사가 급하면 토양이 불안정하여 유거수의 유속이 커져 침식이 발생한다.

ⓒ 적설량이 많거나 식생이 적은 경우 침식이 잘 발생한다.

④ 수식대책
  ㉠ 초지화
    • 목초로 전면 초지화하여 토양침식을 방지하는 방법이다.
    • 피복성이 높은 목초는 토양보호의 효과가 크다.
    • 주목초의 생육이 더딜 때는 동반작물을 혼파하여 조속한 초생화를 하도록 한다.
  ㉡ 초생재배
    • 과수원에 깨끗이 김을 매 주는 재배법으로 청경재배 대신에 목초, 녹비 등을 나무 아래 가꾸는 재배법으로 초생재배라 한다.
    • 초생재배를 통해 토양침식 방지, 제초노력 경감, 지력 증진의 효과가 있다.
  ㉢ 단구식 재배
    경사가 심한 곳을 개간할 경우 계단식으로 단구를 구축하여 법면에 콘크리트나 돌로 축대를 쌓거나 초생화를 한다.
  ㉣ 대상재배
    • 경사지에서 수식성 작물을 재배할 경우 등고선으로 3~10m 일정 간격을 두고 목초대를 두어 토양침식을 경감시키는데 대생재배 혹은 등고선윤작이라 한다.
    • 간격이 좁고 목초대의 폭이 넓을수록 토양보호효과가 높아진다.

(3) 배수
  ① 배수
    ㉠ 원활한 배수를 통해 습해 및 수해를 막을 수 있다.
    ㉡ 다모작을 가능하게 하여 경지의 이용도를 높인다.
    ㉢ 토양의 성질이 개선되고 농작업이 용이하게 되면서 기계화가 촉진된다.
  ② 배수법
    ㉠ 자연배수는 지표배수와 지하배수가 있다. 지표배수는 논이나 밭에 도랑을 만들어 배수를 하기에 개거배수 혹은 명거배수라고 한다.
    ㉡ 지하배수는 땅속에 암거를 만들어 배수를 하는데 암거배수라고 한다.
    ㉢ 기계배수는 자연배수가 힘들어 펌프를 이용하여 기계적으로 배수하는 방법이다.

(4) 염류토양
  ① 일반적인 토양에 비료를 너무 과하게 공급할 경우 비료에 염류가 토양에 집적된다.
  ② 시설토양의 경우 피복재로 자연강우가 차단되면서 염류가 빠져나가지 못하고 토양에 잔류되기도 한다.

③ 이러한 염류장해를 발생하는 토양에 대한 대책은 다음과 같다.
  ㉠ 기존의 토양을 새로운 토양으로 바꾸는 객토를 실시한다.
  ㉡ 심경을 실시하여 작토층 이하의 흙을 파 올려 염류 농도를 낮춘다.
  ㉢ 유기물을 공급하여 토양환경을 개선하고 완충능력을 높여준다.
  ㉣ 질소질비료의 시비에 유의하고 완효성비료를 활용한다.
  ㉤ 물을 관수하는 담수처리를 하여 염류를 제거한다.
  ㉥ 토양개량제, 석회 등을 시용하여 토양의 개량한다.

(5) 토양검정
  ① 토양검정
    일반적인 토양 검정 항목으로는 pH(산도), 유기물, 유효인산, 치환성양이온, 전기전도도 등이 있다.
  ② 토양산도 측정
    ㉠ 토양 pH 는 토양 용액의 수소 이온과 수산화이온 농도 또는 비율에 의해 결정된다.
    ㉡ 토양의 산도는 작물이 흡수하는 무기성분의 용해도와 미생물의 활성도 등에 영향을 준다.
  ③ 전기전도도(EC) 측정
    ㉠ 토양의 염류농도를 파악하기 위해 전기전도도를 측정한다.
    ㉡ 염류 이온의 농도가 높으면 전기전도도가 높아지며 단위는 ds/m로 표시한다.
  ④ 유기물 함량 측정
    ㉠ 풍건한 시료를 도가니에 담아 105°C 로 건조한다.
    ㉡ 도가니의 무게를 측정한다.
    ㉢ 토양시료를 도가니에 담아 무게를 측정한다.
    ㉣ 시료가 담긴 도가니를 550~600°C 회화로에 넣어 완전히 태운다.
    ㉤ 도가니를 데시케이터에 식힌 후 무게를 측정하여 유기물의 함량을 구한다. 이때 도가니의 무게는 빼주어 유기물을 태운 후 토양무게를 기록하도록 한다.
    ㉥ 유기물 함량을 구하는 공식은 다음과 같다.

$$유기물\ 함량(\%) = \frac{준비된\ 토양무게 - 유기물을\ 태운\ 후\ 토양무게}{준비된\ 토양무게} \times 100$$

3. 토양의 유기물

(1) 토양유기물

① 토양유기물은 토양에 존재하는 유기물을 말하며 여러 미생물에 의해 분해 작용을 받아 갈색 혹은 암갈색의 일정 형태가 없는 물질을 말한다.
② 식물체의 경우 셀룰로오스, 헤미셀룰로오스, 리그닌, 전분, 당류, 단백질 등으로 구성되어 있는데 리그닌이 가장 분해되기 어려우며 분해순서는 <리그닌, 셀룰로오스, 헤미셀룰로오스, 단백질, 전분, 당류> 이다.
③ 부식이 많을 경우 부식산이 생성되어 산성이 강해지나 상대적으로 점토의 함량이 부족해 불리한 경우가 있다.

(2) 유기물 기능

① 양분의 공급 효과가 있다.
② 토양의 입단화가 촉진되고 공극이 형성되며 토양의 물리성이 개선된다.
③ 토양 미생물이 증가하고 활성도가 높아진다.
④ 지온의 상승 효과가 있다.
⑤ 미생물의 유기물의 분해 활동으로 탄산가스가 증가한다.
⑥ 유기물이 분해되면서 산을 생성하여 암석을 분해시킨다.

(3) 토양유기물 유지 및 증진

① 녹비작물을 재배한다.
② 유기질 비료를 시비한다. 시비를 통해 중금속의 유해작용을 감소시킬 수 있다.
③ 객토 및 경운을 실시한다. 단, 과도한 경운은 피하도록 한다.
④ 윤작을 실시한다.

(4) 피복작물

① 피복작물
  ㉠ 피복작물은 지면을 덮는 작물로 토양의 침식을 방지하는 효과가 있다.
  ㉡ 여름 휴경지에는 메밀, 기장 등이 있고 겨울 휴경지에는 호밀, 헤어리베치, 스위트클로버 등이 적합하다.
② 피복작물의 효과
  ㉠ 잡초의 발생을 억제한다.

ⓒ 유익한 선충 및 미생물의 수를 증가시킨다.
ⓓ 유해한 선충 및 해충을 감소시킨다.
ⓔ 콩과작물의 경우 질소를 공급하여 비료사용을 절감한다.
ⓕ 제초제 사용량을 줄여 비용절감 효과가 있다.
ⓖ 토양의 침식을 방지한다.
ⓗ 토양의 건조를 방지하여 가뭄의 피해를 경감시킨다.

(5) 질소고정량

콩과식물의 일반적인 질소 고정량은 다음과 같다

식물	질소고정량	식물	질소고정량
알팔파	22	카우피	10.3
스위트클로버	14	대두	11.3
레드클로버	13	완두	8.3
화이트클로버	11.8	땅콩	4.8

(단위 : kg/10a)

(6) 미생물
① 고초균
 ㉠ 토양에 서식하는 유효미생물로 병원균의 생육을 억제하는 항생물질을 분비하여 토양의 병원균 밀도를 낮추어 준다.
 ㉡ 각종 생리 활성물질을 분비하여 식물의 뿌리 생육을 촉진시킨다.
 ㉢ 유기물의 분해능력이 뛰어나고 30~70℃ 조건에서 증식이 활발하다.
② 유산균
 ㉠ 유산균은 토양유기물을 분해하면서 단백질, 섬유소, 전분 등의 분해효소를 공급한다.
 ㉡ 비타민, 아미노산, 핵산 등을 생산하기도 하며 작물이 생육에 도움을 주어 저항성을 강하게 한다.
③ 방선균
 ㉠ 병원성 곰팡이의 천적 미생물로 토양 내에서 자라면서 병원균의 항생물질을 만드는 유익균이다.
 ㉡ 토양에 유기질을 많이 넣은 경우 방선균의 밀도가 높다.

④ 광합성세균
  ㉠ 광합성세균은 낮은 광도에서 광합성 작용을 통해 토양 유기탄소를 합성한다.
  ㉡ 질소 고정능력이 있어 토양에 유기 질소를 공급하기도 한다.
  ㉢ 아미노산, 핵산물질, 생리 활성물질 등을 다량 생성한다.
  ㉣ 유해가스를 유용물질로 전환하며 악취를 제거하는 효과도 있다.

4. 탄질율

(1) 탄질율

① 식물의 잎에서 동화작용에 의해 생성되는 탄소와 식물의 뿌리를 통해 흡수되는 질소의 비율을 탄질율(C/N율, 탄질비)이라 한다.
② 탄질율은 생장, 꽃눈의 형성 및 결실에 영향을 준다.
③ 탄질율의 탄소, 질소 농도가 같거나 높으면 생장이 좋아진다.
④ 질소의 농도가 상대적으로 높으면 생장만 이루어져 도장이나 낙화, 낙과현상이 발생한다.
⑤ 일반적으로 완숙된 퇴비의 탄질율은 20% 이하이다.
⑥ 종류에 따른 탄질율은 다음과 같다.

톱밥	500~1000
쌀보리짚	166
밀짚	116
왕겨	76
볏짚	67
호밀	37
가축분뇨	20
쌀겨	18
알팔파	13
부식	10
곰팡이	6

⑦ 탄질율 교정을 위한 계산은 다음과 같다.

$$첨가하는 질소 비율 = \frac{재료의 탄소 함량}{교정 탄질율} - 재료의 질소함량$$

(2) 질소기아현상

① 토양에 탄질율이 30 이상 높은 유기물이 투입되면 미생물이 원래 토양에 있는 질소를 이용하기에 작물이 일시적으로 질소 부족 현상이 나타나게 된다.

② 톱밥, 왕겨, 미숙 퇴비 등은 탄질율이 높아 질소 부족 현상이 나타난다.
③ 질소의 함량을 높이기 위해서는 가축분을 첨가하거나, 요소비료 첨가, 깻묵 첨가 등의 방법이 있다.

5. 논토양

(1) 논토양 특성

① 논토양은 물에 잠겨 있는 담수상태이기에 밭토양과 현저한 차이를 보인다.
② 논토양은 화합물의 용해도가 크게 변한다.
③ 토양의 환원은 부패, 발효와 같은 유기물 분해로 뿌리부의 환경을 불량하게 한다.
④ 논토양은 담수상태일 때 토양의 pH 는 평균 6.5~7.5 정도이다. 담수를 통해 토양의 염류를 제거하는데 도움이 된다.
⑤ 토양의 환원정도는 0 이상의 정수이며 산화상태이고 이보다 작으면 (-) 값을 띠게 되면서 환원상태가 된다.
⑥ 담수상태에서 토양에 산소가 호기성미생물에 의해 소모되고 대부분 소모되고 나면 호기성미생물의 활동이 정지하고 혐기성미생물의 활동이 활발해진다.
⑦ 논토양은 적갈색의 산화층과 청회색의 환원층이 있다. 산화층에는 산화제2철, 환원층에는 산화제1철이 있다.
⑧ 논토양은 환원물(N_2, H_2S)이 존재하며 탈질 작용이 일어나는데 주로 환원층에서 발생한다.
⑨ 논토양에서는 혐기성균이 질산은 N_2, Fe^{3+}는 Fe^{2+}, SO_4^{2-}는 S 또는 H_2S, Mn^{4+}는 Mn^{2+} 된다.
⑩ 논토양의 산화층에서는 질산화성작용이 이루어지는데 암모니아가 질산으로 산화되는 과정이다. 암모니아태질소(NH_4^+)가 질산균에 의해 2번의 반응을 거쳐 질산태질소(NO_3^-)가 된다.

(2) 논토양의 개량

① 석회질 비료를 공급하여 산성토양을 개선한다.
② 토양을 건조 시킨 후 가수를 한다.
③ 규산질 비료를 사용한다. 이를 통해 병해충 저항성 증가, 내도복성 증가 등의 효과가 있다.
④ 논토양에 적합한 토양을 객토한다.
⑤ 제올라이트와 같은 개량제를 공급한다. 제올라이트 공급을 통해 양이온치환용량을 증대

시킬 수 있다.
⑥ 퇴비 등 유기물을 시용한다.
⑦ 자운영, 호밀, 단보리, 헤어리베치 등의 녹비작물을 재배하여 질소 고정 등에 도움을 준다.

(3) 논토양의 담수효과
① 온도가 조절된다.
② 비료분의 분해가 조절된다.
③ 양분의 천연 공급이 이루어진다.
④ 토양의 침식이 방지된다.
⑤ 충분한 수분공급이 이루어진다.
⑥ 유해물질이 제거된다.
⑦ 잡초발생이 억제된다.

(4) 논토양 유형
① 보통논 : 일반적 재배법으로 일정 수준 이상의 수량을 말한다.
② 사질논 : 모래가 많은 논을 말한다.
③ 미숙논 : 새로 만들어 이용기간이 짧은 논을 말한다.
④ 습논 : 지하수위가 높아 항상 담수상태에 있는 논을 말한다.
⑤ 염해논 : 바닷물의 영향을 받아 염분이 있는 논을 말한다.
⑥ 특이산성논 : 토양에 황(S) 성분이 많아 담수상태에서 항상 산성인 논을 말한다.

(5) 간척지답
① 간척지 토양의 모재는 육지에서 운반된 암석풍화성분의 퇴적물이라 비옥하지만 벼농사에는 불리하다.
② 간척지처럼 염류가 많은 토양을 염류토라 한다.
③ 높은 염분농도 때문에 벼의 생육이 저해된다. 염화나트륨의 농도가 0.3% 이하이면 벼 재배가 가능은 하지만 0.1% 이상이면 염해의 가능성이 있다.
④ 유기물이나 황 등이 표층토에 집적되어 강산성을 띠는 특이산성토이다.
⑤ 점토가 과다하고 나트륨이온이 많아 토양의 투수성 및 통기성이 불량하다.
⑥ 간척지 토양 개량
• 관, 배수시설을 하여 염분과 황산을 제거하고 이상적 환원상태의 발달을 방지한다.

- 석회를 사용하여 산성을 중화하고 염분이 쉽게 용탈되도록 한다.
- 석고, 토양개량제, 생고 등을 시용하여 토양의 물리성을 개량한다.
- 염생식물을 심어 염분을 흡수한 후 제거한다.

⑦ 염분제거법

담수법	물을 10일 간씩 대어 염분을 녹여 배수하는 조치를 반복하는 방법
명거법	5~10m 간격으로 도랑을 내서 염분이 도랑으로 씻겨 내리도록 하는 방법
여과법	땅속에 암거를 설치하여 염분을 걸러냄과 아울러 토양통기도 촉진하는 방법

(6) 개간지
① 개간지는 양분의 결핍이 심하고 척박하다.
② 토양의 보수력, 보비력이 약하고 토양이 전반적으로 단단해 공기의 비율이 적으며 물리적 성질이 불량하다.
③ 개간지 토양 개선을 위해 유기물, 인산, 석회 시비를 실시하고 단단한 층은 심토파쇄를 해준다.
④ 토양 보호를 위해 일정 간격 초생대를 조성하고 배수로를 정비한다.

6. 밭토양

(1) 밭토양
① 밭은 양분의 천연공급량이 낮고 유해생물의 번식이 많아 논보다 연작의 장해가 많다.
② 밭토양이 세립질토양의 경우 투수성이 불량하고 건조하면 토양이 단단해지면서 뿌리의 신장이 어렵게 된다.
③ 밭토양이 조립질 토양인 경우 토양이 한발의 피해를 입기 쉽고 자갈이나 모래가 많아 비옥도가 낮다.
④ 우리나라 밭토양은 식질이나 식양질과 같은 세립질토양이 다량 분포하고 있으며 그 중에서 식양질이 가장 많이 분포하고 있다.
⑤ 우리나라 밭 토양의 입지적 특성은 주로 곡간지, 구릉지 등의 경사지가 많이 분포되어 있다. 산과 산 사이 골짜기에 퇴적된 곡간지 산기슭의 경사진 곳에 퇴적된 산록지에 많이 분포되어 있다.
⑥ 밭토양은 주로 황갈색이나 적갈색을 띠며 산화물(NO_3, SO_4)이 존재한다.

(2) 밭토양의 종류

보통밭	토성이 식양토, 양토 및 사양토로서 토심이 깊고 생산성이 크게 제약되지 않아서 비배 관리를 통해 높은 수량을 얻는다.
사질밭	모래나 자갈 함량이 높아 물을 간직하는 능력이 적으며, 양분 흡수 능력이 낮아 생산성이 제한된다.
미숙밭	심토가 발달하지 못하여 유효 토심이 얕아 뿌리가 깊게 뻗지 못한다.
중점밭	점토질이 너무 많아 투수가 어렵고, 경운하기가 어려우며, 작물의 뿌리뻗음이 얕아 생산성이 제한된다.
고원밭	표고가 높은 고랭지 밭으로 경사가 심해 토양의 유실이 많다.
화산회밭	점토와 유기질 함량이 많고 투수가 빠르다.

(3) 밭토양 개량

① 용성인비 사용, 유기물 및 미량요소 시용, 심경 등을 종합적으로 실시한다.
② pH가 낮은 토양의 경우 석회를 공급한다.
③ 토양의 상태에 따라 석회, 고토, 칼륨 등을 공급한다.
④ 심토 파쇄를 실시하여 토양의 물리성을 개선한다.
⑤ 풀이나 짚을 표토에 덮어 한발피해를 막고 토양유실을 억제한다.
⑥ 목초재배와 같은 토양피복도가 좋은 작물을 재배한다.
⑦ 인산이 부족한 밭토양의 경우 인산비료를 공급해준다.

(4) 논, 밭토양의 차이

① 밭과 논의 토양은 산화상태의 밭과 환원상태의 논으로 인하여 원소 형태의 차이가 발생한다. 특히 밭토양은 산화상태이기에 유기물의 분해가 논토양보다 빠르다.

종류	밭	논
탄소(C)	CO_2	CH_4, CO, 알데히드
질소(N)	NO_3^-	N_2, NH_4^+ 등
망간(Mn)	Mn^{4+}	Mn^{2+}, Mn^{3+}
철(Fe)	Fe^{3+}	Fe^{2+}
황(S)	SO_4^{2-}	H_2S, S^{2-}

② 논토양은 관개수로 천연공급이 많고 밭토양은 빗물에 의해 양분의 유실이 많다.

③ 논토양은 유기물 함량이 많을 경우 혐기조건에 의해 해가 발생하기도 한다.
④ 논토양은 환원상태로 회색이나 청회색을 띤다. 밭토양은 산화상태로 적갈색이나 황갈색을 띤다.

7. 토양의 생성과 발달
(1) 토양생성 작용인자
① 성대성토양은 토양생성 중 기후, 식생을 가장 많이 받은 토양으로 토양의 분화가 빠르게 일어나는 토양이다.
② 간대성 토양은 토양생성 중 모재, 지형, 배수 등 지역적 조건의 영향을 많이 받아 생성된 토양이다.
③ 토양의 생성에 있어 소극적(수동적)인자에 모재, 지형이 있고 적극적(능동적)인자에는 기후, 식생, 시간이 있다.
④ 토양 생성 발달 관여 인자는 다음과 같다.
  ㉠ 기후인자
   • 기온 및 강수량이 화학적, 물리적으로 가장 큰 영향을 주며 토양단면 발달에 직접적인 영향을 준다.
   • 우리나라 토양이 위도에 비해 비교적 남방형 토양이 생성되었다는 것은 여름철 온도가 높고 일시적 우량이 많아지며 겨울철 추위가 심하기 때문이다.
  ㉡ 식생(생물인자)
   • 동, 식물을 비롯하여 토양미생물 등 생물이 토양의 단면발달과정에 큰 영향을 준다.
   • 자연식생에 함유된 무기성분의 종류와 함량에 따라 토양의 발달을 결정 된다.
   • 동물이나 곤충 등이 토양단면에 흙을 섞게 하고 배설물에 의해 토양미생물이 발달하여 간접적으로 토양생성작용을 촉진한다.
  ㉢ 모재
   • 모재의 성질은 토양의 단면특성을 결정하는 기본 인자이다.
   • 모재는 점토광물의 종류를 결정지어 주는 1차적 요인이 된다.
   • 우리나라 국토의 2/3 정도는 화강암과 화강편마암으로 되어 있다.
  ㉣ 지형
   • 토양생성작용에 미치는 기후의 영향을 촉진시키거나 지연시킨다.
   • 동일 기후조건에서 비슷한 모재를 가지고 발달한 토양이 지형과 배수의 차이로 토양의 성질이 달라지기도 한다.

- 우리나라 토양은 지형에 따라 산악지에는 암쇄토, 구릉지는 적황색토, 산록지에는 퇴적토 등이 분포되어 있다.

ⓒ 시간
- 모재가 어느 정도의 시간 동안 풍화작용을 받느냐에 따라 토양생성작용에 영향을 준다.

(2) 암석
① 지각표면에 주요 암석으로 화성암, 퇴적암, 변성암이 있으며 화성암과 변성암이 95% 정도를 처지하고 퇴적암이 5% 정도 차지한다.
② 주요 암석의 특징은 다음과 같다.

종류	특징
화성암	• 마그마나 용암이 굳어 형성된 것으로 규산함량에 따라 암석의 색이 영향을 받는다. • 규산함량이 많을수록 색이 상대적으로 밝고 규산함량이 적고 염기가 많을 경우 어두운 색을 가진다. • 화성암의 종류로 화강암, 섬록암, 현무암, 안산암 등이 있다.
퇴적암	• 중량분포로 표면의 암석권에 5%를 차지하나 면적으로는 대륙의 80%, 바다의 대부분을 덮고 있으며 풍화, 침식작용에 의해 퇴적물이 굳은 것이다. • 퇴적암의 종류로 사암, 혈암, 석회암 등이 있다.
변성암	• 변성암은 높은 열과 압력을 받아 성질이 변하는 변성 작용에 의해 만들어진 것이다. • 화강암은 열과 압력을 받아 편마암으로, 사암은 규암, 석회암은 대리암으로 변성 한다.

③ 규산함량

분류	산성암 (규산>66%)	중성암 (규산 52~66%)	염기성암 (규산<52%)
심성암	화강암	섬록암	반려암
반심성암	석영반암	섬록반암	휘록암
화산암	유문암	안산암	현무암

(3) 토양 생성 작용 종류

포드졸화작용	· 한랭 습윤지대의 침엽수림에 주로 발생한다. · 토양표층의 철과 알루미늄 등이 용탈되어 하층토에 집적된다. · 용탈층에는 규산이 남아 백색의 표토층이 되고, 집적층에는 철과 알루미늄에 의해 황갈색이 된다.
라테라이트화작용	· 고온다습한 아열대, 열대지방에 일어난다. · 규산의 용탈이 심한 적색토양을 띤다.
석회화작용	· 중위도의 건조 기후 하에 일어난다. · 칼슘과 마그네슘 등이 토양에 집적되어 석회화작용이 일어난다.
글라이화작용	· 배수불량지나 저습지에서 산소공급이 부족한 환원상태에서 발생하는데 회색화작용이라고도 한다. · 표층은 담청색, 녹청색, 청회색 등을 띤다.
염류화작용	· 건조지대의 모세관을 따라 올라온 수분이 증발하면서 생성되는 토양이다. · 모세관을 따라 올라온 수분이 증발하고 남은 가용성의 염류가 표토에 집적하게 되는 것을 염류화 작용이라 한다. · 염류토양에 Na^+ 염이 첨가되면 토양교질은 Na^+ 교질로 변화되는데 이 토양은 알칼리에 의해 유기물이 분해되어 흑색을 띠고 이런 토양을 solonets 라 한다.
점토화작용	· 2차적인 점토광물의 생성작용을 한다. · 온난습윤지대와 같이 충분한 수분과 온도 조건에서 발생한다.
부식집적작용	· 동식물의 유체 등이 일부에 남아 토양을 기름지게 한다.

(4) 토양 단면

토양은 성분이 용탈과 집적의 차이로 구분되며 이때 빛깔과 입자의 크기에 따라 층으로 구분한다.

O층(유기물층)	· O1 : 분해되지 않은 유기물이 있어 육안관찰 가능 · O2 : 분해된 유기물이 있어 육안관찰 불가
A층(용탈층)	· 부식된 유기물 및 광물질이 쌓여 검은색을 띤다. · A1 : 유기물 및 광물질이 있음 · A2 : 용탈이 가장 심한 층(E층)
B층(집적층)	· A층에서 용탈된 물질이 있는 층 · B1 : A층의 전이층 · B2 : 집적이 가장 많은 층
C층(모재층)	위층의 물질이 쌓이거나 토양의 생성작용을 거의 받지 않은 층
R층(모암층)	굳어져 있는 암반층

(5) 풍화작용

① 풍화작용

㉠ 지각에서 일어나는 암석의 풍화작용은 모암이나 모재가 대기환경에 의해 그 형태가 변화된다.

㉡ 기계적 풍화작용, 화학적 풍화작용, 생물적 풍화작용으로 구분된다.

기계적 풍화작용	· 기계적 풍화작용은 화학적 변화 없이 물, 바람, 충격, 온도, 염류작용 등에 의해 크기가 작아지는 현상이다. · 온도의 변화에 따라 팽창과 수축율의 차이에서 오는 바위의 붕괴현상이 있다. · 바람에 의한 풍식, 물에 의한 수식, 빙하에 의한 빙식작용 등이 있다.
화학적 풍화작용	· 산소, 물, 이산화탄소 등에 의해 일어나는 여러 화학반응에 의해 암석이나 광물의 조직, 조성 등이 변화된다. · 가수분해작용, 수화작용, 탄산화작용, 산화환원작용, 용해작용 등이 있다. · 탄산화작용(탄산작용)은 공기중의 이산화탄소가 물에 용해되어 탄산이 되고, 이때 발생하는 이온에 의해 화학적 풍화작용이 일어나는데 석회암지대의 천연동굴의 훼손에 가장 많이 관련된 현상이다.
생물적 풍화작용	· 동물에 의한 기계적 풍화와 식물뿌리 및 토양미생물에 의한 화학적 풍화로 구분된다.

② 정적토

㉠ 정적토는 기반암의 풍화 물질이 암석의 표층 제자리에 집적되어 형성된 토양을 말한다.

㉡ 정적토의 대부분이 잔적토로 암석의 풍화산물 중 가용성인 것이 용탈되고 남은 부분이 퇴적된 것이다.

㉢ 이탄토는 지표부분에 분해가 진척되어 토양화된 것으로 표토에 50% 이상의 유기물 함유량을 보여준다. 주로 습지에서 고사한 습생 식물(이끼류 등)의 잔재가 늪지대와 같은 과습한 조건에서 분해가 억제되어 퇴적된 것이다.

③ 운적토

㉠ 풍화작용을 받은 토양이 다른 곳으로 이동하여 쌓인 흙으로 이동된 종류에 따라 붕적토, 수적토, 빙하토, 풍적토, 선상퇴토 등으로 분류된다.

㉡ 붕적토는 토양 모재가 중력에 의해 경사지에서 미끄러져 퇴적된 것이다.

㉢ 선상퇴토는 큰 비로 경사가 심한 골짜기에서 평지 또는 하천으로 밀려 내려온 모래, 자갈, 암석 등의 퇴적물이다.

㉣ 수적토(하성충적토)는 하수에 의해 퇴적된 것으로 국내의 논토양이 해당된다. 수적토는 보통 홍함지, 삼각주, 하안단구로 구분된다.

홍함지	홍수 때 강물이 범람한 범위의 평야로 흙, 모래, 자갈 등이 퇴적하여 이루어진다.
하안단구	하곡과 하천 연안에 평탄면이 계단 모양으로 여러 단을 이루며 분포하는 잔존지형이다.
삼각주	강에 의해 운반된 퇴적물이 하구에 형성되는 지형이다.

④ 풍적토는 풍화모재 중 토사가 풍력에 의해 운반, 퇴적되는 것이다.
⑤ 빙하토는 빙하에 의해 운반, 퇴적된 것을 말한다.
⑥ 이탄토는 지표부분에 분해가 진척되어 토양화된 것으로 표토에 50% 이상의 유기물 함유량을 보여준다. 주로 습지에서 고사한 습생 식물(이끼류 등)의 잔재가 늪지대와 같은 과습한 조건에서 분해가 억제되어 퇴적된 것이다.

8. 퇴비

(1) 퇴비
① 퇴비화는 짚, 풀 등의 유기물을 호기적인 조건에서 미생물이 분해되는 과정을 말하고 이렇게 만들어진 것을 퇴비라고 한다. 이때 미생물을 이용하는 퇴비화는 주로 호기성 미생물이 퇴비화 역할을 하게 된다.
② 퇴비의 제조 순서는 < 원료 준비 – 원료 혼합 – 쌓아두기(뒤집기 및 퇴적) – 후숙 > 의 과정을 거친다.

(2) 퇴비의 효과
① 토양의 입단구조 형성을 촉진하여 토양의 물리성을 개선한다.
② 토양의 이화학적 성질을 개선한다.
③ 토양 중 생물의 활성 및 증진에 효과가 있다.
④ 활성화된 미생물에 의해 중금속 및 유해물질이 분해한다.
⑤ 탄질율을 조절해주고 작물의 질소기아현상을 방지한다.
⑥ 퇴비는 지효성이며 작물에 양분을 공급한다.

(3) 퇴비화 인자
① 탄질비
  ㉠ 유기물은 탄소, 수소, 산소, 질소 및 황과 같은 원소가 주된 성분이다.
  ㉡ 탄소는 유기물 분해 과정에서 미생물의 에너지원으로 이용되며, 질소와 같은 양분은

미생물의 영양원으로 이용된다.

ⓒ 가축분을 주원료로 사용하여 퇴비를 만들 때 수분 조절과 탄질비 조절을 위한 목적으로 근래에는 보조 재료로 톱밥을 가장 많이 활용한다.

② 수분

㉠ 퇴비의 수분 함량은 퇴적 초기에는 60~70% 정도가 적당하며, 이는 퇴비 재료 및 통기성에 따라 약간의 차이가 있다.

㉡ 일반적으로 수분 함량이 40%보다 낮아지면 퇴비화 속도는 매우 늦어지며, 수분 함량이 70% 이상 높아지면 퇴비화 속도가 늦어짐과 동시에 혐기 상태가 되어 악취 발생의 원인이 된다.

③ 통기성

㉠ 퇴비화는 호기성 미생물에 의해 유기물이 분해되는 과정으로 공기 즉, 산소 공급이 원활해야 한다.

㉡ 공기 공급량이 지나치게 많을 경우는 퇴비 더미의 수분이 급격히 줄어 건조되므로 퇴비화가 더뎌지며 반면, 공기 공급량이 미약해지면 혐기 조건이 되어 악취 발생의 원인이 됨과 동시에 퇴비화도 매우 늦어진다.

ⓒ 온도
- 퇴비 재료를 쌓은 후 시간 경과에 따라 미생물 활성이 촉진되면서 상승하며, 퇴비 더미의 온도 상승 정도는 퇴비화 방법과 퇴적 규모에 따라 달라진다.
- 유기물 분해에 적당한 온도는 45~65℃ 이며, 퇴비 더미가 65℃ 이상 고온이 되면 미생물 활성이 떨어지므로 통기량을 조절하여 온도를 떨어뜨려야 한다.

㉣ pH
- 퇴비의 pH 는 퇴비 원료에 따라 차이는 있지만 대부분 6.5~8.0 정도이다.
- 퇴비화에 따라 pH의 변화는 유기태 질소, 암모니아화 작용의 영향이 크다.
- 퇴비 더미의 pH 가 지나치게 높고 장기간 지속되면 암모니아 휘산이 많아져 퇴비 중 질소 손실이 커지게 된다.

9. 퇴비의 종류 및 특성

(1) 농산부산물
① 볏짚, 왕겨, 보릿짚 등은 비료 성분의 가치는 낮고 탄질비(C/N비, 탄질율)는 높은 편이다.
② 탄질비가 15 이하면 분해를 위한 질소가 충분하고 15~30 정도이면 보통 수준이다. 그런데 30 이상이면 질소가 부족하여 질소기아현상이 발생할 수 있다.
③ 볏짚의 탄질비는 대략 60~70 정도로 퇴비화 과정을 거치지 않고 토양에 직접 사용하면 작물 정식 초기에 일시적 질소 기아가 나타날 수 있다.
④ 볏짚은 토양의 물리성 개선 효과를 기대할 수 있으며 특히, 시설 재배지에서 염류 집적 피해를 경감시키는 데 활용성이 크다.
⑤ 왕겨는 수분 흡수가 쉽지 않고, 미생물에 의해 분해되는 시간도 많이 소요되므로 마쇄 또는 팽연화 과정을 거쳐 사용한다.

(2) 임산부산물
① 임산 부산물의 가장 대표적인 것은 톱밥이다. 흡습성, 통기성이 좋아 부재료로 활용도가 높은 물질 중 하나이다.
② 톱밥은 탄질비가 500~1,000 으로 높아서 분해가 늦고 비료 성분도 매우 낮아 비료로써의 가치보다 가축 분뇨 등 수분을 많이 지닌 퇴비 원료의 수분 조절제 및 탄소 공급원으로의 역할이 크다.
③ 임산부산물에는 낙엽, 수피, 목편, 부엽토, 이탄, 토탄, 갈탄 등이 있다.

(3) 가축분뇨
① 가축 분뇨는 옛날부터 퇴비 원료로 널리 활용되어 왔다.
② 농산 부산물 및 임산 부산물에 비해 비료 성분이 많고, 탄질비도 낮은 편이다.
③ 가축의 종류, 가축의 연령, 가축의 사료 종류 등 여러 요인으로 인해 가축 분뇨의 비료 성분 차이가 있지만 대체로 계분 > 돈분 > 우분 순으로 양분 함량이 높은 편이다.

10. 퇴비화

(1) 퇴비화
  ① 퇴비화의 과정은 크게 발열, 감열, 숙성의 과정으로 이루어진다.
  ② 발열단계는 퇴비재료를 쌓으면 온도가 60~80℃ 까지 오르는데 박테리아의 유기물 분해로 에너지가 방출되는 것이다. 열의 발생에 의해 유해한 병원균과 잡초 종자가 사멸하는데 보통 6~8주 정도 지속된다.
  ③ 감열단계는 유기물의 분해가 완료되면 퇴비더미의 온도가 25~45℃ 정도로 내려오며 온도가 낮아지면 곰팡이가 정착하면서 줄기, 섬유질, 목질부 등 분해가 어려운 물질의 분해가 시작된다. 이때 퇴비의 온도는 올라가지 않는다.
  ④ 숙성단계에서는 다양한 종류의 미생물이 서식하면서 원재료 부피의 20~70% 까지 줄어들고 검은색을 띠면서 잘 부스러진다.

(2) 퇴비 만들기
  ① 퇴비 퇴적장
    ㉠ 퇴적할 규모를 미리 정하고 퇴적장의 넓이를 만들어 평탄 작업을 하고 바닥을 다지거나 콘크리트를 쳐서 굳힌다.
    ㉡ 퇴비장 주변에 작은 도랑을 만들어 퇴비장에서 흘러내리는 물이 퇴비장 외부로 유출되지 않도록 하며 작은 집수구를 만든다.
  ② 퇴비재료
    ㉠ 퇴비 제조량에 맞게 질소원 재료를 준비한다.
    ㉡ 가축분 또는 깻묵류, 쌀겨 등이 좋으며, 이는 탄질비 조절을 위하여 사용하는 것으로 볏짚 소요량을 따져 필요량을 분비하도록 한다.
  ③ 퇴비더미
    ㉠ 퇴비더미가 클수록 퇴비 더미 내부의 통기성이 나쁘기에 원형이나 사각형태 쌓기를 하면 높이는 1.5m, 가로 2m, 세로 2m 정도가 적당하다. 단, 제조할 퇴비량이 많을 경우 직사각 형태로 길게 쌓는다.
    ㉡ 퇴비 쌓기를 하면 비닐 등으로 피복하여 온도 상승 및 빗물 침투 방지를 하도록 한다.
    ㉢ 비가림 시설 등 퇴비장을 갖추지 못한 경우 야외에 간이 야적장을 마련하여 재료를 쌓은 후 비닐을 덮어준다.

④ 퇴비 뒤집기
   ㉠ 퇴적 후 2~3주 경과 시 온도가 60~70℃ 상승하여 1주 이상 지속되면 부숙이 적절히 진행되고 있는 것이다.
   ㉡ 2~3주 후 뒤집기를 실시하여 적절한 공기를 통하도록 하고 퇴비 더미에 수분 함량을 확인하여 수분이 부족할 경우 수분을 공급해 60% 정도로 맞춘다.
   ㉢ 퇴비화 소요 기간은 재료, 방법, 퇴비 더미 크기, 계절 등에 영향을 받으며 볏짚과 같은 재료의 경우 6~12개월 정도 소요되며 이 기간 중 뒤집기는 4~6 회 정도가 적합하다.

⑤ 퇴비 보관
   ㉠ 퇴비 부숙이 종료되면 퇴비 중 물질의 변화가 크지 않은 상태가 되며 물질의 안정화 단계에서는 퇴비 더미의 겉과 속에 미생물 균사가 하얗게 나타난다.
   ㉡ 퇴비의 본래 재료를 알 수 없을 정도로 분해된 상태는 불쾌한 냄새가 없는 완숙 퇴비이다.
   ㉢ 제조가 완료된 퇴비는 즉시 활용하지 않을 경우 일정 크기의 포대에 담아 비가림 시설이 있는 야적장에 두거나 노지에 쌓을 경우 일정 높이의 발판을 깔고 포대에 담아 비닐을 덮어둔다.
   ㉣ 쌓아둔 퇴비가 강우에 노출되면 퇴비의 질소, 인산 등 비료성분이 유실된다.

(3) 퇴적식
   ① 퇴적식은 정체식이라 하며 야적 상태에서 일정 기간 부숙 시키는 전통적인 두엄 퇴비화 방식과 퇴비장을 설치하고 콘크리트 바닥에 공기 주입시설을 설치하여 공기를 주입하는 고정 통풍식이 있다.
   ② 두엄 퇴비화는 별도의 시설 없이 퇴비 제조가 가능하지만 완숙 퇴비까지 시간이 많이 요구된다. 퇴비 더미가 클수록 부숙이 골고루 이루어지지 않고 강우시 양분 유출의 단점이 있다.
   ③ 고정 통풍식은 퇴비장에 지붕, 바닥에는 공기 주입 장치를 설치하고 칸막이를 나누고 일정시간이 지나면 뒤집어 주는 방법이다.

(4) 교반식
   ① 교반식은 규모가 큰 퇴비 공장에서 활용하는 방법으로 국내의 퇴비 공장에서 많이 사용하고 있다.
   ② 부숙 발효조에 교반기가 설치되어 있고 바닥에는 통기 장치를 설치하여 공기를 주입한다.

(5) 부식
   ① 부식
      ㉠ 부식은 부식질이라고도 하는데 토양유기물이 변해서 생성된 것이다. 농업에서 동물, 식물, 미생물 등의 생물에서 자연적으로 유래한 유기화합물을 유기물이라 한다.
      ㉡ 부식은 이화학적 특성에 따라 부식탄(Humin), 부식산(Humic acid), 풀빅산(Fulvic acid) 등으로 구분한다.

부식탄	· 부식에 알칼리성 용액을 넣고 침전된 부식으로 산도와 관계없이 물에 녹지 않는 흑색 고분자 화합물로 무기성분과 강하게 결합되어 있다. · 양분치환성은 점토에 비해 높아 500me/100g 정도이다. · 토양의 전체부식의 20~30% 정도를 차지한다.
부식산	· 알칼리에 의해 토양에서 추출되거나 산에 의해 침적된 유기물이다. · 방향족 고리를 가지고 이중결합을 하고 있다.
풀빅산	· 산도에 관계없이 물에 잘 녹는 무정형 고분자 화합물이다. · 방향족, 지방족 구조를 가지며 치환성은 900~1400me/100g 정도이다.

11. 퇴비 분석

(1) 퇴비 부숙도
   ① 퇴비 부숙도 측정
      ㉠ 부숙도 측정 방법은 냄새, 색깔 등으로 판정하는 관능법, pH 판정법, 탄질비 판정법, 지렁이법, 유식물 재배법 등 다양한 방법들이 있다.
      ㉡ 검사법은 크게 관능적 검사, 화학적검사, 생물학적 검사가 있으며 관능적 검사는 형태, 색, 냄새 등을 판별하고 화학적 검사에는 탄질율, pH 판정 등이 있으며 생물학적 검사로 지렁이법, 발아시험법 등으로 분류된다. 기계적 측정 방법으로는 콤백, 솔비타를 활용한다.
   ② 기계적 부숙도 측정
      ㉠ 콤백 측정법
         · 퇴비에서 발생하는 이산화탄소, 암모니아 가스를 측정하는 방법이다.
         · 가스 반응 키트에 반응시켜 측정부를 통해 미부숙, 부숙초기, 부숙중기, 부숙후기, 부숙완료 단계로 판정한다.
      ㉡ 솔비타 측정법
         · 콤백 측정법과 동일하게 퇴비에서 발생하는 이산화탄소, 암모니아 가스를 측정한다.
         · 테스트 용기에 패드를 반응시켜 색깔을 디지털 판독기로 판정한다.

③ 종자발아법
  ㉠ 무 종자를 이용하여 발아 지수를 조사하여 부숙 상태를 판정한다.
  ㉡ 종자발아법은 기계적 측정법 검사 후 부숙 상태가 의심될 때 활용하기도 한다.
  ㉢ 퇴비 시료를 항온 수조 70℃ 조건에서 2시간 후 여과지로 추출하여 발아율과 뿌리 길이를 측정한다. 이때 증류수를 대조구로 하여 퇴비 시료와 동일하게 발아율과 뿌리 길이를 측정하여 발아지수를 계산하게 된다. 발아지수는 70 일 때 부숙 완료로 판정한다.
④ 관능 검사법
  ㉠ 완숙된 퇴비는 색깔이 갈색이나 검은색으로 변하고 냄새에 악취가 사라지며 퇴비 고유의 냄새가 발생하면 부숙도가 높다.
  ㉡ 예를 들어 볏짚 및 산야초 퇴비의 부숙도는 판별을 할 때 변화 정도에 따라 미숙, 중숙, 완숙으로 감별한다. 완숙 후에는 수분이 50% 정도 상태가 된다.
  ㉢ 수분함량이 50% 전후이면서 물기가 스며들지 않고 부스러기가 털어질 정도이면 부숙도가 높다.
  ㉣ 통기상태가 양호하면 부숙도가 높다.
  ㉤ 퇴비화기간이 6개월 이상이거나 뒤집기 횟수가 7회 이상인 경우 부숙도가 높은 편이다.
⑤ 지렁이법
  ㉠ 수분함량이 약 65% 정도되는 퇴비를 비커에 약 1/3 정도 담고 줄지렁이 5~6마리를 넣어 검은 천으로 감싸 어두운 환경을 조성한다.
  ㉡ 약 1시간 후 검은 천을 벗겨 밝게 한 후 행동을 관찰하여 다음과 같이 판정한다.

아주 미숙한 퇴비	지렁이가 부분적으로 녹기 시작
약간 미숙한 퇴비	지렁이가 행동력을 잃고 움직임이 없으며 몸체가 백색 또는 암갈색으로 변한다.
완숙 퇴비	지렁이 활동이 활발하다.

PART 1 기본문제 토양 및 퇴비

01 토양의 3상을 적으시오.

해답
고상, 기상, 액상

02 아래 보기 중에서 점토의 함량이 가장 적은 것부터 순서대로 적으시오.

< 보기 >
식토, 양토, 식양토, 사토, 사양토

해답
사토, 사양토, 양토, 식양토, 식토

03 아래 보기의 토양의 종류를 보고 공극이 큰 순서대로 적으시오.

< 보기 >
양토, 식토, 사토, 사양토, 식양토

해답
사토, 사양토, 양토, 식양토, 식토

04 점토함량이 많은 토양의 특징 2가지를 적으시오.

해답
- 보수력과 보비력이 좋다.
- 공극이 작아 통기성이 불량하다.

05 토양의 입단구조를 조성하기 위한 방법 3가지를 적으시오.

해답
- 유기물을 첨가한다.
- 콩과식물을 재배한다.
- 토양을 피복한다.
- 토양개량제를 공급한다.

06 아래 보기를 보고 토양의 용적밀도가 큰 것부터 순서대로 나열하시오.

< 보기 >
사양토, 식토, 양토, 사토, 식양토

해답
사토, 사양토, 양토, 식양토, 식토

07 pH 5 인 토양이 무엇인지 아래 보기에서 고르시오.

< 보기 >
산성, 중성, 염기성

해답
산성

08 토양산도가 중성인 수치를 아래 보기에서 고르시오.

< 보기 >
1, 3, 5, 7, 9

해답
7

09 다음은 토양 보호를 위한 수식 대책 관련 내용이다. 내용을 보고 적합한 것을 적으시오.

◎ (㉠) : 과수원에 깨끗이 김을 매 주는 재배법으로 목초, 녹비 등을 나무 아래 가꾼다.
◎ (㉡) : 경사지에서 수식성 작물을 재배할 경우 등고선으로 3~10m 일정 간격을 두고 목초대를 두어 토양침식을 경감시킨다.

해답
㉠ 초생재배
㉡ 대상재배

10 염류장해가 발생되는 토양을 개선하기 위한 대책 4가지를 적으시오.

해답
- 객토를 실시한다.
- 심경을 실시한다.
- 유기물을 공급한다.
- 담수처리를 실시한다.

11 토양의 검정 종류 중 전기전도도의 측정 단위를 적으시오.

해답
ds/m

12 토양 유기물의 기능 3가지를 적으시오.

해답
- 토양의 입단화가 촉진되고 토양의 물리성이 개선된다.
- 토양 미생물이 증가하고 활성도가 높아진다.
- 지온의 상승 효과가 있다.

13 토양 유기물의 유지 및 증진을 위한 방법 3가지를 적으시오.

해답
- 녹비작물을 재배한다.
- 유기질 비료를 시비한다.
- 윤작을 실시한다.

14 피복작물의 효과 3가지를 적으시오.

해답
- 잡초의 발생을 억제한다.
- 토양의 침식을 방지한다.
- 콩과작물의 경우 질소를 공급하여 비료사용을 절감한다.

15 아래 보기의 작물을 질소 고정량이 많은 것부터 순서대로 나열하시오.

< 보기 >
대두, 알팔파, 땅콩, 레드클로버

해답
알팔파, 레드클로버, 대두, 땅콩

16 아래 보기를 보고 탄질율이 높은 것부터 순서대로 나열하시오.

< 보기 >
쌀겨, 곰팡이, 톱밥, 왕겨

해답
톱밥, 왕겨, 쌀겨, 곰팡이

17 논토양의 담수효과 4가지를 적으시오.

> **해답**
> - 온도가 조절된다.
> - 토양의 침식이 방지된다.
> - 유해물질이 제거된다.
> - 잡초발생이 억제된다.

18 질소기아현상의 정의를 적고 질소의 함량을 높이기 위한 방법 1가지를 적으시오.

> **해답**
> - 정의 : 토양에 탄질율이 30 이상 높은 유기물이 투입되면 미생물이 원래 토양에 있는 질소를 이용하기에 작물이 일시적으로 질소 부족 현상이 나타나게 된다.
> - 대책 : 질소 함량을 높이기 위해 가축분을 첨가한다.

19 다음 내용이 설명하는 미생물의 종류를 보기에서 고르시오.

< 보기 >

고초균 / 유산균 / 방선균 / 광합성세균

◎ 토양유기물을 분해하면서 단백질, 섬유소, 전분 등의 분해효소를 공급한다.
◎ 비타민, 아미노산, 핵산 등을 생산하기도 하며 작물이 생육에 도움을 주어 저항성을 강하게 한다.

> **해답**
> 유산균

20 다음은 토양공극에 따른 작물의 생육에 대한 내용이다. 빈칸에 적합한 것을 고르시오.

> ㉠ 토양 공극은 크기가 (크면 / 작으면) 공기의 유통이 불량해진다.
> ㉡ 토양 공극의 크기가 (크면 / 작으면) 뿌리 발달이 불량해진다.
> ㉢ 토양 공극의 크기가 (크면 / 작으면) 수분의 보유력이 작아진다.

해답
㉠ 작으면
㉡ 작으면
㉢ 크면

21 아래 보기를 보고 토양의 수동적 인자와 적극적 인자를 구분하여 적으시오

> < 보기 >
> 기후, 모재, 식생, 지형, 시간
>
> ◎ 소극적 인자 :
> ◎ 적극적 인자 :

해답
· 소극적 인자 : 모재, 지형
· 적극적 인자 : 기후, 식생, 시간

22 다음 내용에 맞는 것을 보기에서 찾아 적으시오

> < 보기 >
> 포드졸화, 염류화, 점토화, 글라이화
>
> ◎ (㉠) : 한랭 습윤지대의 침엽수림에 주로 발생하고 토양표층의 철과 알루미늄 등이 용탈되어 하층토에 집적된다.
> ◎ (㉡) : 배수불량지나 저습지에서 산소공급이 부족한 환원상태에서 발생하고 표층은 담청색, 녹청색, 청회색 등을 띤다.

해답
㉠ 포드졸화
㉡ 글라이화

23 아래 보기의 토양층을 보고 표면층부터 순서대로 나열하여 적으시오.

> < 보기 >
> 집적층, 모암층, 유기물층, 용탈층, 모재층

해답
유기물층 – 용탈층 – 집적층 – 모재층 – 모암층

24 다음 설명에 관련된 것을 보기에서 고르시오

> < 보기 >
> 붕적토, 풍적토, 정적토, 선상퇴토
>
> ◎ 기반암의 풍화 물질이 암석의 표층 제자리에 집적되어 형성된 토양으로 대부분이 잔적토로 암석의 풍화산물 중 가용성인 것이 용탈되고 남은 부분이 퇴적된 것이다.

해답
정적토

25 아래 설명을 보고 보기에 적합한 것을 고르시오

> < 보기 >
> 빙하토, 수적토, 이탄토, 붕적토
>
> ◎ 지표부분에 분해가 진척되어 토양화된 것으로 표토에 50% 이상의 유기물 함유되어 있으며 주로 습지에서 고사한 습생 식물의 잔재가 늪지대와 같은 과습한 조건에서 분해가 억제되어 퇴적된 것이다.

해답
이탄토

26 다음 보기를 보고 퇴비의 제조 순서를 나열하시오

< 보기 >
원료 혼합, 후숙, 원료 준비, 뒤집기 및 퇴적

해답

원료 준비 – 원료 혼합 – 뒤집기 및 퇴적 – 후숙

27 다음은 퇴비에 대한 내용이다. 내용을 보고 옳은 것은 O, 틀린 것은 X를 고르시오

㉠ 토양의 입단구조 형성을 촉진하여 토양의 물리성을 개선한다. (O / X)
㉡ 활성화된 미생물이 중금속을 분해한다. (O / X)
㉢ 퇴비는 속효성을 띤다. (O / X)
㉣ 퇴비화는 주로 혐기성 미생물이 퇴비화 역할을 하게 된다. (O / X)

해답

㉠ O
㉡ O
㉢ X
㉣ X

28 다음 내용은 퇴비화에 조건이다. 퇴비화 가장 잘 이루어지기 위한 조건들을 고르시오

㉠ 수분 조건 : (10 ~ 20% / 30 ~ 40% / 60 ~ 70%)
㉡ 온도 조건 : (0 ~ 20℃ / 40 ~ 60℃ / 80℃ 이상)
㉢ pH 조건 : (0 ~ 2 / 4 ~ 6 / 6 ~ 8)

해답

㉠ 60 ~ 70%
㉡ 40 ~ 60℃
㉢ 6 ~ 8

29 아래 보기를 보고 퇴비화의 과정을 순서대로 나열하여 적으시오

> < 보기 >
> 숙성, 발열, 감열

해답
발열, 감열, 숙성

30 다음은 퇴비화의 한 단계이다. 아래 내용을 보고 보기에서 퇴비화의 단계를 고르시오

> < 보기 >
> 발열, 감열, 숙성
>
> ◎ 유기물의 분해가 완료되면 퇴비더미의 온도가 25~45℃ 정도로 내려오며 온도가 낮아지면 곰팡이가 정착하면서 줄기, 섬유질, 목질부 등 분해가 어려운 물질의 분해가 시작된다.

해답
감열

31 토성을 분류할 때 모래와 점토 등의 함량을 기준으로 사토, 식토, 양토, 사양토, 식양토 등으로 구분된다. 이때 양토의 점토 함량 기준(%)을 적으시오.

해답
25 ~ 37.5 %

32 아래 토양에 관련된 내용을 보고 옳은 것은 O, 틀린 것은 X를 고르시오.

> ㉠ 자갈이나 모래가 많은 토양은 빈공극이 많다. (O / X)
> ㉡ 점토 함량이 많은 경우 보비력이 좋다. (O / X)
> ㉢ 점토함량이 높을수록 작물이 생육하기 유리하다. (O / X)

해답
㉠ O
㉡ O
㉢ X

33 다음 설명을 보고 보기에서 적합한 것을 고르시오.

> < 보기 >
> 구상구조 / 괴상구조 / 판상구조
>
> ◎ 유기물이 많은 표층토에서 발달한다.
> ◎ 모양은 둥글고 직경은 1cm 이하의 작은 입단으로 되어 있다.

해답
구상구조

34 아래 보기의 작물을 보고 질소 고정량이 가장 높은 작물을 고르시오.

> < 보기 >
> 대두, 알팔파, 완두

해답
알팔파

35 다음 토양에 대한 설명을 보고 옳은 것을 고르시오.

> ㉠ 논토양의 탈질 작용은 주로 (산화층 / 환원층)에서 이루어진다.
> ㉡ 담수상태가 오래되면 (호기성미생물 / 혐기성미생물)의 활동이 활발해진다.

해답
㉠ 환원층
㉡ 혐기성미생물

36 간척지 토양을 개량하는 방법 3가지를 적으시오.

해답
- 석회를 시용한다.
- 토양개량제를 이용한다.
- 염생식물을 심어 염분을 흡수시킨 후 제거한다.

37 아래 설명을 보고 보기에서 적합한 것을 고르시오.

> < 보기 >
> 포드졸화작용 / 라테라이트화작용 / 석회화작용 / 염류화작용
>
> ◎ 고온다습한 아열대, 열대지방에 일어난다.
> ◎ 규산의 용탈이 심한 적색토양을 띤다.

해답
라테라이트화작용

38 아래 보기 중에서 부식된 유기물 및 광물질이 쌓여 검은색을 띠는 토양층을 고르시오.

> < 보기 >
> 유기물층 / 용탈층 / 집적층 / 모재층

해답
용탈층

39 다음 퇴비화에 대한 설명으로 옳은 것은 O, 틀린 것은 X를 고르시오.

㉠ 퇴비화의 발열단계에서 온도는 100℃ 까지 상승한다. (O / X)
㉡ 퇴비화의 감열단계에서 잡초 종자가 사멸한다. (O / X)
㉢ 퇴비화의 숙성단계에서 원재료 부피의 20~70% 까지 줄어든다. (O / X)

해답
㉠ X
㉡ X
㉢ O

40 다음은 퇴비에 대한 내용이다 옳은 내용을 모두 고르시오.

㉠ 깻묵류, 쌀겨는 퇴비재료로 적합하다.
㉡ 퇴비더미는 가능하면 높고 크게 쌓도록 한다.
㉢ 퇴비더미는 충분한 숙성과정을 위해 뒤집기를 실시하지 않는다.
㉣ 퇴비가 충분히 분해되면 불쾌한 냄새가 거의 사라진다.

해답
㉠, ㉣

41 다음 설명에 적합한 것을 보기에서 고르시오.

< 보기 >
부식탄 / 부식산 / 풀빅산

◎ 산도와 관계 없이 물에 녹지 않는 흑색의 화합물이다.
◎ 양분치환성은 500me/100g 정도이다.
◎ 토양의 전체부식의 20~30% 정도를 차지한다.

해답
부식탄

42
다음은 퇴비의 부숙도를 판정하는 지렁이법에 대한 내용이다. 부숙정도에 따른 적절한 판정기준을 연결하시오

아주 미숙한 퇴비 •	• 지렁이 활동이 활발하다.
약간 미숙한 퇴비 •	• 지렁이가 움직임이 없으며 몸체가 암갈색으로 변한다.
완숙 퇴비 •	• 지렁이가 부분적으로 녹기 시작한다.

해답

아주 미숙한 퇴비 - 지렁이가 부분적으로 녹기 시작
약간 미숙한 퇴비 - 지렁이가 움직임이 없으며 몸체가 암갈색으로 변한다.
완숙 퇴비 - 지렁이 활동이 활발하다.

43
작물이 자라는데 가장 이상적인 토양의 고상, 기상, 액상의 비율을 100을 기준으로 적으시오

◎ 고상 : 기상 : 액상 = ( ) : ( ) : ( )

해답

50 : 25 : 25

44
아래 보기에서 질소 고정 작물에 해당하는 것을 모두 고르시오

< 보기 >
클로버, 벼, 파, 옥수수, 수박, 콩

해답

클로버, 콩

45 아래 보기 중에서 질소기아현상이 나타나기 가장 쉬운 것을 고르시오

> < 보기 >
> 호밀 / 톱밥 / 볏짚

해답
톱밥

46 토양의 통기성을 양호하게 하는 방법 2가지를 적으시오.

해답
- 토양개량제를 사용한다.
- 객토를 실시한다.
- 배수 시설을 조성한다.

47 다음은 토양색을 표현한 것이다. 보기의 내용 중에서 2가 의미하는 바를 적으시오.

> < 보기 >
> 7.5R 7/2

해답
채도

48 아래 보기의 원소 중 산성토양에서 가용도가 낮은 원소를 모두 고르시오.

> < 보기 >
> 알루미늄, 인산, 망간, 칼슘, 철

해답
인산, 칼슘

49 다음 중 토양 유기물에 대한 내용으로 옳은 것을 모두 고르시오.

> ㉠ 토양의 유기물로 토양의 지온이 낮아지는 효과가 있다.
> ㉡ 토양 유기물의 유지 및 증진을 위해 객토를 실시한다.
> ㉢ 피복작물에는 메밀, 기장이 있다.
> ㉣ 토양의 유기물로 공극이 줄어든다.

해답

㉡, ㉢

50 아래 보기 중 탄질율이 가장 낮은 것을 고르시오.

> < 보기 >
> 부식 / 가축분뇨 / 톱밥 / 왕겨

해답

부식

PART 1

OX 30제 문제
토양 및 퇴비

01 토성은 모래, 점토 등의 함량을 기준으로 사토, 양토, 식양토로 분류된다.
답 (   )

02 토양의 투수성은 사토, 양토, 식토 중에서 사토가 가장 크다.
답 (   )

03 국제토양학회에서 토양입자의 입경에 따라 분류할 때 조사, 세사, 미사 중에서 조사의 입경 기준이 가장 작다.
답 (   )

04 작물이 생육하기에는 단립구조와 입단구조 중에서 입단구조가 유리하다.
답 (   )

05 토양의 미생물은 입단구조를 파괴하는 역할을 한다.
답 (   )

06 토양의 구조 중 판상구조는 접시와 같은 모양이거나 수평배열의 토괴로 구성된 구조이다.
답 (   )

07 모래의 함량이 많은 토양은 비모관공극이 모관공극보다 많다.
답 (   )

08 토양의 용적밀도는 사양토와 식양토 중에서 식양토가 높다.
답 (   )

09 토양의 유기물 함량에 의해 흑색이나 어두운 회색을 띠는데 유기물의 함량이 많을수록 흑색을 띤다.
답 (   )

10 토양산도에서 pH 3 은 염기성에 해당한다.
답 (   )

11 토양에 염류가 과도할 경우 토양개량제의 사용을 피하고 석회를 공급하도록 한다.
답 (   )

12 토양 검정에서 유기물 함량을 측정하기 위해 100°C 조건의 회화로에 투입한다.
답 (   )

13 식물체의 셀룰로오스, 헤미셀룰로오스, 리그닌 중에서 분해가 가장 어려운 것은 리그닌이다.
답 (　　)

14 부식이 많을 경우 염기성이 강해진다.
답 (　　)

15 피복작물은 토양의 침식을 방지하지만 토양의 미생물을 수를 감소시키는 단점이 있다.
답 (　　)

16 고초균은 병원균의 생육을 억제하는 항생물질을 분비하여 토양의 병원균 밀도를 낮추어 준다.
답 (　　)

17 탄질율은 산소와 수소의 비율을 말한다.
답 (　　)

18 논토양 개량을 위해 자운영, 헤어리비치를 재배하면 질소 고정에 도움을 준다.
답 (　　)

19 모래나 자갈 함량이 높은 밭토양을 미숙밭이라 한다.
답 (　　)

20 모세관을 따라 올라온 수분이 증발하고 남은 가용성의 염류가 표토에 집적하게 되는 것을 염류화 작용이라 한다.
답 (　　)

21 유기물층은 부식된 유기물 및 광물질이 쌓여 검은색을 띤다.
답 (　　)

22 풍적토는 지표부분에 분해가 진척되어 토양화된 것이다.
답 (　　)

23 탄질비가 15 이하이면 질소기아현상이 발생한다.
답 (　　)

24 낙엽, 부엽토 등은 임산부산물로 퇴비의 재료로 사용이 가능하다.
답 (　　)

25 퇴비화의 발열단계에서 온도는 80°C 까지 상승하기도 한다.
답 (　　)

26 토양색은 색상, 명도, 채도의 순서로 표기한다.
답 (　　)

27 미생물이 유기물을 분해하면 탄산가스가 증가한다.

답 (　　)

28 탄질율의 탄소, 질소 농도가 같거나 낮으면 생장이 좋아진다.

답 (　　)

29 알팔파와 왕겨 비교시 탄질율은 알팔파가 더 높다.

답 (　　)

30 논토양에 녹비작물을 재배하면 질소 고정에 도움이 된다.

답 (　　)

PART 1 · OX 30제 문제 답안
토양 및 퇴비

01 토성은 모래, 점토 등의 함량을 기준으로 사토, 양토, 식양토로 분류된다.

> **해설**
> 토성은 모래(미사, 조사), 점토 함량을 기준으로 분류하는데 주로 점토를 기준으로 분류하며 사토, 식토, 양토, 사양토, 식양토 등으로 분류된다.
>
> 답 ×

02 토양의 투수성은 사토, 양토, 식토 중에서 사토가 가장 크다.

> 답 ○

03 국제토양학회에서 토양입자의 입경에 따라 분류할 때 조사, 세사, 미사 중에서 조사의 입경 기준이 가장 작다.

> **해설**
> 조사는 0.2~2.0mm, 세사는 0.02~0.2mm, 미사는 0.002~0.02mm 정도로 미사가 가장 입경 기준이 작다
>
> 답 ×

04 작물이 생육하기에는 단립구조와 입단구조 중에서 입단구조가 유리하다.

> 답 ○

05 토양의 미생물은 입단구조를 파괴하는 역할을 한다.

> **해설**
> 토양에서 죽은 식물체가 미생물의 분해작용으로 분해되면서 입단이 조성되기도 한다.
>
> 답 ×

06 토양의 구조 중 판상구조는 접시와 같은 모양이거나 수평배열의 토괴로 구성된 구조이다.

> 답 ○

07 모래의 함량이 많은 토양은 비모관공극이 모관공극보다 많다.

> 답 ○

08 토양의 용적밀도는 사양토와 식양토 중에서 식양토가 높다.

> **해설**
> 용적밀도는 사토, 사양토, 양토, 식양토, 식토 순서로 사토가 가장 높고 식토가 낮다.
>
> 답 ×

09 토양의 유기물 함량에 의해 흑색이나 어두운 회색을 띠는데 유기물의 함량이 많을수록 흑색을 띤다.
> 해설
> 토양은 유기물의 함량이 많을수록 어두운 회색을 띤다.
> 답 ×

10 토양산도에서 pH 3 은 염기성에 해당한다.
> 해설
> pH 7 인 중성을 기준으로 낮은 수치는 산성, 높은 수치는 염기성을 나타낸다.
> 답 ×

11 토양에 염류가 과도할 경우 토양개량제의 사용을 피하고 석회를 공급하도록 한다.
> 해설
> 토양개량제, 석회 등을 시용하여 토양의 개량한다.
> 답 ×

12 토양 검정에서 유기물 함량을 측정하기 위해 100°C 조건의 회화로에 투입한다.
> 해설
> 시료가 담긴 도가니를 550~600°C 회화로에 넣어 완전히 태운다.
> 답 ×

13 식물체의 셀룰로오스, 헤미셀룰로오스, 리그닌 중에서 분해가 가장 어려운 것은 리그닌이다.
> 답 ○

14 부식이 많을 경우 염기성이 강해진다.
> 해설
> 부식이 많을 경우 부식산이 생성되어 산성이 강해진다.
> 답 ×

15 피복작물은 토양의 침식을 방지하지만 토양의 미생물을 수를 감소시키는 단점이 있다.
> 해설
> 피복작물은 유익한 선충 및 미생물의 수를 증가시킨다.
> 답 ×

16 고초균은 병원균의 생육을 억제하는 항생물질을 분비하여 토양의 병원균 밀도를 낮추어 준다.
> 답 ○

17 탄질율은 산소와 수소의 비율을 말한다.
> 해설
> 식물의 잎에서 동화작용에 의해 생성되는 탄소와 식물의 뿌리를 통해 흡수되는 질소의 비율을 탄질율(C/N율, 탄질비)이라 한다.
> 답 ×

18 논토양 개량을 위해 자운영, 헤어리비치를 재배하면 질소 고정에 도움을 준다.
> 답 ○

19 모래나 자갈 함량이 높은 밭토양을 미숙밭이라 한다.

> **해설**
> 사질밭은 모래나 자갈 함량이 높아 물을 간직하는 능력이 적으며, 양분 흡수 능력이 낮아 생산성이 제한된다.
> **답** ×

20 모세관을 따라 올라온 수분이 증발하고 남은 가용성의 염류가 표토에 집적하게 되는 것을 염류화 작용이라 한다.
답 ○

21 유기물층은 부식된 유기물 및 광물질이 쌓여 검은색을 띤다.

> **해설**
> 부식된 유기물 및 광물질이 쌓여 검은색을 띠는 층은 용탈층이다.
> **답** ×

22 풍적토는 지표부분에 분해가 진척되어 토양화된 것이다.

> **해설**
> 풍적토는 풍화모재 중 토사가 풍력에 의해 운반, 퇴적되는 것이다.
> **답** ×

23 탄질비가 15 이하이면 질소기아현상이 발생한다.

> **해설**
> 탄질비가 30 이상이면 질소가 부족하여 질소기아현상이 발생할 수 있다.
> **답** ×

24 낙엽, 부엽토 등은 임산부산물로 퇴비의 재료로 사용이 가능하다.
답 ○

25 퇴비화의 발열단계에서 온도는 80°C 까지 상승하기도 한다.
답 ○

26 토양색은 색상, 명도, 채도의 순서로 표기한다.
답 ○

27 미생물이 유기물을 분해하면 탄산가스가 증가한다.
답 ○

28 탄질율의 탄소, 질소 농도가 같거나 낮으면 생장이 좋아진다.

> **해설**
> 탄질율의 탄소, 질소 농도가 같거나 높으면 생장이 좋아진다.
> **답** ×

29 알팔파와 왕겨 비교시 탄질율은 알팔파가 더 높다.

> **해설**
> 탄질율은 알팔파가 13, 왕겨가 76 으로 왕겨가 더 높다.
> **답** ×

30 논토양에 녹비작물을 재배하면 질소 고정에 도움이 된다.

답 ○

PART 2

유기작물의 재배 및 관리

PART 02 유기작물의 재배 및 관리

1. 작부체계

(1) 작부체계의 정의와 중요성
  ① 작부체계는 일정 포장에 있어 순차적인 작물종류의 변천이나 일정 포장에 있어 동시적인 작물 종류의 조합을 말한다. 이는 포장의 효율적 이용을 도모하고 노동력 배분 및 합리적인 경영을 위해 작물 재배의 종류, 순서, 조합, 배열의 방식을 의미한다.
  ② 작부체계의 방식에는 동일 포장에 같은 종류의 작물을 반복적으로 재배하는 연작이 있으며 작물의 종류를 변화시켜 재배하는 윤작, 2개 이상의 작물을 함께 심는 혼작이 있다.
  ③ 작부체계의 이점으로 경지이용도의 제고, 지력의 유지증강, 병해충 및 잡초발생의 감소, 농업생산성 향상 및 생산의 안정화, 농업노동의 효율적 배분, 종합적 수익성 향상 및 안정화를 도모 등이 있다.

(2) 작부체계의 변천 및 발달
  ① 주곡식 대전법은 인구증가로 인해 경지의 제한을 받게 되면서 점차 정착농경으로 전환되어 경지를 영속적으로 재배하게 되었고 특지 경지의 대부분을 곡식작물로 재배하게 되었다.
  ② 휴한 농법은 곡식작물을 연작으로 하면 지력이 감퇴되어 지력 회복을 위한 쉬었다가 작물을 재배하는 방법이다.
  ③ 순 3포식 농법은 경지의 2/3에 춘파 및 추파곡물을 재배하고 나머지 1/3에는 휴한하는 것을 순서대로 돌려가면서 재배하는 방법이다.
  ④ 개량 3포식 농법은 1/3의 휴한 지역을 토지 이용상 불리하다고 판단될 경우 휴한 대신 클로버나 콩과 작물을 재배하여 질소고정을 통해 지력의 증진을 유도하는 방식이다.

(3) 연작과 기지
  ① 연작은 동일 포장에 동일 작물을 매년 지속적으로 재배하는 방식을 말한다. 연작을 할 경우 작물이 선호하는 양분의 선택적 이용으로 토양에 특정 양분이 부족하게 되어 작물이 제대로 못자라게 되는데 이때 발생되는 피해를 기지라고 한다.

연작 피해가 적은 작물	벼, 맥류, 조, 수수, 옥수수, 담배, 무, 당근, 양파, 호박, 순무, 아스파라거스, 딸기, 미나리, 양배추, 고구마
1년 휴작이 요구되는 작물	쪽파, 콩, 파, 생강, 시금치
2년 휴작이 요구되는 작물	마, 오이, 땅콩, 잠두, 감자
3년 휴작이 요구되는 작물	토란, 참외, 강낭콩
5~7년 휴작이 요구되는 작물	수박, 토마토, 사탕무, 완두, 가지, 우엉, 고추
10년 이상 휴작이 요구되는 작물	아마, 인삼

② 연작에 의한 기지 발생 시 작물이 선호하는 특정 양분의 소모로 다음 작물이 요구하는 양분을 충분히 공급할 수가 없다. 또한 토양 전염병, 토양 선충, 유독물질의 축적, 토양의 입단구조의 파괴 등 다양한 피해가 발생한다.

③ 기지 피해를 줄이기 위해 윤작이 가장 효과적이며 토양을 소독하거나 유해물질을 제거, 시비 작업 등의 작업이 필요하다.

④ 대표적으로 벼의 연작은 지속적인 관개수 유지에 의한 양분의 공급과 생장저해물질의 축적이 없기에 연작이 가능하다.

(4) 윤작

① 윤작의 방식 및 특징

㉠ 윤작은 한 농경지에 동일 작물을 재배하는 연작과는 반대로 다른 종류의 작물을 순차적으로 재배하는 방식이다. 윤작은 토양의 양분 유지와 병해충의 전염 방지에도 도움이 된다. 이러한 윤작에는 삼포식, 개량삼포식, 노포크식이 있다.

㉡ 삼포식은 포장을 3등분하여 하나는 여름작물, 다른 하나는 겨울작물, 마지막 하나는 휴한을 하여 매년 돌려짓기를 실시하며 결국 3년에 한 번의 휴한을 하게 된다.

㉢ 개량삼포식은 지력유지에 매우 효과적인 방법으로 휴한하는 대신 지력증진작물을 함께 재배하는 방법으로 삼포식보다 더 개량된 방법이다.

㉣ 노포크식은 화본과의 식용작물과 두과인 클로버, 근채류인 순무를 순차적으로 윤작하는 방법으로 <순무-보리-클로버-밀>, <밀-콩-보리-순무>로 4년주기의 윤작방식이다.

㉤ 윤작의 효과로 지력 유지, 토양보호, 병충해 경감, 노동의 합리적 분배, 경영의 안정화 등이 있다.

② 윤작의 기본원리

㉠ 지력 유지 및 향상을 위해 콩과, 녹비작물이 포함된다.

㉡ 토양의 보호를 위해 피복작물이 포함된다.

ⓒ 토양의 이용도를 높이기 위해 하작물, 동작물이 결합된다.
ⓓ 잡초의 경감을 위해 중경작물이나 피복작물이 포함된다.

(5) 답전윤환
① 답전윤환은 논상태와 밭상태로 몇 해씩 돌려가면서 벼와 작물을 재배하는 방식을 말한다. 답전윤환은 최소 2~3년 정도의 기간을 많이 채택하고 있다.
② 답전윤환 효과로 지력 유지 및 증진, 기지의 회피, 잡초 발생의 억제, 재배량 증가, 노력절감이 있다.
③ 논에서의 답전윤환을 하게 될 경우 토양의 통기성과 투수성이 개선되고 양분의 유실이 적게 발생한다. 결국 화학적 성질이 개선되고 선충 및 잡초 감소의 효과도 함께 나타나게 된다.
④ 토양 중 유기태 양분의 무기화 촉진을 위해 논토양을 상온에 대기조건에서 풍건처리한 후 담수 보온 처리를 하면 다량의 무기태 양분이 생성되는데 이를 건토효과라 한다.

(6) 혼파
① 혼파는 두 가지 이상의 작물을 혼합하여 파종하는 방법이다.
② 혼파를 할 경우 토양이나 기상에 대한 적응력이 높아지고 병해충에 대한 위험성이 낮아지게 된다. 또한 공간의 이용이 효율적이며 잡초 경감, 재배에 대한 안정성이 증가하게 되며 산초량이 시기적으로 평준화된다.
③ 혼파에도 단점이 있는데 파종작업이 힘들고 작물의 생장속도 차이로 인해 관리에도 어려움이 있다.

(7) 그 밖의 작부체계
① 교호작
  ⓐ 교호작은 생육기간이 비슷한 2가지 이상의 작물을 일정 이랑씩 번갈아 가면서 재배하는 방법이다. 대표적인 교호작으로 옥수수와 콩이 있으며 재배기간이 비슷하여 수확에도 용이하다.
  ⓑ 번갈아 가면서 재배하다보니 작물을 2줄 혹은 3줄로 번갈아 가면서 재배하기도 한다.
  ⓒ 교호작을 하기 적합한 작물로 옥수수+콩+고추 등이 있다.
② 주위작
  ⓐ 포장의 주위에 포장내의 작물과는 다른 작물을 재배하는 방식으로 주위에 빈공간을 이용하는 것이다.

ⓛ 옥수수나 수수의 경우 주위에 재배시 방풍의 효과가 있다.
③ 간작
  ㉠ 한 가지 작물이 생육하고 있는 조간에 다른 작물을 재배하는 방법이다.
  ㉡ 간작은 생육 기간이 다른 작물을 주로 재배한다.
  ㉢ 먼저 재배하고 있던 작물을 상작, 이후에 재배되는 작물을 하작이라 한다.
  ㉣ 간작은 먼저 재배하고 있는 작물에 피해가 없는 다른 작물을 이후 재배하여 토지의 이용율을 높이고자 함에 있다.
  ㉤ 간작을 하기 적합한 작물로 보리+콩, 보리+목화, 콩+수수 등이 있다.
④ 혼작
  ㉠ 혼작은 생육기간이 거의 같거나 유사한 작물을 섞어 재배하는 방법이다.
  ㉡ 혼작은 주로 상호보완이 가능한 작물끼리 재배하는 것이 유리하다.
  ㉢ 혼작의 좋은 예로 콩+옥수수, 콩+고구마, 목화+참깨, 마늘+상추, 양파+시금치, 감자+콩, 무+배추, 당근+상추, 무+근대 등이 있다.
  ㉣ 혼작을 통해 병해충 및 잡초의 발생이 줄어들고 토양과 기상에 대한 적응력이 보완된다. 하지만 섞어 재배를 하다보니 작업관리 및 기계화가 어렵고 작물간의 생육장애를 초래하기도 한다.
⑤ 대전법
  대전법은 개간한 토지에서 몇 해 동안 작물을 연속적으로 재배하고 그 후 지력이 소모되고 잡초발생이 증가하면 경지를 떠나 다른 토지를 개간하여 작물을 재배하는 경작방법이다.
⑥ 주곡식 대전법
  주곡식 대전법은 정착농업을 하면서 초지와 경지 전부를 주곡으로 재배하는 작부방식이다.
⑦ 휴한농업
  휴한농업은 정착농업 이후에 지력감퇴를 방지하기 위하여 농경지의 일부를 몇 년에 한 번씩 휴한하는 작부방식이다.
⑧ 자유식
  자유식은 시장의 경기상황이나 생산자재의 가격변동 등에 따라 작목을 수시로 바꾸는 재배방식이다.

2. 파종

(1) 파종시기

① 파종시기는 파종된 종자가 발아하기 위해 종자의 종류, 온도, 환경 등의 발아조건을 고려하여 결정하게 된다.
② 작물의 종류에 따라 추파, 춘파를 결정하고 지역에 따라 달라지는데 고랭지의 경우 늦봄에 실시한다.
③ 작부방법이나 특정 재해 시기, 토양의 상태, 출하기도 파종시기에 영향을 준다.
④ 감온형 벼 품종은 조파조식하는 것이 좋고 추파맥류는 추파성이 높은 품종은 조파한다.
⑤ 월동작물은 추파하고 여름작물은 춘파한다.

(2) 파종양식

① 산파(흩어뿌림)
  ㉠ 포장 전면에 종자를 흩어 뿌리는 방법으로 노력이 적게 든다.
  ㉡ 단점으로 종자의 소요량이 많아지고 통기 및 투광이 나빠지며 도복하기 쉽다.
  ㉢ 제초 및 병충해 방제가 어렵다.

② 조파(줄뿌림)
  ㉠ 골타기를 하고 종자를 줄지어 뿌리는 방법이다.
  ㉡ 골사이가 비어 있어 수분, 양분의 공급이 좋고 통풍 및 투광이 잘된다.
  ㉢ 관리작업이 편리하고 생육이 건실하다.

③ 점파(점뿌림)
  ㉠ 일정 간격으로 종자를 1~수 개씩 파종하는 방법이다.
  ㉡ 노력이 많이 들지만 종자량이 적게 들고 통풍 및 투광이 좋다.
  ㉢ 작물이 건실하고 균일한 생육을 한다.

④ 적파
  ㉠ 점파와 유사하나 한곳에 여러 개의 종자를 파종하는 방법이다.
  ㉡ 조파나 산파보다 노력이 많이 든다.
  ㉢ 수분 및 비료, 수광, 통풍 등의 환경조건이 좋고 생육이 건실하고 양호하다.

(3) 파종량

① 파종량은 작물의 종류 및 품종, 종자 크기, 재배지, 토양의 조건, 시비, 종자 상태를 고려하여 결정한다.
② 온도가 낮은 지역의 경우 파종량을 늘리도록 한다.
③ 토양 조건이 좋지 않거나 시비량이 적은 경우 파종량을 늘린다.
④ 발아력이 낮거나 파종기가 늦을 경우 파종량을 늘린다.
⑤ 주요 작물의 종자 파종량은 다음과 같다.

작물	10a 당 파종량	작물	10a 당 파종량
감자	150~200L	시금치	6500~14000mL
맥류	10~20L	당근	800mL
메밀	7~15L	배추	70~500mL
팥	5~7L	오이	200~300mL
녹두	2~3L	상추	50~500mL

(4) 복토

① 복토는 흙덮기로서 작물의 종자를 파종한 후 흙을 덮어 주는 작업이다.
② 작물별로 복토의 깊이에 차이가 있으며 기준은 다음과 같다.

깊이 기준(cm)	작물 종류
종자가 보이지 않을 정도	소립목초종자, 파, 양파, 당근, 상추, 담배, 유채
0.5~1	순무, 배추, 양배추, 가지, 고추, 토마토, 오이
1.5~2	조, 기장, 수수, 무, 시금치, 수박, 호박
2.5~3	밀, 호밀, 귀리
3.5~4	콩, 팥, 완두, 잠두, 옥수수, 강낭콩
5~9	감자, 생강, 토란, 글라디올러스
10 이상	나리, 튤립, 수선, 히아신스

3. 재배관리

(1) 시비

① 시비

㉠ 시비는 거름주기로 주요 비료의 종류는 질소, 인산, 칼륨이 있다. 질소의 경우 과다하게 공급되면 도장의 우려가 있어 공급량을 조절해 주어야 한다.

㉡ 작물에 따른 적정 시비(질소 : 인산 : 칼륨)

벼	5 : 2 : 4
맥류	5 : 2 : 3
옥수수	4 : 2 : 3
감자	3 : 1 : 4

㉢ 규소는 화곡류의 저항성을 높이는데 도움을 주는데 벼에 있어 도열병에 대한 저항성을 키워주고 잎을 곧게 지지하도록 도와준다. 잎을 곧게 지지하여 수광율을 높이는데도 도움을 주며 한해에 대한 경감 효과도 있다.

㉣ 고구마와 같은 작물은 칼륨의 흡수비율이 높은 편인데 칼륨이 양분을 지하부로 이동하는 것을 촉진하여 덩이뿌리가 굵어지도록 도와주는 역할을 한다.

㉤ 질소, 인산, 칼륨 등 비료가 하천으로 다량 유입되면 부영양화로 조류가 발생하기도 한다.

㉥ 이론적 단위면적당 시비량의 계산은 다음과 같다.

$$시비량 = \frac{비료요소흡수량 - 천연공급량}{비료요소의 흡수율}$$

② 엽면시비

㉠ 작물은 뿌리에서 양분의 흡수 외에도 기공을 통한 흡수가 이루어지며 이를 이용한 시비를 엽면시비라 한다.

㉡ 엽면시비는 잎의 호흡작용이 왕성할수록 더 잘 흡수된다.

㉢ 엽면시비된 살포액이 약산성의 경우 흡수가 잘 이루어진다.

㉣ 잎의 뒷면은 살포액의 부착이 좋고 기공수가 많아 표면보다 흡수가 잘 이루어진다.

㉤ 엽면시비는 주로 철, 아연, 망간, 칼슘 등의 미량원소, 요소를 뿌려 준다.

㉥ 엽면시비는 뿌리의 흡수력이 낮을 경우 영양회복을 위해 작업을 한다.

㉦ 요소의 엽면시비 농도는 노지작물 0.5~2%, 과수 0.5~1%, 오이 및 수박 1% 이하, 무 및 양배추 2% 이하 정도로 한다.

③ 비료의 분류
  ㉠ 성분에 따른 비료

질소비료	요소, 질산암모늄(초안), 황산암모늄(유안)
인산질비료	과인산석회, 용성인비, 용과린, 중과인산석회
칼륨질비료	염화칼륨, 황산칼륨

  ㉡ 화학적 반응에 따른 비료

산성비료	과인산석회, 염화암모늄
중성비료	황산칼륨, 염화칼륨, 요소, 질산나트륨
염기성비료	생석회, 소석회, 탄산칼륨, 용성인비

  ㉢ 생리적 반응에 따른 비료

생리적 산성비료	황산암모늄, 염화암모늄, 황산칼륨, 염화칼륨
생리적 중성비료	질산암모늄, 질산칼륨, 요소
생리적 염기성비료	질산나트륨, 질산칼슘, 용성인비, 초목회

  ㉣ 반응 효과에 따른 비료

속효성비료	황산암모늄, 염화칼륨
완효성비료	석회질소

  ㉤ 주요 비료의 성분비

종류	질소	인산	칼륨
요소	46		
질산암모늄	35		
황산암모늄	21		
석회질소	20~22		
중과인산석회		44	
용성인비		18~19	
과인산석회		16	
염화칼륨			60
황산칼륨			48~50

④ 이용률
  ㉠ 비료의 이용률은 비료 성분량 중에서 작물이 흡수하여 이용한 양을 나타낸 것으로 질소는 30~50%, 칼륨 40~60%, 인산 10~20% 정도의 이용률을 보인다.
  ㉡ 비료의 이용률에 영향인자로 비료성분, 화학적 형태, 작물의 종류, 토양의 화학적

조건, 시비시기 등이 있다.
⑤ 비료요소의 형태
  ㉠ 질소
    · 질산태질소를 함유하는 것으로 질산암모늄, 질산칼륨, 질산칼슘 등이 있다.
    · 질산태질소는 물에 잘 녹고 속효성이다.
    · 질산은 음이온이므로 토양에 흡착되지 않고 유실되기 쉽다.
    · 암모니아태질소를 함유하는 것에는 황산암모늄, 질산암모늄, 인산암모늄, 완숙퇴비 등이 있다.
    · 암모니아태질소는 물에 잘 녹고 속효성이나 질산태보다는 속효성이 아니다.
    · 유기태질소를 함유하는 비료에는 어비, 골분, 녹비, 쌀겨 등이 있다.
  ㉡ 인
    · 인산질비료는 용해성에 따라 수용성, 구용성, 불용성으로 구분된다.
    · 수용성 인산에는 과인산석회, 중과인산석회 등이 있고 구용성 인산에는 용성인비, 소성인비 등이 있다.
    · 사용상 유기질 인산비료와 무기질 인산비료로 구분된다.
    · 유기질 인산비료에는 동물 뼈, 물고기뼈, 쌀겨, 보리겨 등이 있다.
    · 인산질 비료의 이용율을 높이기 위해 수용성 인산보다는 구용성 인산을 선택하거나 접촉면이 작은 입상을 선택하는 것이 이용율을 높이는데 유리하다.
    · 무기질 인산비료의 주요 원료는 인광석이다.
  ㉢ 칼리
    · 칼리질 비료로 사용되는 칼리는 무기태칼리, 유기태칼리로 나누어지며 거의 수용성이고 비효가 빠르다.
    · 유기태칼리는 쌀겨, 녹비, 퇴비, 산야초 등이 많이 함유되어 있다.
    · 지방성과 결합된 칼리는 수용성이고 속효성이나 단백질과 결합된 칼리는 물에 난용성이어서 지효성 칼리이다.
  ㉣ 칼슘
    · 칼슘은 직접적으로 다량으로 요구되는 필수원소이나 간접적으로 토양의 물리적, 화학적 성질을 개선한다.
    · 일반적으로 토양 내에 가장 많이 함유되어 있고 비료에 함유되는 칼슘은 CaO, $Ca(OH)_2$, $CaCO_3$, $CaSO_4$ 등의 형태로 되어 있고 가장 많이 이용되는 석회질 비료는 $Ca(OH)_2$ 이다.
    · 부산물로 얻어지는 부산소석회, 규회석, 용성인비와 규산질 비료에도 칼슘이 많이

함유되어 있다.

(2) 보식, 솎기
① 보식은 발아가 불량한 곳이나 고사한 곳에 보충하여 이식하는 것이다.
② 솎기는 밀생한 곳에 일부를 제거하여 작물끼리 경쟁을 줄이고 공간을 넓혀 주는 작업이다.
③ 솎기는 생육 공간 확보를 통해 균일한 생육을 도와주고 불량한 개체를 제거해 우량한 개체만 남길 수 있다.

(3) 중경
① 파종이나 이식 이후에 작물 생육 기간에 작물사이 토양의 표토를 긁어 부드럽게 하는 토양관리를 중경이라 한다.
② 중경작업은 잡초의 방제, 토양의 이화학적 성질 개선을 통해 작물의 생육을 돕는다.
③ 중경의 효과

발아조장	파종이후 토양에 피막이 생겼을 때 중경작업을 실시하여 피막을 제거하면 발아가 조장된다.
통기성증진	작물이 생육하는 포장을 중경하여 토양의 가스교환과 미생물의 활동을 높이고 유기물 분해가 촉진되어 작물에 활력을 주게 된다.
수분증발억제	중경작업 시 토양을 얕게 작업하면 모세관이 절단되고 표면 공극이 좁아져 토양의 유효수분 증발이 줄어드는 효과가 있다.
비효증진	논토양의 경우 항상 물에 잠긴 상태이기에 표층은 산화층, 아래는 환원층이 형성된다. 이때 추비를 하고 중경작업을 실시하면 산화층과 환원층이 섞이면서 탈질작용이 억제되고 질소질 비료의 효과가 증진된다.

④ 중경의 단점

단근피해 발생	어린 작물의 경우 중경작업 과정에서 뿌리에 피해를 주게 되면 뿌리 흡수에 피해를 준다.
토양침식 발생	바람이 심하거나 건조가 심한 지역은 중경을 하면 토양의 건조 및 침식이 발생된다.
동상해 발생	환경에 따라 중경작업을 하면 지열의 유지가 되지 않아 저온의 피해가 발생할 수 있다.

(4) 멀칭
① 피복재료인 비닐, 플라스틱 필름, 건초를 이용하여 포장 토양의 표면을 덮는 작업을 멀칭이라 한다. 그리고 멀칭작업에 사용되는 피복재료를 멀치라 한다.
② 멀칭의 효과로는 생육 촉진과 토양의 침식 및 비료유실을 방지하고 수분조절, 온도조절, 잡초 방지, 유익 박테리아의 증식 등의 효과가 있다.
③ 작물의 비닐은 주위 조건에 따라 적합한 색을 선별한다. 검은색 비닐은 뿌리의 지온 유지 및 잡초 발생을 억제해주며 투명비늘은 추운 계절 지온 상승과 습도의 유지에 도움을 준다. 최근에는 적색비닐을 통해 작물의 광합성량을 늘리는 등 색상에 따른 효과를 파악하고 선택한다.
④ 투명플라스틱 필름의 경우 지온의 상승, 토양의 건조 방지, 비료의 유실 방지 등의 효과가 있다. 불투명플라스틱의 경우 적색광을 차단하여 잡초의 발생을 억제해준다.

(5) 배토
① 배토는 작물 생육기간 중 골사이나 포기사이 흙을 포기 밑으로 긁어 모아주는 것을 말한다.
② 배토는 맥류, 채소류, 밭벼, 감자, 옥수수 등의 작물에 실시한다. 토란이나 파 등은 작물의 품질을 좋게 하고 소출을 증대시키며 맥류는 무효분얼을 억제하고 소출이 증대된다.
③ 배토의 목적 및 효과

새 뿌리 발생 조장	콩, 담배 등은 줄기의 밑동이 경화하기 전에 몇 차례 배토를 해주면 새 뿌리의 발생이 조장되어 생육이 증진된다.
도복 경감	옥수수, 수수, 등은 배토에 의해 줄기의 밑동이 잘 고정되어 도복이 경감된다.
무효분얼 억제	벼는 마지막 김매기를 하는 유효분얼종지기에 포기 밑에 배토를 해주면 무효분얼이 억제된다.
덩이줄기 발육조장	감자의 덩이줄기는 지하 10cm 정도 깊이에 발육할 수 있도록 배토를 해주면 발육이 조장된다.
배수 및 잡초 억제	콩 등을 평이랑에 재배하였다가 장마철 이전 깊은 배토를 해주면 배수로가 마련되어 과습기에 배수가 좋게 되고 잡초도 방제된다.

4. 작물 구성원소

(1) 작물 필수 원소

① 무기염류는 작물의 생육에 필요한 필수원소 16가지가 있으며 이러한 원소들이 많이 필요한 것들을 다량원소, 소량 필요할 경우를 미량원소라 한다.

구분		흡수 형태	상대량(%)
다량원소	탄소(C)	CO_2	45
	산소(O)	O_2, H_2O	45
	수소(H)	H_2O	6
	질소(N)	NO_3^-, NH_4^+	1.5
	칼륨(K)	K^+	1.0
	칼슘(Ca)	Ca^{2+}	0.5
	마그네슘(Mg)	Mg^{2+}	0.2
	인(P)	$H_2PO_4^-$, HPO_4^{2-}	0.2
	황(S)	SO_4^{2-}	0.1
미량원소	염소(Cl)	Cl^-	0.01
	철(Fe)	Fe^{3+}, Fe^{2+}	0.01
	망간(Mn)	Mn^{2+}	0.005
	붕소(B)	$H_2BO_3^-$	0.002
	아연(Zn)	Zn^{2+}	0.002
	구리(Cu)	Cu^+, Cu^{2+}	0.0006
	몰리브덴(Mo)	MoO_4^{3-}	0.00001

② 식물의 일반 조성은 보통 75% 이상이 수분이고 나머지는 탄소, 수소, 산소, 회분 등이다. 건물은 주로 탄소, 수소, 산소의 합계가 약 93~96%이고, 질소 및 광물질이 4~7%로 구성되어 있다. 조금 더 세부적으로 보면 식물체의 뼈대인 세포막과 세포 내용물의 대부분을 차지하는 탄수화물 및 지방은 C, H, O로 세포질의 주요 성분인 단백질은 C, H, O, N, S 으로, 그리고 세포핵의 대부분은 C, H, O, N, P 로 구성되어 있다.

③ 식물의 주요 유기화합물에서 셀룰로오스, 헤미셀룰로오스, 리그닌, 녹말, 유지, 카로틴, 유기산은 C, H, O 가 구성요소이다.

(2) 무기성분의 종류 및 특징

① 질소

특징	• 대기 중의 78% 정도를 차지하는 원소로 단백질, 아미노산 등의 유기화합물을 구성하는 필수 원소이다. • 식물 내의 질소의 함량이 가장 많은 부위는 잎이다. • 주로 식물에 흡수시 질산태(NO_3^-), 암모니아태(NH_4^+)로 흡수된다.
결핍증상	• 잎의 생장이 불량하고 잎이 짧아지거나 전반적으로 소형화된다. • 성숙한 잎 전체의 황백화 현상이 나타나며 심할 경우 괴사한다.
과잉증상	• 잎이 짙은 녹색이 되면서 도장현상이 나타난다. • 가뭄, 병충해 등의 저항성이 약해진다. • 결실률이 떨어지고 과실의 경우 소과가 되기도 한다.

② 인산

특징	• 강산성 토양에서 인산은 철, 알루미늄, 망간과 결합하여 식물이 이용할 수 없게 된다. • 중성 토양의 경우 인산의 유효도가 증가하며 pH 6~7 정도가 적당하다. • 뿌리의 신장을 촉진하고 내한 및 내건성을 증가시킨다. • 주로 이온 형태($H_2PO_4^-$, HPO_4^{2+})로 흡수한다.
결핍증상	• 뿌리 발달이 늦어 식물의 발육도 늦어진다. • 갈색반점이 생기거나 노엽은 암록색을 띠고 개화결실이 불량해진다. • 과실 및 종자의 형성이 불충실해진다.
과잉증상	• 아연, 철, 고토의 결핍을 유발하고 황화현상을 일으킨다. • 영양생장이 멈추고 성숙이 빨라져 수확량이 감소한다.

③ 칼륨

특징	• 탄수화물대사, 단백질대사, 효소 활성화 등의 촉매역할을 한다. • 뿌리의 발육과 개화결실에 도움을 준다. • 뿌리, 줄기를 강하게 하고 병해충에 대한 저항력을 증가시킨다. • 양이온(K^+)으로 흡수 및 이용하며 세포의 팽압을 유지한다. • 잎, 뿌리 등의 선단에 많이 있으며 광합성에 영향을 준다.
결핍증상	• 늙은잎의 선단에서 황화하고 조기낙엽이 발생한다. • 어린잎은 암록색이 되고 신장이 나쁘게 되면서 줄기가 약해진다. • 뿌리의 생장이 제한되고 뿌리썩음병이 일어나기 쉽다. • 과실의 경우 모양과 품질이 저하된다.
과잉증상	• 칼슘과 마그네슘의 흡수를 억제하여 결핍시킨다.

④ 칼슘

특징	• 건조지역이 습한지역보다 더 많은 양을 함유하고 있다. • 정단 분열조직 발달, 단백질의 합성, 뿌리 및 지상부의 신장에 관여한다. • 식물체 내에서는 세포막의 구성성분으로 주로 잎에 함유량이 많다. • 질소의 흡수를 도와주고 알루미늄의 흡수를 조절해준다.
결핍증상	• 분열조직의 생장이 감퇴한다. • 칼슘은 식물체내에서도 이동성이 낮아 신엽, 경엽등에서 결핍증상이 나타난다. • 어린잎의 경우 잎 가장자리가 위쪽으로 뒤틀리고, 새가지 선단에서 강하게 자라면서 전개되는 잎은 황화되며 생장이 정지된다. • 토마토 배꼽썩음병이 발생하기도 한다.
과잉증상	• 철, 마그네슘, 아연등의 흡수를 방해하는 일종의 길항작용을 한다.

⑤ 마그네슘

특징	• 마그네슘은 식물의 광합성에 필수적인 엽록소의 구성성분이다. • 칼륨, 망간에 길항작용을 한다. • 황산고토, 백운성으로 결핍을 방지할 수 있다.
결핍증상	• 늙은 잎에서 먼저 황화되며 심할 경우 백화현상이 일어난다. • 뿌리, 줄기의 생장이 저해된다.

⑥ 황

특징	• 토양내 유기태, 무기태 형태로 있으며 대부분 유기태로 존재한다. • 토양의 유기태 황은 미생물에 의해 무기화되어 식물에 이용된다. • 단백질, 아미노산, 비타민의 구성성분으로 식물의 생리작용에 관여한다. • 식물체내 이동성이 낮은 편이라 어린잎에서 먼저 결핍증상이 나타난다.
결핍증상	• 생장이 저조해지며 뿌리혹박테리아에 의한 질소고정능력이 저하된다. • 엽록소의 형성이 억제된다.
과잉증상	• 토양의 산성화를 촉진한다.

⑦ 철

특징	• 엽록소의 생성 및 호흡효소 활동에 관여한다.
결핍증상	• 엽록소 생성이 방해되며 새잎에서 황백화가 발생한다.
과잉증상	• 망간, 인산의 결핍을 조장한다.

⑧ 망간

특징	• 산화효소를 도와 산화, 환원반응에 관여한다. • 엽록소의 생성에 관여한다.
결핍증상	• 잎의 소형화, 잎의 황화현상이 일어나기도 한다. • 알칼리성 토양에서 결핍증상이 자주 발생된다. • 벼, 보리에서 세로의 줄무늬가 발생한다.
과잉증상	• 철의 결핍을 조장한다. • 뿌리가 갈변하거나 사과의 경우 적진병이 발생하기도 한다.

⑨ 붕소

특징	• 세포의 분열과 화분의 수정에 관여한다. • 세포막 펙틴의 형성에 관여한다. • 식물체내 이동성이 낮아 어린잎에서 결핍증상이 나타난다. • 붕소는 $H_2BO_3^-$ 형태로 식물체에 흡수된다.
결핍증상	• 생장점의 발육이 중지되고 심할 경우 뿌리 생장점도 더뎌진다. • 꽃가루 생성이 불량하고 불임이 발생한다. • 조직이 전반적으로 거칠고 단단해지며 괴사가 일어난다. • 사과의 축과병 같은 병해가 나타난다.
과잉증상	• 잎의 황화 현상이 발생되며 심할 경우 고사한다.

⑩ 몰리브덴

특징	• 질산 환원 효소의 구성성분으로 콩과작물의 질소고정에 도움을 준다. • 질소를 고정하는 근류균의 생육에 도움을 준다. • 단백질의 합성에 관여한다.
결핍증상	• 광엽이 엽면의 안쪽으로 감아 휘게 된다. • 늙은잎에서부터 황화현상이 발생된다.

5. 수확

(1) 수확시기 결정

① 벼의 수확시기는 출수 후 40~50일 정도이며 벼알이 황색이나 수축의 색깔이 대체로 황변한 때, 수축이 끝에서 2/3 정도 황색으로 마른 때이다.
  ㉠ 유숙기는 개화 수정 후 10~14일 경이다.
  ㉡ 호숙기는 개화 수정 후 15~25일 경이다.
  ㉢ 황숙기는 개화 수정 후 30~40일 경이다.
  ㉣ 완숙기는 개화 수정 후 40~50일 경이다.
  ㉤ 고숙기는 벼알에 녹색이 없는 완숙된 시기이다.

② 적산온도
  ㉠ 일평균기온을 누적시켜 보통 벼는 출수 후 950℃ 정도가 되면 수확 적기가 된다.
  ㉡ 일평균기온 14℃ 이하는 동화능력이 떨어져 계산하지 않는다.

③ 출수기 기준
  ㉠ 조생종은 출수 후 40~45 일이다.
  ㉡ 중생종은 출수 후 45~50 일이다.
  ㉢ 만생종은 출수 후 50~55 일이다.

④ 벼알색 기준
  ㉠ 벼알이 90% 정도 황변한 시기가 적기가 된다.
  ㉡ 벼는 수확 시기가 너무 빠르면 청미와 사미가 많아지고 수량이 감소된다.
  ㉢ 수확이 늦어지면 과숙미가 되어 동할미가 많아지며 색깔이 불량해진다.

⑤ 기타 작물의 수확시기
  ㉠ 감자의 경우 잎과 줄기가 누렇게 변했을 때부터 완전히 마르기 직전까지가 수확적기이다.
  ㉡ 고구마는 줄기가 마르기 시작하는 10월쯤이 수확적기이다.
  ㉢ 단옥수수는 수염이 나온 후 23~25일경이 수확적기이다.

⑥ 원예작물 수확적기
  ㉠ 수확된 원예작물의 성숙도는 저장수명과 품질에 중요한 변수로 작용하여 취급 및 판매에 영향을 준다.
  ㉡ 호흡상승(climacteric rise)은 과일의 성숙기간 중 호흡작용이 증가하는 상태로 이때가 수확적기이다.
  ㉢ 과실의 개화 후 성숙할 때까지의 일수는 품종에 따라 일정하나 수세, 입지, 기상 등에 따라 다소 차이가 있다.

② 노지재배의 경우 애호박은 7~10일, 가지는 20~30일, 토마토는 40~50일 정도의 기간을 가진다.
⑪ 과실은 성숙기가 되면 전분이 당으로 변화하기에 요오드 검색법을 통해 수확적기를 예측할 수 있다. 전분과 요오드가 결합하면 청색으로 변하기에 과실이 성숙할수록 전분량이 적어지면서 요오드와 결합하는 청색의 분포도가 줄어들게 된다.
⑭ 사과와 토마토와 같은 과실은 과피의 착생정도를 통해 판정하기도 한다.
④ 열매꼭지의 탈락 정도를 통해 수확적기를 판정한다.

(2) 성숙
① 종자나 과실의 내용물이 충실하고 발아력이 완전하며 수확의 최적상태가 되었을 경우를 성숙이라 한다.
② 성숙도를 판단하는 기준에는 색깔, 경도, 크기와 모양, 호흡정도, 전기저항 등이 있다.
③ 식물의 성숙은 식물자체에 기준을 두는 생리적 성숙과 이용의 기준을 둔 상업적 성숙으로 분류되며 상업적 성숙은 작물이 수확적기가 되었음을 의미한다.
④ 오이, 가지 등은 생리적으로는 성숙하지 않았지만 상업적 성숙이 되어 이용한다.
⑤ 상업적성숙과 생리적 성숙이 일치하는 작물은 사과, 토마토, 양파, 감자 등이 있다.

6. 수확 후 처리

(1) 벼의 수확 후 처리
① 건조
㉠ 벼를 베었을 경우 벼알의 수분 함량은 대략 20% 이상이다.
㉡ 수확한 벼는 15.5% 정도로 건조시키고 탈곡하면 탈곡능률이 좋아지고 도정률이 높아지고 변질되지 않는다.
② 탈곡
㉠ 수분 함량이 15.5% 이하인 벼가 능률적이나 기상조건이 불량할 경우 탈곡 후 건조해야 한다.
㉡ 보리의 경우 기계적 손상을 최소화 하기 위해 17~23% 정도로 건조하여 탈곡하도록 한다.
③ 도정
㉠ 수확한 조곡을 가공하여 식용 가능한 정곡으로 가공하는 것을 도정이라 한다.
㉡ 조곡인 정조의 껍질을 벗겨서 현미로 만드는 것을 제현이라 한다.

ⓒ 도정은 과정은 벼를 정선, 제현, 현미분리, 현백, 쇄미분리 등의 과정을 거친다.
ⓔ 제현율은 품종, 숙도, 건조 등에 따라 다르며 중량은 약 75%, 용량 55% 정도이다.

④ 염수선
  ㉠ 볍씨 염수선은 양분이 충분한 종자를 얻기 위한 방법이다. 일반적으로 충실한 종자는 무거운 종자를 의미하기에 이를 선별하기 위해 소금물에 담가 염수선을 실시한다.
    • 메벼 염수선 비중 : 1.13 (물 18L + 소금 4.5kg)
    • 찰벼 염수선 비중 : 1.04 (물 18L + 소금 1.36kg)
  ㉡ 보통 볍씨 염수선을 위해 염수의 비중은 1.13으로 하여 달걀을 띄우면 500원짜리 동전의 크기가 되도록 한다. 아래는 소금물의 비중과 계란의 뜬 모양을 나타낸 그림이다.

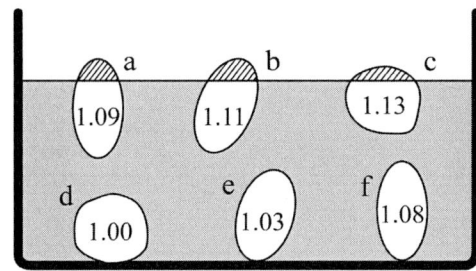

(2) 원예작물의 수확 후 처리
  ① 후숙
    ㉠ 미숙한 과실을 수확하고 일정 기간 보관하여 성숙시키는 것을 후숙이라 한다.
    ㉡ 바나나, 키위, 감귤 등에 주로 적용한다.
    ㉢ 에틸렌과 같은 물질을 활용하여 착색증진 및 연화 등을 촉진시켜 상품의 가치를 향상시키게 된다.
  ② 예랭(예냉)
    ㉠ 고온상태에 수확된 청과물을 수확 직후 적당한 품온까지 냉각하여 과실자체의 호흡량, 성분이나 물성의 변화를 억제하여 품질을 유지할 수 있는 냉각작업을 예랭(예냉)이라 한다.
    ㉡ 예랭은 수확 직후 청과물의 품질 유지에 좋은 방법으로 호흡량을 줄이고 저장양분의 소모를 감소시킨다.
  ③ 큐어링
    ㉠ 큐어링은 고구마, 감자, 양파 등에 상처가 발생한 경우 상처를 아물게 하거나 코르크층을 형성시켜 수분의 증발을 줄이고 미생물의 침입을 예방하는 방법이다.

ⓒ 고구마는 수확 후 1주일 이내 온도 30~33℃, 습도 85~90% 조건에서 4~5일 정도 큐어링 한 후 열을 방출시키고 저장하면 상처가 아물게 된다. 온도와 습도를 낮게 하면 치유시간이 오래 걸리고 중량이 감소하게 된다.

ⓒ 감자는 수확 후 온도 15~20℃, 습도 85~90% 조건에서 2주일 정도 큐어링 하도록 한다.

ⓔ 양파는 건조가 어느정도 된 경우 온도 30~35℃, 습도 70~80% 조건에서 5일 정도 처리한다.

④ 예건

ⓐ 식물의 외층을 건조시켜 내부조직의 수분증산을 억제시키는 방법이다. 수확 직후 수분을 일정량 증산시켜 과습으로 인한 부패를 방지할 수 있다.

ⓑ 수분함량이 많고 증산속도가 빠른 양배추 등의 엽채류는 외엽 1층이 거의 마를 때까지 예건시키는 것이 저장에 유리하다.

7. 저장

(1) 저장에 관여하는 영향인자

① 저장에 관여하는 요인에는 온도, 습도, 호흡량, 품종 등이 있다.
② 과실의 저장은 온도를 낮출수록 저장에 유리하며 낮은 온도 조건에서는 농산물의 호흡이 줄면서 보유한 양분의 소비가 줄어들어 저장에 유리하다.
③ 습도 조절을 통해 과실의 수분함량이 줄어드는 것을 방지하도록 한다. 과실의 수분함량이 줄어들면 상품의 가치가 감소하고 탈수로 인한 스트레스로 에틸렌 생성이 촉진된다.
④ 품종은 조생종보다 만생종이 장기 저장에 유리하다.
⑤ 과실의 저장 중 에틸렌 생성량을 줄이면 저장기간을 연장시키는데 유리하다.
⑥ 에틸렌은 농산물의 노화와 부패를 촉진하기도 하지만 덜 익은 과일의 성숙을 촉진하는 긍정적인 역할도 한다.
⑦ 에틸렌 발생이 많은 농산물로 사과, 살구, 바나나, 무화과, 복숭아, 감, 자두, 토마토 등이 있다.
⑧ 에틸렌에 민감하게 반응하는 농산물로 키위, 감, 오이, 배, 가지, 토마토 등이 있다.

(2) 저장 종류
  ① 상온저장
    ㉠ 상온저장은 보통저장이라 하며 외기의 온도 변화에 따라 강제송풍처리, 보온단열, 밀폐처리 등으로 가온이나 저온처리장치 없이 저장하며 다음과 같은 방법들이 있다.

지하매몰저장	배추, 양배추, 파 등을 지하에 묻어서 저장하는 방법이다.
움저장	감자, 무 등을 지하에 알맞은 길이의 움을 파고 저장한다.
굴저장	깊은 굴을 파고 깊숙한 곳에 고구마 등을 저장한다.

    ㉡ 환기저장은 지상부 혹은 반 지하부에 외부의 공기를 유입하여 저장고내의 온도를 유지하는 방법이다. 설치비용이 저렴하고 작동이 쉬워 고구마, 감자의 저장에 많이 이용된다.
    ㉢ 환기저장 시 감자의 저장온도는 1~4°C, 저장습도는 80~95% 이다. 고구마의 경우 저장온도 12~15°C, 저장습도 80~95% 이다.
    ㉣ 굴저장을 하는 고구마는 통기가 잘 되도록 환기시설을 갖추는 것이 좋다.
  ② 저온저장(냉장)
    ㉠ 냉각에 의해 일정 온도까지 품온을 내린 후 저장하는 것을 저온저장이라 한다.
    ㉡ 저온 저장을 통해 나타나는 효과는 다음과 같다.
      • 미생물의 증식 지연
      • 수확 후 작물의 대사작용 지연
      • 효소에 의한 지질의 산화와 갈변 지연
      • 영양성분의 손실 및 수분 손실 지연
    ㉢ 저온저장의 효과가 큰 과실은 사과, 배, 복숭아, 자두, 포도 등이 있으며 호흡 및 대사작용이 억제되어 환원당 함량이 증가되어 단맛이 높아지게 된다.
    ㉣ 원예생산물의 저장에서도 저장온도가 중요하며 저온저장을 통해 작물의 변질속도를 느리게 하여 저장에 유리하다.
    ㉤ 일반적 저온저장을 위한 상대습도는 85~95% 정도를 유지해야 한다.
    ㉥ 곡류는 저장습도가 낮을수록 좋지만 과실이나 영양체는 저장 습도가 상대적으로 높은 것이 좋다.

ⓢ 작물별 적정 저장온도는 다음과 같다.

저장온도(°C)	종류	저장온도(°C)	종류
0 혹은 그 이하	콩, 당근, 마늘, 상추, 버섯, 양파, 시금치	7~12	애호박
0~2	아스파라거스	7~13	오이, 가지, 수박, 토마토(완숙과)
1~4	감자	13 혹은 그 이상	생강, 고구마, 토마토(미숙과)
2~7	서양호박	15 이하	미곡

◎ 과수별 적정 저장온도는 다음과 같다

저장온도(°C)	종류
0~2	사과, 배, 복숭아, 포도, 자두
4~5	감귤
7~13	바나나

③ CA 저장

㉠ CA 저장은 대기조성과 다르게 이산화탄소(CO_2)의 농도를 증가시키고 산소(O_2)의 농도를 낮추어 저장물의 호흡을 억제하고 저온 저장하는 방법이다. CA 저장 방법을 통해 과일의 경우 장기 보관에서도 신선함을 유지할 수 있다

㉡ CA 저장법은 꾸준한 기술개발을 통해 여과시스템을 이용한 압축공기로부터 질소를 공급하는 시스템, 낮은 산소 농도 저장, 저에틸렌 CA 저장, 급속 CA 저장 등 다양한 기술이 개발되었다

㉢ 미곡의 경우 수분함량이 15% 이하로 유지하고 저장고 내 온도는 15°C 이하, 상대습도 70% 이하로 유지하며 공기조성은 산소 5~7%, 이산화탄소 3~5% 로 유지시키는 것이 안전하다

8. 포장

(1) 포장재의 종류와 방법

① 포장재 기능

㉠ 유기농산물의 포장재는 다른 농축산물과의 혼합을 방지하고 외부의 오염물질로부터 유기농산물을 보호한다.

㉡ 포장재를 통해 외관 보호, 신선도 유지 및 저장성이 향상된다.

② 포장의 재료
  ㉠ 포장의 재료는 기능에 따라 주재료와 부재료로 분류된다.
  ㉡ 주재료는 종이, 플라스틱필름, 포대, 목재 용기 등 수확물을 담는 재료를 말한다.
  ㉢ 부재료는 접착제, 테이프, 끈, 못 등 포장을 하는 보조재료를 말한다.
③ 포장재의 구비조건
  ㉠ 수송과정에 내용물을 보호할 수 있도록 충분한 강도를 가지고 있어야 한다.
  ㉡ 수분에 젖거나 높은 상대습도에 영향을 받지 않아야 한다.
  ㉢ 독성이 있는 화학물질을 함유하고 있지 않아야 한다.
  ㉣ 내용물이 빠른 예랭이 가능해야 하고 외부열을 차단해야 한다.
  ㉤ 혐기상태를 피하기 위해 호흡가스를 충분히 투과할 수 있는 소재여야 한다.
  ㉥ 무게, 크기, 모양 등이 취급 및 판매에 적합해야 한다.
  ㉦ 작물의 필요에 따라 빛을 차단하거나 투명해야 한다.
  ㉧ 처분 및 재활용이 용이해야 한다.
④ 포장 재료의 종류
  ㉠ 종이
    • 식물성 섬유로 판지, 양지, 화지 등으로 구분된다.
    • 골판지는 강도가 강하고 완충성이 뛰어나며 봉합과 개봉이 편리하다.
    • 양지는 크라프트지, 롤지, 모조지 등이 포함되어 질기고 유연성이 좋다.
    • 글라신지는 광택이 있고 반투명성이며 내유성이 좋아 채소용 포장에 사용된다.
  ㉡ 플라스틱필름
    • 플라스틱은 열경화성 플라스틱, 열가소성 플라스틱 등이 있다.
    • 열경화성 플라스틱에는 페놀수지, 요소수지, 멜라민수지 등이 있다.
    • 열가소성 플라스틱에는 PE, PP, PVC 등이 있다.
    • PE(polyethylene)은 온상재배에 이용되며 가스의 투과도가 높아 채소류, 과일 등의 포장재료에 적합하다.
    • PP(polypropylene)은 방습성, 내열성, 내한성 등이 좋고 광택 및 투명성이 높아 투명포장과 채소류의 수축포장에 적합하다.
  ㉢ 알루미늄박
    신전성이 높고 내충성이 있어 기체 차단성이 요구되는 식품분야에 활용된다.
  ㉣ 포대
    • 지대는 종이로 만든 소형의 봉지, 봉투, 쇼핑백 등이 있다.
    • 표백제 포대는 일반적인 자루를 의미하며 마대는 곡물용 포대로 사용된다.

- 플라스틱 네트는 압출성형법으로 만들어져 과일, 채소류 포장에 이용된다.
  ⑩ 기능성 포장재
  - 밀봉포장하여 간이 가스 조절이 가능하며 저장에 유해한 에틸렌 가스를 흡착 제거하는 효과를 가지고 있는 기능성 물질을 포장재에 첨가한 재료이다.
  - 항균필름은 포장재 내 발생하는 곰팡이 및 유해 미생물에 대한 항균력을 가진 물질을 코팅, 압축성형한 필름이다.
  - 고차단성 필름은 질소, 산소 및 산물의 고유한 유기화합물 등을 차단한다.

(2) MA 포장
① MA 포장 효과는 호흡 급등형 과일류에서 숙성 및 노화 지연, 증산이 빠른 엽채류, 과채류에서 나타나는 수분손실 억제 효과, 에틸렌 민감도 감축, 저온장해 등 수확 후 생리적 장해의 억제 등이 있다.
② MA 포장은 고분자 필름으로 호흡하는 산물을 밀봉하여 포장 내 산소와 이산화탄소 농도를 바꾸는 기술로 주로 소포장 단위를 말한다.
③ 실제 포장 내 산소 농도가 조절되면서 자동적으로 이산화탄소 농도가 변하게 된다.
④ MA 포장은 산소 농도가 지나치게 낮고 이산화탄소 농도가 지나치게 높을 경우 이미, 이취 등이 발생하는 고이산화탄소 장해로 작물의 상품성이 떨어진다.
⑤ MA 포장에 사용되는 이상적인 필름은 산소의 유입보다 이산화탄소의 방출이 더 주요하며 이산화탄소 투과도는 산소 투과도의 약 3~4배 정도 되어야 한다.
⑥ MA 포장의 필름 조건은 이산화탄소 투과도가 높아야 하고, 투습도가 있어야 하며, 인장강도 및 내열강도가 높아야 한다.

9. 제초

(1) 예방적 방제법
① 예방적 방제법은 외부에서 농경지로 잡초가 유입되는 것을 예방하는 방제법이다
② 예방적 방제법에는 잡초위생이라 하여 잡초가 발생되지 않도록 관리하는 것을 말한다. 잡초위생에는 재배관리 합리화, 작물종자 정선, 비산형 잡초종자 관리, 농기구 관리, 가축의 관리, 경작지 주변관리, 토양의 소독 및 관리, 완숙퇴비 사용 등이 있다.

재배관리 합리화	• 적정 시비를 통해 작물의 경합력을 증대시킨다.
작물종자 정선	• 잡초 종자의 정선 및 혼입을 막는다.
농기계 관리	• 농기구의 청결을 유지한다.
가축 및 주변 관리	• 가축의 털을 이용한 종자의 유입을 막는다. • 관배수로를 관리하여 수생잡초의 유입을 막는다.
상토 및 운반토양 소독	• 토양의 소독 및 종자의 혼입을 막는다.

(2) 생태학적(경종적) 방제법

① 잡초의 생육환경이 불리하도록 조성하여 작물이 경합에서 유리하도록 하여 잡초를 방제하는 방법이다.

② 경종적 방제법에는 경합특성을 이용하는 방법과 환경을 이용하는 환경제어법이 있다.

㉠ 경합특성 이용
- 작물의 경합력 증진을 위한 방법 선택
- 작부체계의 개선(윤작 등)
- 재식밀도를 높여 초관형성을 촉진한다.
- 경합력이 큰 작물을 선택한다.
- 유묘의 생장력이 강하고 발아율이 좋은 작물을 선택한다.
- 피복작물을 이용하여 토양침식 및 잡초 발생을 억제한다.
- 병해충 등의 적기 방제를 통해 피해지의 잡초 발생을 예방한다.
- 이식 및 이앙을 통해 작물 공간을 선점하여 잡초의 발생 공간을 최소화한다.

㉡ 환경제어법
- 잡초의 경합력 약화를 위한 방법을 적용한다.
- 작물에 대한 선택적 시비를 실시한다.
- 답전윤환재배를 통해 잡초의 발생을 억제한다.
- 작물에 적합한 토양으로 조절한다.

(3) 생물적 방제법

① 곤충이나 미생물, 병원성을 이용하여 잡초의 세력을 경감시키는 방법이다.

② 생물적 방제를 위한 조건으로 잡초의 분포 및 종류에 대한 파악이 필요하면 가장 적합한 천적에 대한 선발 및 증식방법이 효율적이어야 한다.

③ 생물적 방제는 효과의 영구성이 있고 방제 비용이 적게 들며 친환경적이다. 그러나

적절한 천적을 찾기가 어려우며 잡초 발생지의 경우 여러 잡초가 동시다발적으로 발생하기에 모든 잡초방제를 하기에는 어려움이 있다.
④ 미생물을 통해 방제를 하기 위해서는 대상 잡초에만 피해를 주어야 하며 잡초의 적응지역 환경에 잘 적응하는 것이 좋다. 또한 인공적 배양이나 증식이 용이하고 생식력이 강해야 하며 비산 및 분산 능력이 뛰어나야 효과적이다.
⑤ 생물적 방제법
  ㉠ 병원미생물
    - 세균, 곰팡이, 박테리아, 바이러스, 사상균 등의 병원미생물을 이용한 선택적 방제방법이 있다.
    - 미생물 제초제는 미생물에 병원성을 부여하여 잡초가 방제되는 원리이다.
  ㉡ 민간농법
    - 오리나 닭 등의 가축을 이용한 방제법이 있다.

오리농법	- 오리농법은 이삭이 나오기 직전 논에 오리를 방사하는 방법이다. - 오리농법을 효과로 토양에 산소공급, 잡초 및 해충의 방제, 배설물을 통한 비료 공급 등이 있다.
왕우렁이농법	- 왕우렁이가 수면과 수면 아래 연한 풀을 먹는 습성을 이용한다. - 논에 발생되는 물달개비, 알방동사니 등의 잡초를 방제한다.
쌀겨농법	- 쌀겨를 공급하면 미생물이 활성화되면서 유기산을 만들고 잡초 발생을 억제할 수 있다. - 쌀겨를 뿌린 논은 온도가 높아 저온기에 뿌리를 보호하고 등숙에 도움을 준다.
참게농법	- 참게의 탈피습성을 이용한 방법이다. - 탈피각은 칼슘이 많아 벼의 생육과 토양의 비옥도를 높여준다. - 참게가 토양을 잘게 부수고 뿌리에 산소를 공급하며 잡초의 생육을 억제한다.

  ㉢ 어패류
    - 어패류는 수생잡초를 선택적으로 방제가 가능하다.
    - 우렁이, 달팽이 및 잉어, 붕어 등의 어패류를 이용한 방제법이 있다. 단, 붕어의 경우 발아한 연약한 식물을 먹이로 하기에 직파벼는 사용이 어렵고 이앙된 벼에는 피해를 주지 않는다.
  ㉣ 타감작용
    - 타감작용(allelopathy, 상호대립억제작용)이라 하여 근처 식물의 생육에 영향을 주는 방법을 이용한 방제법이다.

- 인접 식물의 생육에 부정적인 영향을 끼쳐 생장을 저해시키거나 혹은 과도하게 촉진시키게 된다. 보리, 밀 등은 잡초의 생육을 억제시키는 작용을 한다.
- 타감작용이 큰 작물로는 콩과작물(콩, 팥, 클로버, 완두, 땅콩, 헤어리베치 등), 메밀, 호밀 등이 있다.

ⓒ 잡초식해곤충
- 잡초식해곤충을 이용한 방법으로 특정 잡초를 가해하는 곤충을 이용한다.
- 돌소리쟁이 잡초에는 좀남색잎벌레, 선인장에는 좀벌레, 고추나물속에는 무구풍뎅이가 적합하다.

(4) 기계적&물리적 방제법

① 기계의 힘을 이용하거나 사람이나 가축을 이용하며 기계적, 물리적인 힘을 가하여 잡초를 제거하는 방법으로 시간과 노력이 많이 들어가는 단점이 있지만 가장 확실하게 제거할 수 있다.

② 기계적, 물리적 방제법으로 인위적인 제초, 경운, 예취, 피복, 침수처리, 열처리 등의 방법이 있다.

인위적 제초	• 잡초 발생시 농기구를 이용하여 제초한다.
경운	• 토양을 갈아엎어 잡초 종자 및 뿌리를 제거한다.
피복	• 토양위에 볏짚, 비닐 등의 재료로 덮어 잡초의 발생을 방제한다.
침수처리	• 논에 일정 수심을 유지하여 잡초 발생을 막는다.
예취	• 잡초를 베어 개화 및 결실을 방지한다.

(5) 화학적 방제법

① 농약 제초제를 살포하여 잡초를 방제하는 방법으로 최근 가장 널리 사용되는 방법이며 살초 효과가 매우 빠르게 나타난다.

② 잡초에만 약효가 나타나고 작물에는 피해가 없는 선택적 제초제를 사용해야 한다.

③ 제초제의 경우 잡초에 대한 적용범위가 넓어야 하고 제초 효과가 길수록 효과적이며 인축에 대한 독성이 없고 값이 저렴한 것이 좋다.

④ 제초제의 분류는 아래와 같다.
ⓐ 생리작용에 따른 분류

선택성	• 보호할 작물에 약해 없이 선택적으로 잡초를 방제하는 약품이다. • 2,4-D, MCP, MCPB, DCPA
비선택성	• 식물의 종류에 상관 없이 모든 식물을 제거하는 약품이다. • CAT, CMV, PCP, DNBP

ⓒ 처리방법에 따른 분류

토양처리	잡초가 발생하기 전 살포하는 것으로 어린싹이나 뿌리를 통해 흡수된다.
경엽처리	잡초가 발생한 후 살포하는 것이다.
토양, 경엽 처리	잡초 발생의 진행을 억제하고 이미 발생한 잡초를 고사시킨다.

ⓒ 화학구조에 따른 분류

유기제초제	• 분자 내 하나 이상의 탄소를 함유한 제초제를 말한다. • 2,4-D, MCP, PCP, TCA, DNOC 등
무기제초제	• 분자 내 탄소를 포함하지 않은 제초제를 말한다. • 염소산소다, 시안산소다, HCl, H_2SO_4 등

② 작용특성에 따른 분류

접촉형	• 식물에 직접 살포하여 접촉시 효과를 발휘하는 제초제를 말한다. • PCP, DNOC, DCPA, Difenoconazole 등
이행성	• 경엽, 뿌리 등 접촉부위에서 식물체 내의 작용점으로 이행되어 효과를 발휘하는 제초제를 말한다. • 2,4-D, 시마진, MCPA, bentazon, glyphosate 등

(6) 잡초종합관리(IWM)

① 잡초종합관리(IWM, Integrated Weed Management)는 여러 잡초 방제법 중에서 두 개 이상의 방법을 선택하여 사용하는 방법이다. 이 방법은 환경 및 인축에 영향을 주지 않고 지속적으로 사용 및 관리가 가능한 방법을 선택해야 한다.

② 두 가지 이상의 방제법을 혼용하여 사용하는데 있어 가능하면 환경에 피해를 주지 않으면서 방제효과를 높일 수 있는 방법을 찾는데 의의가 있다.

③ 잡초종합관리를 통해 잡초군락의 크기가 감소되고 작물의 생산력이 증대되며 재배환경이 개선되어 작물의 수량이 향상된다.

(7) 잡초의 분류

① 생활형에 따른 분류

1년생	• 1년을 기준으로 생활하는 잡초로 한해살이 잡초라고도 한다. • 돌피, 강피, 알방동사니, 바람하늘지기, 물달개비, 물옥잠, 마디꽃 등
월년생	• 1년 이상 2년 미만으로 생활하는 잡초이다. • 달맞이꽃, 나도냉이, 엉겅퀴, 냉이, 별꽃, 속속이풀 등이 있다.
다년생	• 2년 이상 생활하는 잡초를 다년생 잡초라 한다. • 나도겨풀, 너도방동사니, 쇠털골, 올방개, 가래, 올미, 쇠뜨기 등

② 논잡초
  ㉠ 1년생 논잡초로 피, 마디꽃, 물달개비 등이 있다.
  ㉡ 논에서 발생하는 다년생 잡초로는 너도방동사니, 올미, 가래, 나도겨풀, 매자기, 올챙이고랭이, 개구리밥, 미나리, 벗풀, 쇠털골, 알방동사니 등이 있다.
  ㉢ 논에서 점유율이 높은 우점잡초로는 피, 올방개, 물달개비, 올미, 너도방동사니, 올챙이고랭이 등이 있다.

③ 밭잡초
  ㉠ 1년생 밭잡초로 바랭이, 쇠비름, 명아주, 닭의장풀 등이 있고 다년생 잡초에는 엉겅퀴, 메꽃, 소리쟁이 등이 있다. 월년생 밭잡초에는 냉이, 별꽃, 망초 등이 있다.
  ㉡ 발생밀도가 많은 잡초를 우점잡초라 하며 밭에서 주로 나타나는 우점잡초의 종류로는 둑새풀, 명아주, 바랭이, 쇠비름, 깨풀 등이 있다.

10. 유기농업 해충 방제

(1) 법적 방제법

법적 방제법은 법령에 의해 실시되는 방제법으로 식물방역법에 의해 국제 혹은 국내간의 검역을 통해 발생을 줄이는 제도적 방법이다.

(2) 생태학적(경종적, 재배적) 방제법

① 윤작
  ㉠ 윤작은 한 경작지에 여러 작물을 돌려가면서 짓는 방법으로 이 방법을 사용하면 같은 작물을 연작하여 발생하는 해충을 어느정도 완화할 수 있다.
  ㉡ 윤작의 경우 이전 작물에 대한 해충이 다음 작물에 영향을 주는지에 대한 관계에 대해서도 충분히 파악하고 다음 작물을 선택해야 한다.
  ㉢ 다른 작물을 재배하면서 지력유지 및 토양의 양분 균형을 유지하는데 도움이 되며

해충의 방제와 작물에서 배출되는 일종의 독소물질의 축적도 막을 수 있다.
    ㉣ 다른 작물로 인해 뿌리의 분포나 잔사의 조직 등이 달라 토양의 투수성, 통기성 등이 달라 토양의 물리성이 개선되기도 한다.
② 경운
    ㉠ 경운은 토양을 부드럽게 할 목적으로 흙을 파 뒤집는 작업이다.
    ㉡ 이러한 토양 뒤집기 작업을 통해 해충의 증식을 막을 수 있고 토양 속의 작물의 잔해물을 제거하여 해충의 양분을 줄일 수 있다. 또한 잡초도 함께 제거되기에 관련 해충들도 방제가 가능하다.
    ㉢ 토양을 파 뒤집으면서 토양의 물리성 및 통기성 등이 개선되는 효과도 있다.
③ 혼작
    ㉠ 혼작은 서로 다른 작물 혹은 식물을 심는 방법이다. 식물들은 저마다 자신을 지키기 위한 저항성 물질을 가지고 있기에 혼작을 통해 서로간에 피해를 주는 해충을 방제할 수 있다. 또한 잡초의 발생량이 감소하는 효과도 있다.
    ㉡ 한 예로 결명자의 뿌리에는 탄닌 성분이 다량 배출되어 선충의 접근을 막아주기도 한다.
    ㉢ 그러나 상호간에 나쁜 작용을 하는 식물들도 있기에 이에 대한 충분한 준비와 지식이 필요하다.
④ 저항성, 내충성 품종
    ㉠ 저항성, 내충성 품종의 경우 해충의 방제하는 방법 중 하나로서 저항성을 가지게 되면 장기간에 걸쳐 방제가 가능한 장점을 가진다.
    ㉡ 생태계에 대한 피해가 없으나 이러한 저항성을 가지기 위한 시간과 노력이 많이 필요하며 해충의 돌연변이 등에 대한 변수가 있어 해충의 변화를 따라가지 못하는 경우도 있다.
⑤ 재배관리
    ㉠ 자체적으로 토양을 개선할 수 있는 시비, 객토 등의 작업을 한다.
    ㉡ 해충이 다량 발생하는 시기를 피하여 재배하기도 한다.
    ㉢ 재식 거리를 조절하여 해충의 피해를 완화할 수 있다.

(3) 물리적&기계적 방제법
  ① 포살법

  알이나 유충 등을 손이나 기구를 이용하여 직접 죽이는 방법으로 포살 역시 곤충의 특징에 따라 처리 방법이 다르다.

직접 잡는 방법	손, 기구 등을 이용해 직접 잡는 것으로 주로 어스렝이나방, 집시나방, 미국흰불나방 등에 적용된다.
찌르는 방법	하늘소, 굴레나방등 목질부 내부를 가해하는 해충을 철사를 이용해 찔러 제거하는 방법이다.
터는 방법	잎벌레, 바구미류 등 강한 진동으로 나무에서 떨어뜨리는 방법이다.

  ② 유살법

  곤충을 유인하여 죽이는 방법으로 곤충의 특징에 따라 유인 방법을 선택한다.

식이유살	먹이를 이용하는 방법
번식처 유살	통나무와 같이 번식처를 이용하는 방법
잠복처 유살	월동장소 등의 잠복처를 이용하는 방법
등화 유살	빛을 이용하는 방법

  ③ 해충이 살기 어려운 조건을 만들어주는 것으로 방사선, 고주파를 이용하는 방법과 환경조건을 달리하도록 온도 및 습도를 조절하는 방법이 있다.
  ④ 방사선법은 해충을 불임화 시켜 산란을 방해하는 방법이다.
  ⑤ 온탕소독, 과실에 봉지 씌우기, 방충망 등을 활용하기도 한다.

(4) 화학적 방제법
  ① 화학적 방제법은 화학물질이 함유된 약품을 이용하며 효과가 빠르고 사용이 용이하지만 해충뿐 아니라 다른 생물에도 피해를 주어 생태계에 영향을 준다. 또한 원하던 해충을 처리하여도 저항성 해충이나 2차 해충등이 출현하는 부작용이 있기도 하다.
  ② 화학적 방제법 약제로 주로 농약이 사용되며 살균제, 살충제, 제초제 등이 있다.
  ③ 살충제의 종류 및 특징

소화중독제	해충이 약제를 먹어 소화관에서 흡수되어 처리하며 주로 저작구형을 가진 해충에 적용하면 유리하다.
침투성살충제	식물에 약제를 투입시키며 흡즙성 해충 처리에 유리하며 다른 곤충이나 천적등에 피해가 적다.
훈증제	약제를 가스화 하여 처리하여 별도의 밀폐처리가 필요하다.
접촉제	해충에 직접 약제를 접촉시켜 처리한다.
불임제	해충의 생식능력에 방해를 주어 번식을 막는다.
보조제	해충 처리 효율을 높이는 보조물질로 용제, 유화제, 전착제, 증량제 등이 있다.

④ 살균제는 식물에 침입 전 예방을 위한 약품과 침입한 경우 등 용도에 따라 구분된다.

보호살균제	보르도액, 석회화합제
직접살균제	시스테인, 티포라탄
토양살균제	클로로피크린, 브로민화메틸
종자소독제	베노람수화제, 지오람수화제

(5) 생물학적 방제법

① 해충에 천적이 되는 생물을 이용하는 방법으로 생태계에도 영향이 적은 장점을 가지지만 대량으로 생산이 어려운 단점을 가지며 해충밀도에 의해 효율에 영향을 받는다.

장점	단점
· 생태계의 균형 유지 · 방제 효과의 반영구적 혹은 영구적 · 다른 식물 혹은 생태계에 대한 피해가 없음	· 대량 사육이 어려움 · 해충밀도가 높을 경우 효과가 낮음 · 시간 및 경비가 많이 요구됨

② 생물적 방제법을 사용하기 위해서는 아래와 같은 조건을 갖추는 것이 유리하다.
  ㉠ 성의비가 커야 한다.
  ㉡ 증식력이 좋아야 한다.
  ㉢ 다루기 용이하고 대량 생산이 가능해야 한다.
  ㉣ 준비하는 천적에 피해를 주는 생물이 없어야 한다.
③ 포식성 천적
  ㉠ 다른 곤충을 잡아먹는 곤충으로 자기보다 작은 해충을 잡아먹는다.
  ㉡ 포식성 곤충에는 풀잠자리류, 딱정벌레류, 노린재류 등이 있다.
  ㉢ 풀잠자리류는 진딧물류, 깍지벌레류, 응애류 등을 잡아먹는다.

② 무당벌레과는 진딧물류, 깍지벌레류 등을 잡아먹는다.
⑩ 노린재류는 일부 침노린재과, 장님노린재과가 포식성이다.
④ 기생성 천적
㉠ 다른 생명체의 내부나 피부에 붙어 번식을 하면서 기주곤충에 양분을 이용한다.
㉡ 기생성 곤충에는 진딧물, 기생벌, 기생파리, 고치벌, 맵시벌 등이 있다.
⑤ 해충 천적

해충	천적
진딧물	진디혹파리, 무당벌레, 호리꽃등애
응애	칠레이리응애, 응애혹파리
온실가루이	온실가루이좀벌
잎굴파리	굴파리좀벌, 잎굴파리고치벌
총채벌레	오리이리응애, 애꽃노린재
나방류	쌀좀알벌

⑥ 천적유지식물
㉠ 해충을 잡아먹는 곤충 천적의 밀도가 지속적으로 유지될 수 있도록 심는 천적유지식물(뱅커플랜트, Banker plants)을 이용하면 천적 방사의 효과가 지속된다.
㉡ 가로수 식재의 경우 하부에 다양한 초화류를 식재하여 천적유지식물로 이용하면 천적의 밀도를 유지하거나 천적을 불러오는 효과가 있다.

(6) 종합적 관리
① 병해충종합관리는 Integrated Pest Management(IPM) 이라 하며 환경 친화적이고 지속가능한 방법으로 병해충을 관리하여 농약으로 인한 사회, 보건학적 위험을 줄이는 것을 목적으로 하는 방법이다.
② 병해충 종합관리는 생태학적인 시각에서 관리를 요구하며 병해충의 박멸이 아닌 농작물에 피해를 입히지 않는 수준의 유지를 목적으로 한다.

11. 냉해

① 여름작물이 생육상 고온이 필요한 여름철에 냉온에 의해 발생되는 피해현상을 냉해라 하고 식물체 조직 내에 결빙이 생기지 않을 정도의 저온의 피해를 저온해라 한다.
② 대표적으로 벼는 냉온에 약한 작물로 10℃ 이하의 냉온이 지속되면 냉해의 피해가 발생된다. 벼는 감수분열기에 이상발육이 초래되어 불임현상이 나타나기도 한다.

③ 냉해의 원인은 저온, 일조 부족, 다우 등이 있다.
④ 냉온 발생시 수분과 양분의 흡수 기능이 감퇴되어 식물호흡이 증가하며 식물의 동화작용과 생육에 저해되고 유해한 암모니아성 물질이 축적된다.
⑤ 냉해의 종류에는 지연형 냉해, 장해형 냉해, 병해형 냉해가 있으며 이러한 냉해는 복합적으로 나타날 경우 혼합형 냉해라고 한다. 복합적으로 나타날 경우 피해정도가 더욱 커진다.

지연형 냉해	생육 초기에서 출수기까지 여러 시기에 냉온을 만나 등숙이 지연되어 후기의 냉온에 의해 등숙불량이 나타나는 현상이 발생한다.
장해형 냉해	유수형성기에서 개화기까지 화분이나 배낭의 생식기관이 정상적으로 형성되지 못하거나 수정장해가 유발되는 등의 현상이 발생한다.
병해형 냉해	냉온 조건에서 증산작용이 감퇴되어 규산과 같은 양분 흡수가 저해되어 표면의 규질화 불량등으로 병해충의 침입이 쉬워진다.

⑥ 냉해의 대책
  ㉠ 냉해저항성 품종의 선택한다.
  ㉡ 방풍림조성 및 암거배수로 습답 개량, 객토의 누수답 개량, 지력배양 등의 입지조건을 개선한다.
  ㉢ 적절한 시비량을 적용한다.
  ㉣ 파종, 이식 등의 방법을 개선하는 재배적 방법의 개선을 강구한다.

12. 습해 및 수해

(1) 습해
① 습해는 토양수분이 작물의 생육에 필요한 수분량보다 과다하게 많을 경우 발생하는 피해현상이다. 보통 작물의 토양 최적함수량은 최대용수량의 80% 정도이며 이를 넘어서면 습해현상이 발생한다.
② 발생시 토양의 산소가 부족으로 환원성물질이 발생하고 이로 인해 증산 및 광합성 작용의 저해를 야기한다. 또한 토양산소가 결핍되어 뿌리의 호흡이 불량해지고 수분과 무기양분의 흡수에도 방해를 받게 된다.
③ 습해 현상이 지속될 경우 식물의 황변현상이 발생되고 잎의 위조가 나타난다.
④ 습해의 피해를 줄이기 위해 배수 철저, 객토 및 심경, 토양의 개량, 병충해 방제, 내습성 작물의 선택 등이 있으며 이랑을 높게 하여 재배하도록 한다.
⑤ 작물의 내습성은 미나리, 벼, 옥수수 등이 높은 편이며 파, 양파, 고추 등은 낮은 편이다
⑥ 과수의 내습성은 올리브가 크며 다음으로 포도, 밀감, 감·배, 밤·복숭아·무화과 순서를 보이며 무화과나 복숭아는 작은 편이다.

⑦ 내습성 작물의 특징
  ㉠ 경엽에서 뿌리로 산소를 공급하는 능력이 크다.
  ㉡ 뿌리 조직의 목화로 환원성 유해물질을 침입을 막는다.
  ㉢ 근계가 얕게 발달하거나, 습해를 받을 경우 부정근의 발생력이 크다.
  ㉣ 뿌리가 환원성 유해물질에 대한 저항성이 크다.

(2) 수해
  ① 수해는 집중호우나 장마기간에 발생하는데 하천이나 강이 범람하면서 발생한다.
  ② 작물이 완전히 물에 침수되는 것을 관수해라 하는데 침수로 인하여 습해, 물리적 충격에 의한 작물의 손상, 도복의 피해가 발생한다.
  ③ 관수해의 피해가 더욱 커지는 원인으로 흙탕물이나 고인 정체수, 고수온 등이 있다.
  ④ 벼가 수온이 높아 정체탁수 중에서 급히 고사할 때는 단백질이 소모되지 못해 푸른 채로 죽는 것을 청고라 하고, 수온이 낮은 유동청수 중 단백질도 소모되고 갈색으로 변해 죽는 것을 적고라 한다.
  ⑤ 이러한 수해가 유발되기 시작하면 산소의 부족으로 인하여 무기호흡량이 많아져 작물 내에 에탄올성분이 축적된다.
  ⑥ 수해는 수온이 높을수록 질소질비료를 과용할수록 피해가 심해지며 피해를 줄이기 위해 침수에 강한 작물을 심기도 한다. 피, 수수, 옥수수 등은 침수에 강한 편이다.
  ⑦ 벼는 분얼 초기 침수에 강해 피해가 적게 나타나지만 수잉기에서 출수개화기에는 침수에 약해지면서 침수피해가 크게 나타난다.
  ⑧ 수발아
    ㉠ 화곡류의 이삭이 도복이나 강우에 의해 젖은 상태가 지속되면 이삭에 싹이 트는 현상을 수발아라 한다.
    ㉡ 수발아의 경우 종자의 품질이 나쁘고 수량이 극히 저하된다.
    ㉢ 수발아의 대책은 다음과 같다.
      • 수발아에 위험이 적은 작물을 선택한다.
      • 만숙종보다는 조숙종으로 선택한다.
      • 조기수확을 한다.
      • 출수 후 발아억제제를 살포하여 수발아를 억제한다.
      • 도복을 방지한다.
  ⑨ 수해에 관여하는 요인
    ㉠ 작물적 요인 : 작물의 종류, 품종, 생육단계

　　　　ⓒ 침수요인 : 수온, 수질, 침수기간
　　　　ⓓ 재배적 요인 : 비료
　　⑩ 수해대책
　　　　㉠ 사전대책
　　　　　・경사지와 경작지의 토양을 보호한다.
　　　　　・경사정리를 하여 배수가 잘되게 한다.
　　　　　・수해상습지는 작물의 종류나 품종의 선택에 유의한다.
　　　　　・파종기 또는 이식기를 조절하여 수해를 회피한다.
　　　　　・질소질 비료의 과용을 피한다.
　　　　㉡ 침수시 대책
　　　　　・배수에 노력하여 관수기간을 짧게 한다.
　　　　　・물이 빠질 때 잎의 흙 앙금을 씻어준다.
　　　　　・키가 큰 작물은 서로 결속하여 유수에 의한 도복을 방지한다.
　　　　㉢ 사후대책
　　　　　・퇴수 후 새로운 물을 갈아 댄다.
　　　　　・표토가 많이 씻겨 내렸을 때 새 뿌리의 발생 후 덧거름을 준다.
　　　　　・침수 후 병충해 발생이 많아지므로 방제에 노력을 한다.
　　　　　・피해가 심할 경우 추파, 보식, 개식, 대작 등을 고려한다.

13. 가뭄해 및 열해

(1) 가뭄해(한해)

　① 가뭄해는 토양수분의 부족으로 작물의 생육이 저해되어 위조현상이 발생하거나 심할 경우 고사한다.
　② 작물이 수분이 부족하게 되면 증산 및 광합성이 줄어들고 동화물질이 감소되면서 위조상태에 이르게 되면서 생장이 억제되게 된다. 또한 병해충에 대한 저항성이 약해지고 효소작용이 원활하게 되지 않아 심할 경우 고사하게 된다.
　③ 한해의 경우 토양의 점토질 적을수록 피해를 받기 쉽다. 예를 들어 상대적으로 사토의 경우 한해의 피해를 입기 쉽기 때문에 점토를 객토하거나 유기질을 공급하여 토성을 개량한다.
　④ 벼의 경우 수잉기에 한해의 피해를 많이 받으며 상대적으로 분얼기에는 적게 나타난다.
　⑤ 가뭄해를 방지하기 위한 대책은 다음과 같다.

㉠ 관개시설을 만들고 가뭄해에 강한 작물을 선택하거나 재식밀도를 낮추어 준다.
　　㉡ 토양수분의 유지를 위해 토양을 입단화하여 증발을 억제하도록 피복작업을 해준다.
　　㉢ 질소질 과용을 피하고 인산, 칼륨을 사용해 준다.
　　㉣ 뿌림골을 낮추어 주며 논에서는 직파재배를 한다.
　⑥ 가뭄해에 강한 내건성 작물의 특징은 아래와 같다.
　　㉠ 잎이 왜소하고 작을수록 내건성이 강하다.
　　㉡ 지상부에 비해 뿌리의 발달이 좋아야 한다.
　　㉢ 옆맥과 울타리조직(책상조직)이 발달하여야 한다.
　　㉣ 표피와 각피가 발달하여야 하고 기공이 작고 수가 적어야 한다.
　　㉤ 표면적(지상부)/체적(전체부피)의 비율이 작아야 한다.
　　㉥ 세포액의 삼투압이 높고 세포가 작을수록 내건성이 강하다.

(2) 열해

① 주위의 온도가 작물이 생육할 수 있는 온도 범위를 넘어 고온의 피해가 발생되는 경우 열해라고 한다.
② 고온에서는 유기물의 소모가 늘어난다.
③ 고온에서 단백질 합성이 저해되고 암모니아 축적이 많아진다.
④ 고온에서 철분의 침전에 의한 엽록소 형성장해가 발생하여 황화현상이 나타난다.
⑤ 식물의 증산량이 증가하고 뿌리의 수분흡수력이 감소하여 증산과다를 유발하여 식물의 위조현상이 나타난다.
⑥ 열해에 대한 저항성을 내열성이라 하고 내열성 작물의 특징은 다음과 같다.
　㉠ 당분, 단백질, 염류 등이 증가할수록 내열성이 증대한다.
　㉡ 늙은 잎이 어린 잎보다 내열성이 크다.
　㉢ 원형질의 점성이 높고 원형질막의 수분투과성이 크면 내열성이 크다.
　㉣ 세포 내 결합수가 많고 유리수가 적을수록 내열성이 커진다.
⑦ 식물체 부위에 따른 내열성은 다음과 같다.
　㉠ 지상부가 지하부보다 내열성이 강하고 지상부 중에서는 수분이 적고 당함량이 많은 기관이 강하다.
　㉡ 눈과 어린잎은 비교적 내열성이 강하다.
　㉢ 미성엽과 중심주는 내열성이 가장 약하다.
　㉣ 주피와 늙은 잎은 내열성이 강하다.

⑧ 하고현상
  ㉠ 하고현상은 내한성이 강하여 월동을 하는 북방형 목초가 여름철과 같은 고온으로 인하여 생육장해를 일으키는 현상을 말한다.
  ㉡ 하고현상의 원인에는 고온, 건조, 병해충, 장일, 잡초 등으로 나타나기도 한다.
  ㉢ 하고현상이 심한 목초의 종류에는 티머시, 블루그라스, 레드클로버 등이 있고 상대적으로 하고현상이 적은 종류에는 라이그라스, 화이트클로버, 오처드그라스 등이 있다.
  ㉣ 하고현상 대책
    • 스프링플러시 억제 : 봄철 일찍 방목하거나 채초를 하고, 덧거름을 늦게 여름철에 주면 스프링플러시의 정도를 완화시켜 하고현상이 완화된다.
    • 관개 : 고온건조기에 관개를 하여 수분을 공급하면 지온이 낮아지면서 하고현상이 억제된다.
    • 초종의 선택 : 하고현상이 적은 우량초종을 선택한다.
    • 혼파 : 하고현상이 없는 난지형 목초를 혼파한다.
    • 방목 및 채초의 조절 : 약한 정도의 방목과 채초가 하고현상을 경감시킨다.

14. 동해 및 상해

(1) 동해 및 상해
  ① 동해는 저온에 의해 작물 조직 내에 결빙이 발생하는 피해를 말하며 상해는 서리에 의한 피해를 의미한다. 동해와 상해를 합쳐서 동상해라 부른다.
  ② 서릿발에 의한 피해를 상주해라 하며 서릿발은 토양수분이 많고 추위가 심하지 않을 경우 발생하는데 상주해를 방지하기 위해 퇴비를 이용하고 배수를 개선해야 한다.
  ③ 추위에 대한 작물의 내동성이 중요한데 품종에 따라 차이가 있으나 작물내부에 수분함량이 적거나 유지함량이 높을수록 내동성이 강한편이다.
  ④ 작물의 당분 함량이 많거나 삼투포텐셜이 낮은 경우에도 내동성이 증가된다.
  ⑤ 원형단백질이 많을수록 내동성은 증가하며 단백질 중에 -SS 기 보다 -SH 기가 많은 것이 내동성 증가에 유리하다.

(2) 동상해의 대책
  ① 일반 대책
    ㉠ 이러한 추위로 인하여 발생되는 대책으로 방풍림 조성을 통해 찬바람을 막아준다.
    ㉡ 저습지대의 경우 배수구를 설치하여 토양에 다량의 수분이 체류하는 것을 막아준다.

ⓒ 내동성에 강한 품종을 선택한다.
ⓔ 유기질비료, 인산, 칼륨, 규산 비료를 뿌려주면 내동성을 증대시킬 수 있으며 특히 칼륨, 규산을 공급하는데 좋다.
ⓜ 이랑을 세워 뿌림골을 깊게 한다.

② 응급 대책
㉠ 관개법 : 서리가 예상되는 지역은 저녁에 충분히 관개하는 방법
㉡ 송풍법 : 지상 10m 높이에 송풍기를 설치하여 따뜻한 공기를 지면으로 송풍하는 방법
㉢ 발연법 : 연기를 발산하여 지온의 방열을 막는 방법
㉣ 피복법 : 비닐 등을 덮어 보온을 유지하는 방법
㉤ 연소법 : 발열재료를 연소시켜 열을 공급하는 방법
㉥ 살수빙결법 : 스프링클러로 물을 뿌려 식물의 표면을 동결시켜 잠열을 이용해 식물체온을 유지하는 방법

③ 사후대책
㉠ 인공수분을 한다.
㉡ 적과를 늦춘다.
㉢ 영양상태의 회복을 꾀한다.
㉣ 병충해를 방제한다.
㉤ 심하면 대작을 한다.

15. 도복과 풍해

(1) 도복
① 도복은 외부의 물리적 힘에 의해 작물이 쓰러지는 것으로 주로 화곡류와 두류에서 발생한다.
② 화곡류에서 이삭이 무거워지고 줄기가 취약해지는 등숙후기에 도복의 가능성이 높다.
③ 작물이 도복하게 되면 줄기에 달린 경엽들이 엉켜 햇빛을 제대로 받지 못해 광합성이 저하되어 결과적으로 생장이 저하된다.
④ 도복이 심하면 줄기나 뿌리에 상처가 발생되어 병해충에 감염위험성이 높아진다.
⑤ 영양생장이 부족하면 종실에도 영향을 주어 결국 품질 저하로 이어지게 된다.
⑥ 도복의 발생 조건
㉠ 바람 등의 기상적 요인
㉡ 질소 성분의 과잉 흡수

ⓒ 과도한 밀식에 의한 근계발달의 불량
ⓔ 유전적으로 도복에 취약한 품종의 선택
⑦ 도복의 대책
  ㉠ 품종의 선택시 키가 크기보다 대가 튼튼한 것을 선택한다.
  ㉡ 질소질 비료의 과용을 삼가고 칼리질 및 규산질 비료를 사용한다.
  ㉢ 병해충을 방제한다.
  ㉣ 밀도 조절을 통해 통풍과 수광태세를 개선한다.
  ㉤ 배토, 답압, 토입 등을 해준다.

(2) 풍해
  ① 풍해는 바람에 의해 발생되는 피해현상으로 바람이 강할수록 피해가 커진다.
  ② 바람에 의해 도복이 발생하고 과수류의 경우 낙과를 초래한다.
  ③ 바람이 강할 경우 물리적 손상에 의한 상처가 발생하여 병해충에 취약해지고 작물의 호흡이 증가되어 양분의 소모가 증가된다.
  ④ 풍해를 방지하기 위해 방풍림 조성이 가장 효과적이며 내풍성 및 내도복성 수종의 선택, 비배관리, 풍향의 직각방향 이랑 만들기 등의 방법이 있다.
  ⑤ 풍해의 기계적 장해
    ㉠ 벼, 맥류에서 도복, 수발아, 부패립 등이 발생한다.
    ㉡ 벼에서 수분, 수정이 저해되고 불임립이 발생한다.
    ㉢ 상처 발생시 도열병 및 식물병이 발생한다.
    ㉣ 과수에서는 절손, 열상, 낙과 등이 발생한다.
  ⑥ 풍해의 생리적 장해
    ㉠ 상처가 발생하면 호흡이 증대되어 채내 양분의 소모가 증가한다.
    ㉡ 상처가 건조하면 광산화반응을 일으켜 고사한다.
    ㉢ 풍속이 강하고 공기가 건조하면 증산이 심해져 식물체가 건조해진다.
    ㉣ 풍속이 강해지면 기공이 닫혀 이산화탄소 흡수가 감소되어 광합성이 감퇴한다.
    ㉤ 백수현상은 벼의 출수 직후 건조한 강풍이 불면서 탈수가 빨라 백수가 되는 것을 말한다. 이러한 백수현상은 공기습도 60%, 풍속 10m/sec 의 조건에서 주로 발생한다.

PART 2 기본문제 유기작물의 재배 및 관리

01 다음 보기 중 작물을 재배할 때 휴작기간이 가장 긴 작물을 고르시오.

< 보기 >
수박, 벼, 옥수수, 땅콩, 감자

해답
수박

02 아래 보기에서 휴작 기간이 가장 짧은 작물을 고르시오.

< 보기 >
인삼, 참외, 강낭콩, 순무, 가지

해답
순무

03 윤작의 정의를 적으시오.

해답
윤작은 다른 종류의 작물을 순차적으로 재배하는 방식이다.

04 윤작의 효과 3가지를 적으시오.

해답
- 지력이 유지된다.
- 병충해이 경감된다.
- 노동의 합리적 분배가 가능하다.

05 답전윤환의 정의를 적으시오.

해답
논상태와 밭상태로 몇 해씩 돌려가면서 벼와 작물을 재배하는 방식이다

06 답전윤환의 효과 2가지를 적으시오.

해답
- 지력 유지 및 증진 효과가 있다.
- 잡초 발생이 억제된다.

07 작물 재배에서 혼파의 장점 및 단점을 각각 1가지씩 적으시오.

해답
- 장점 : 재배의 공간 이용이 효율적이다.
- 단점 : 파종작업이 어렵다.

08 다음 작부방식에 대한 설명과 명칭을 올바르게 연결하시오.

교호작 ·	· 한가지 작물이 생육하고 있는 조간에 다른 작물을 재배하는 방법
간작 ·	· 생육기간이 비슷한 2가지 이상의 작물을 일정 이랑씩 번갈아 가면서 재배
혼작 ·	· 생육기간이 거의 같거나 유사한 작물을 섞어 재배하는 방법

해답
- 교호작 : 생육기간이 비슷한 2가지 이상의 작물을 일정 이랑씩 번갈아 가면서 재배
- 간작 : 한 가지 작물이 생육하고 있는 조간에 다른 작물을 재배하는 방법
- 혼작 : 생육기간이 거의 같거나 유사한 작물을 섞어 재배하는 방법

09 산파의 정의를 적으시오

해답

포장 전면에 종자를 흩어 뿌리는 방법이다.

10 점파의 정의를 적으시오

해답

일정 간격으로 종자를 1 ~ 수 개씩 파종하는 방법이다.

11 조파의 정의를 적고 장점 1가지를 적으시오

해답

- 정의 : 골타기를 하고 종자를 줄지어 뿌리는 방법
- 장점 : 관리작업이 편리하고 생육이 건실하다.

12 아래 보기에서 복토의 깊이 기준이 가장 깊은 것을 고르시오

< 보기 >
수선, 밀, 기장, 양배추, 상추

해답

수선

13 친환경농업에서 사용되는 천적을 분류한 것이다. 아래 보기에서 적합한 것을 찾아 빈칸을 채우시오

<보기>
기생성, 병원성, 포식성

◎ (㉠) : 기생파리
◎ (㉡) : 풀잠자리
◎ (㉢) : 세균

해답
㉠ 기생성
㉡ 포식성
㉢ 병원성

14 해충에 대한 생물학적 방제법 활용에 있어 장점과 단점을 각각 1가지씩 적으시오

해답
- 장점 : 생태계의 균형 유지가 가능하다.
- 단점 : 대량 사육이 어렵다.

15 비닐, 플라스틱 필름, 건초를 이용하여 포장 토양의 표면을 덮는 작업의 명칭을 적으시오

해답
멀칭

16 비닐, 플라스틱 필름, 건초를 이용하여 포장 토양의 표면을 덮는 멀칭의 효과 3가지를 적으시오

해답
- 토양의 침식을 방지한다.
- 토양의 수분 조절이 가능하다.
- 잡초의 발생을 방지한다.

17 다음 보기의 원소 중에서 다량 원소에 해당하는 것을 모두 고르시오

< 보기 >
탄소, 붕소, 아연, 칼슘, 칼륨, 염소

해답
탄소, 칼슘, 칼륨

18 바나나, 키위, 감귤 등의 후숙을 위해 활용하는 물질을 아래 보기에서 1가지 고르시오.

< 보기 >
옥신, 아브시스산, 아이오딘, 에틸렌

해답
에틸렌

19 다음 설명에 적합한 처리 방법을 보기에서 고르시오

< 보기 >
예랭, 후숙, 큐어링, 예건

◎ 고구마, 감자와 같은 농산물의 상처가 발생한 경우 상처를 아물게 하거나 코르크층을 형성시켜 수분의 증발을 줄이고 미생물의 침입을 예방하는 방법이다.

해답
큐어링

20 다음은 고구마의 큐어링 조건을 나열한 것이다. 적합한 조건을 고르시오

고구마는 수확 후 1주일 이내 온도 ㉠(10~13 / 20~23 / 30~33)℃, 습도 ㉡(20~25 / 50~55 / 85~90)% 조건에서 ㉢(4~5 / 10~15 / 25~30)일 정도 큐어링 한 후 열을 방출시키고 저장하면 상처가 아물게 된다.

해답

㉠ 30~33
㉡ 85~90
㉢ 4~5

21 에틸렌이 농산물에 미치는 영향에 대해 1가지 적으시오

해답

농산물의 노화 및 부패를 촉진시킨다.

22 농산물의 CA 저장에 대해 설명하시오

해답

CA 저장은 대기조성과 다르게 이산화탄소(CO_2)의 농도를 증가시키고 산소(O_2)의 농도를 낮추어 저장물의 호흡을 억제하고 저온 저장하는 방법이다.

23 유기농산물 포장재의 구비조건 4가지를 적으시오

해답

- 수송과정에 내용물을 보호할 수 있도록 충분한 강도를 가지고 있어야 한다.
- 수분에 젖거나 높은 상대습도에 영향을 받지 않아야 한다.
- 독성이 있는 화학물질을 함유하고 있지 않아야 한다.
- 처분 및 재활용이 용이해야 한다.

24 다음 설명이 의미하는 방법을 보기에서 고르시오

< 보기 >
MA 저장, 움저장, 냉장저장, CA 저장

◎ 숙성 및 노화 지연, 에틸렌 민감도 감축, 저온장해 등 수확 후 생리적 장해의 억제 등의 효과가 있다.
◎ 고분자 필름으로 호흡하는 산물을 밀봉하여 포장 내 산소와 이산화탄소 농도를 바꾸는 기술이다.

해답
MA 저장

25 아래 보기 중에서 적정 저장온도가 가장 높은 것을 고르시오.

< 보기 >
사과, 감귤, 포도, 바나나, 자두

해답
바나나

26 '배토'의 정의를 적고 그 효과를 1가지 적으시오

해답
• 정의 : 배토는 작물 생육기간 중 골사이나 포기사이 흙을 포기 밑으로 긁어 모아주는 것을 말한다.
• 효과 : 도복이 경감된다.

27 다음 보기의 비료 종류에서 염기성 비료에 해당하는 것을 모두 고르시오

< 보기 >
과인산석회, 황산칼륨, 생석회, 질산나트륨, 용성인비

해답
생석회, 용성인비

28 아래 보기 중에서 잡초의 예방적 방제법에 해당하는 것을 모두 고르시오

㉠ 적정 시비를 실시한다.
㉡ 경작지의 주변을 관리한다.
㉢ 농약을 살포한다.
㉣ 병원미생물을 이용한다.
㉤ 농기구를 관리한다.

해답
㉠, ㉡, ㉤

29 아래 설명에 해당하는 병해충의 방제법 분류를 보기에서 고르시오

◎ 알이나 유충 등을 손이나 기구를 이용하여 직접 죽이는 방법은 (물리적 / 생물학적 / 화학적) 방제법에 해당한다.

해답
물리적

30 아래 보기 중에서 병해충의 생태학적 방제법에 해당하는 것을 모두 고르시오

< 보기 >
훈증제, 윤작, 저항성 작물 품종, 유살법, 경운

해답
윤작, 경운, 저항성 작물 품종

31 다음 보기의 명칭을 보고 설명에 적합한 것을 골라 적으시오

< 보기 >
휴한농법, 순 3포식 농법, 개량 3포식 농법

◎ (㉠)은 1/3 의 휴한 지역을 토지 이용상 불리하다고 판단될 경우 휴한 대신 클로버나 콩과 작물을 재배하여 질소고정을 통해 지력의 증진을 유도하는 방식이다.
◎ (㉡)은 경지의 2/3 에 춘파 및 추파곡물을 재배하고 나머지 1/3에는 휴한하는 것을 순서대로 돌려 가면서 재배하는 방법이다.
◎ (㉢)은 곡식작물을 연작으로 하면 지력이 감퇴되어 지력 회복을 위해 쉬었다가 작물을 재배하는 방법이다.

해답
㉠ 개량 3포식 농법
㉡ 순 3포식 농법
㉢ 휴한농법

32 아래 보기의 작물을 보고 휴작이 오래 요구되는 순서대로 나열하시오

< 보기 >
잠두, 인삼, 벼, 참외

해답
인삼, 참외, 잠두, 벼

33 다음 작부체계에 대한 내용으로 옳은 것을 모두 고르시오

㉠ 교호작은 생육기간이 비슷한 2가지 이상의 작물을 일정 이랑씩 번갈아 가면서 재배하는 방법이다.
㉡ 답전윤환은 잡초의 발생을 억제하는 효과가 있다.
㉢ 윤작은 작물의 돌려짓기로 인하여 병해충 발생이 많아 제초제 사용이 필수이다.
㉣ 연작을 할 경우 토양의 전염병이 감소한다.

해답
㉠, ㉡

34 다음 파종에 대한 내용으로 옳은 것을 모두 고르시오.

㉠ 온도가 높은 지역의 경우 파종량을 늘리도록 한다.
㉡ 토양 조건이 좋지 않거나 시비량이 적은 경우 파종량을 늘린다.
㉢ 발아력이 낮거나 파종기가 빠를 경우 파종량을 늘린다.
㉣ 조파를 하면 통풍 및 투광이 양호해진다.

해답

㉡, ㉣

35 다음 보기의 작물을 보고 파종량이 많은 순서대로 나열하시오.

< 보기 >
팥, 감자, 녹두, 메밀

해답

감자, 메밀, 팥, 녹두

36 아래 보기를 보고 복토의 기준 깊이가 깊은 순서대로 나열하시오.

< 보기 >
배추, 옥수수, 감자, 기장

해답

감자, 옥수수, 기장, 배추

37 아래 보기의 비료 종류를 보고 인산질비료의 종류를 모두 고르시오.

< 보기 >
요소, 과인산석회, 용성인비, 염화칼륨, 황산암모늄

해답

과인산석회, 용성인비

38 다음 비료에 대한 설명으로 옳은 것을 모두 고르시오.

⊙ 질산태질소는 물에 잘 녹지 않는 지효성이다.
⊙ 수용성 인산에는 과인산석회, 중과인산석회이 있다.
⊙ 유기태칼리는 쌀겨에 많이 함유되어 있다.
⊙ 유기질인산비료에는 쌀겨가 있다.

해답
⊙, ⊙, ⊙

39 중경작업의 장점과 단점을 각 1가지씩 적으시오.

해답
- 장점 : 유기물의 분해가 촉진되고 통기성이 양호해진다.
- 단점 : 건조가 심한 지역에 중경작업을 할 경우 토양의 건조 및 침식이 발생한다.

40 작물의 재배관리에서 배토의 효과 3가지를 적으시오.

해답
- 새 뿌리 발생을 조장한다.
- 도복이 경감된다.
- 잡초의 발생이 억제된다.

41 다음은 작물에 대한 처리 방법에 대한 내용이다. 명칭과 관련 내용을 바르게 연결하시오.

후숙 •   • 청과물을 수확 직후 적당한 품온까지 냉각하는 것
예랭 •   • 상처가 발생한 작물에 코르크층을 발달시키는 것
큐어링 •   • 미숙한 과실을 수확하고 일정 기간 보관하여 성숙시키는 것

해답
후숙 – 미숙한 과실을 수확하고 일정 기간 보관하여 성숙시키는 것
예랭 – 청과물을 수확 직후 적당한 품온까지 냉각하는 것
큐어링 – 상처가 발생한 작물에 코르크층을 발달시키는 것

42 잡초의 생물적 방제법 중에서 근처 식물의 생육에 영향을 주는 방제법으로 생장을 저해시키거나 혹은 과도하게 촉진시키는 작용의 명칭을 적으시오.

해답
타감작용

43 다음은 잡초의 방제법에 대한 내용이다. 내용들과 관련된 방제법을 연결하시오.

㉠ 생태학적 방제법 •	• 제초제를 사용한다.
㉡ 생물적 방제법 •	• 경합력이 큰 작물을 선택한다.
㉢ 화학적 방제법 •	• 병원미생물을 이용한다.

해답
㉠ 생태학적 방제법 – 경합력이 큰 작물을 선택한다.
㉡ 생물적 방제법 – 병원미생물을 이용한다.
㉢ 화학적 방제법 – 제초제를 사용한다.

44 잡초종합관리(IWM, Integrated Weed Management)에 대해 설명하시오.

해답
여러 잡초 방제법 중에서 두 개 이상의 방법을 선택하여 사용하는 방법이다. 이 방법은 환경 및 인축에 영향을 주지 않고 지속적으로 사용 및 관리가 가능한 방법을 선택해야 한다.

45 작물의 해충 방제를 위한 방법 중에서 '윤작'의 경우 어느 방제법에 해당되는지 아래 보기에서 선택하시오.

< 보기 >
생물적 방제법 / 경종적 방제법 / 화학적 방제법 / 법적 방제법

해답
경종적 방제법

46 냉해의 종류 3가지를 적으시오.

해답
지연형 냉해, 장해형 냉해, 병해형 냉해

47 작물에 나타나는 냉해의 대책 3가지를 적으시오.

해답
- 냉해저항성 품종을 선택한다.
- 방풍림을 조성한다.
- 적절한 시비량을 적용한다.

48 작물의 도복에 대한 대책 3가지를 적으시오.

해답
- 질소질 비료의 과용을 삼가고 칼리질 및 규산질 비료를 사용한다.
- 병해충을 방제한다.
- 밀도 조절을 통해 통풍과 수광태세를 개선한다.

49 내한성이 강하여 월동을 하는 북방형 목초가 여름철과 같은 고온으로 인하여 생육장해를 일으키는 현상의 명칭을 적으시오.

해답
하고현상

50 작물의 가뭄해 방지 대책 3가지를 적으시오.

해답
- 관개시설을 만들고 가뭄해에 강한 작물을 선택하거나 재식밀도를 낮추어 준다.
- 질소질 과용을 피하고 인산, 칼륨을 사용해 준다.
- 뿌림골을 낮추어 주며 논에서는 직파재배를 한다.

PART 2 OX 30제 문제
유기작물의 재배 및 관리

01 연작은 동일 포장에 동일 작물을 매년 지속적으로 재배하는 방식을 말한다.
답 (   )

02 10년 이상 휴작이 요구되는 작물에는 아마, 인삼이 있다.
답 (   )

03 윤작은 토양 보호에는 효과가 좋지만 병해충을 방제하지는 못한다.
답 (   )

04 답전윤환은 논과 밭상태를 몇 해씩 돌려가는 방법으로 작업의 노력이 많이 요구된다.
답 (   )

05 혼파는 파종작업이 쉽고 관리가 용이하다.
답 (   )

06 간작은 생육 기간이 같은 작물을 주로 재배한다.
답 (   )

07 콩과 옥수수는 혼작하기 좋은 작물이다.
답 (   )

08 파종양식 중 산파는 다른 파종방법에 비해 노력이 많이 든다.
답 (   )

09 점파는 노력이 많이 들지만 종자량이 적게 들고 통풍 및 투광이 좋다.
답 (   )

10 배추의 복토 깊이 기준은 0.5~1cm 이다.
답 (   )

11 엽면시비는 잎의 호흡작용이 왕성할때는 흡수가 더디다.
답 (   )

12 반응 효과에 따른 비료의 분류로 속효성비료, 완효성비료가 있다.
답 (   )

13 질산은 양이온으로 토양에 흡착되기 쉽다.
답 (   )

14 칼리질 비료는 거의 수용성이고 비효가 빠르다.
답 (   )

15 중경작업으로 인하여 토양침식이 발생할 수 있다.
답 (   )

16 비닐을 이용하여 멀칭을 하게 되면 유익 박테리아가 사멸하게 된다.
답 (   )

17 배토를 실시하면 잡초는 억제되지만 작물의 도복이 증가하게 되어 적절하게 실시해야 한다.
답 (   )

18 작물의 필수 원소 중 황은 다량원소에 해당한다.
답 (   )

19 필수 원소 중 인산은 작물의 뿌리 신장을 촉진하고 내건성을 증가시킨다.
답 (   )

20 메벼의 염수선 비중은 1.04 이다.
답 (   )

21 미숙한 과실을 보관하는 과정에서 아브시스산을 이용하여 성숙시킨다.
답 (   )

22 큐어링은 식물의 외층을 건조시켜 내부조직의 수분증산을 억제시키는 방법이다.
답 (   )

23 사과나 배는 저온저장을 통해 환원당 함량이 증가되는 효과가 있다.
답 (   )

24 CA 저장은 이산화탄소 농도를 감소시키고 산소의 농도를 높여 호흡을 촉진시키는 방법이다.
답 (   )

25 유기물의 포장재는 내부와 외부 사이에 가스를 완전하게 차단해야 한다.
답 (   )

26 MA 포장은 고분자 필름으로 호흡하는 산물을 밀봉하여 포장 내 산소와 이산화탄소 농도를 바꾸는 기술이다.
답 (   )

27 제초에 있어 농기구 관리는 예방적 방제법에 해당한다.
답 (   )

28 제초에서 오리농법은 생태학적 방제법에 해당한다.

답 (　　)

29 경운을 통해 토양의 통기성이 개선된다.

답 (　　)

30 작물을 혼작하면 해충의 피해가 더 심해진다.

답 (　　)

PART 2 OX 30제 문제 답안
유기작물의 재배 및 관리

01 연작은 동일 포장에 동일 작물을 매년 지속적으로 재배하는 방식을 말한다.

답 ○

02 10년 이상 휴작이 요구되는 작물에는 아마, 인삼이 있다.

답 ○

03 윤작은 토양 보호에는 효과가 좋지만 병해충을 방제하지는 못한다.

해설
윤작은 지력유지 및 향상, 토양보호, 병해충 감소 등의 효과가 있다.

답 ×

04 답전윤환은 논과 밭상태를 몇 해씩 돌려가는 방법으로 작업의 노력이 많이 요구된다.

해설
답전윤환의 효과 중 하나로 노동력의 절감이 있다

답 ×

05 혼파는 파종작업이 쉽고 관리가 용이하다.

해설
혼파는 파종작업이 힘들고 작물의 생장속도 차이로 인해 관리에도 어려움이 있다.

답 ×

06 간작은 생육 기간이 같은 작물을 주로 재배한다.

해설
간작은 생육 기간이 다른 작물을 주로 재배한다.

답 ×

07 콩과 옥수수는 혼작하기 좋은 작물이다.

답 ○

08 파종양식 중 산파는 다른 파종방법에 비해 노력이 많이 든다.

해설
산파는 포장 전면에 종자를 흩어 뿌리는 방법으로 노력이 적게든다.

답 ×

09 점파는 노력이 많이 들지만 종자량이 적게 들고 통풍 및 투광이 좋다.

답 ○

10 배추의 복토 깊이 기준은 0.5~1cm 이다.

답 ○

11 엽면시비는 잎의 호흡작용이 왕성할때는 흡수가 더디다.

> **해설**
> 엽면시비는 잎의 호흡작용이 왕성할수록 더 잘 흡수된다.
>
> **답** ×

12 반응 효과에 따른 비료의 분류로 속효성비료, 완효성비료가 있다.

> **답** ○

13 질산은 양이온으로 토양에 흡착되기 쉽다.

> **해설**
> 질산은 음이온이므로 토양에 흡착되지 않고 유실되기 쉽다.
>
> **답** ×

14 칼리질 비료는 거의 수용성이고 비효가 빠르다.

> **답** ○

15 중경작업으로 인하여 토양침식이 발생할 수 있다.

> **답** ○

16 비닐을 이용하여 멀칭을 하게 되면 유익 박테리아가 사멸하게 된다.

> **해설**
> 피복재료인 비닐, 플라스틱 필름, 건초를 이용하여 포장 토양의 표면을 덮는 작업을 멀칭이라 하고 이러한 재료를 통해 멀칭을 하면 잡초 방지, 유익 박테리아 증식 등의 효과가 있다.
>
> **답** ×

17 배토를 실시하면 잡초는 억제되지만 작물의 도복이 증가하게 되어 적절하게 실시해야 한다.

> **해설**
> 배토를 실시하면 옥수수, 수수, 등은 배토에 의해 줄기의 밑동이 잘 고정되어 도복이 경감된다.
>
> **답** ×

18 작물의 필수 원소 중 황은 다량원소에 해당한다.

> **답** ○

19 필수 원소 중 인산은 작물의 뿌리 신장을 촉진하고 내건성을 증가시킨다.

> **답** ○

20 메벼의 염수선 비중은 1.04 이다.

> **해설**
> 메벼의 염수선 비중은 1.13 이다.
>
> **답** ×

21 미숙한 과실을 보관하는 과정에서 아브시스산을 이용하여 성숙시킨다.

> **해설**
> 미숙한 과실을 수확하고 일정 기간 보관하여 성숙시키는 것을 후숙이라 하며 에틸렌을 이용한다.
>
> 답 ×

22 큐어링은 식물의 외층을 건조시켜 내부조직의 수분증산을 억제시키는 방법이다.

> **해설**
> 예건은 식물의 외층을 건조시켜 내부조직의 수분증산을 억제시키는 방법이다.
>
> 답 ×

23 사과나 배는 저온저장을 통해 환원당 함량이 증가되는 효과가 있다.

> 답 ○

24 CA 저장은 이산화탄소 농도를 감소시키고 산소의 농도를 높여 호흡을 촉진시키는 방법이다.

> **해설**
> CA 저장은 대기조성과 다르게 이산화탄소(CO_2)의 농도를 증가시키고 산소(O_2)의 농도를 낮추어 저장물의 호흡을 억제하고 저온저장하는 방법이다.
>
> 답 ×

25 유기물의 포장재는 내부와 외부 사이에 가스를 완전하게 차단해야 한다.

> **해설**
> 포장재는 혐기상태를 피하기 위해 호흡가스를 충분히 투과할수 있는 소재여야 한다.
>
> 답 ×

26 MA 포장은 고분자 필름으로 호흡하는 산물을 밀봉하여 포장 내 산소와 이산화탄소 농도를 바꾸는 기술이다.

> 답 ○

27 제초에 있어 농기구 관리는 예방적 방제법에 해당한다.

> 답 ○

28 제초에서 오리농법은 생태학적 방제법에 해당한다.

> **해설**
> 오리농법은 생물적 방제법에 해당한다.
>
> 답 ×

29 경운을 통해 토양의 통기성이 개선된다.

> 답 ○

30 작물을 혼작하면 해충의 피해가 더 심해진다.

> **해설**
> 혼작은 서로 다른 작물 혹은 식물을 심는 방법이다. 식물들은 저마다 자신을 지키기 위한 저항성 물질을 가지고 있기에 혼작을 통해 서로간에 피해를 주는 해충을 방제할수 있다.
>
> 답 ×

PART 3

관련법령 및 인증기준

ORGANIC AGRICULTURE

PART 03 관련 법령 및 인증기준

1. 유기농업자재 공시기준

(1) 유기농업자재 일반

제1조(목적)

이 고시는 「친환경농어업 육성 및 유기식품 등의 관리·지원에 관한 법률」 제37조, 제38조, 제39조, 제42조, 제56조, 같은 법 시행령 제7조제4항 및 같은 법 시행규칙 제61조제2항, 제62조제2항, 제63조제4항, 제72조, 제90조에 따른 유기농업자재의 공시, 신청, 심사, 유효기간의 갱신, 표시기준 등에 관한 세부사항을 정하는 것을 목적으로 한다.

제2조(정의)

이 규정에서 사용하는 용어의 정의는 다음 각 호와 같다.

1. "토양개량용 자재"란 토양에 처리하여 토양의 이화학성을 좋게 하거나 미생물의 활성에 도움을 주어 작물의 생육에 간접적으로 효과를 줄 목적으로 사용되는 자재를 말한다.
2. "작물생육용 자재"란 작물의 엽면이나 토양에 처리하여 작물의 생육에 효과를 줄 목적으로 사용되는 자재를 말한다.
3. "토양개량 및 작물생육용 자재"란 토양에 처리하여 토양의 이화학성을 좋게 하거나 작물에 직·간접적으로 영양을 공급할 목적으로 사용되는 자재를 말한다.
4. "병해관리용 자재"란 작물에 발생하는 병을 직·간접적으로 관리할 목적으로 사용되는 자재를 말한다.
5. "충해관리용 자재"란 작물에 발생하는 해충을 직·간접적으로 관리할 목적으로 사용되는 자재를 말한다.
6. "병해충관리용 자재"란 작물에 발생하는 병과 해충을 동시에 직·간접적으로 관리할 목적으로 사용되는 자재를 말한다.
7. "공시위원회"라 함은 규칙 제62조제1항, 제63조제5항, 제65조제1항 및 제66조제1항에 따라 공시를 신청한 유기농업자재에 대하여 최종 심의하는 위원회를 말한다.
8. "공시심사원"이란 국립농산물품질관리원장(이하 "농관원장"이라 한다)이 정하는 교육을 이수한 심사원으로서 규칙 제63조에 따라 유기농업자재에 대하여 공시를 심사하는 사람을 말한다.

9. "주성분"이란 제품의 품질관리를 위하여 그 효과나 대표성 등을 나타낼 수 있는 이화학적 성분이나 규격을 의미한다.

제3조(유기농업자재 공시의 구분)
① 공시기관은 규칙 제60조에 따라 유기농업자재의 공시의 대상에 대하여 그 사용 용도에 따라 다음 각 호와 같이 구분하여 공시를 하여야 한다.
   1. 토양개량용 자재
   2. 작물생육용 자재
   3. 토양개량 및 작물생육용 자재
   4. 병해관리용 자재
   5. 충해관리용 자재
   6. 병해충관리용 자재

제7조(검사 및 시험 성적서 등의 인정범위)
① 법 제38조제1항에 따라 유기농업자재 공시를 위한 검사 및 시험성적서(이하 "성적서"라 한다) 인정범위는 법 제41조제1항 및 규칙 제69조제3항에 따라 농관원장이 지정한 시험연구기관에서 발행한 성적서로 제8조의 검사 및 시험방법에 적합하게 수행한 성적이어야 한다. 다만, 다음 각 호의 어느 하나에 해당하는 성적서는 농관원장이 지정한 시험연구기관에서 발행한 성적서로 인정할 수 있다.
   1. 농촌진흥청 소속기관의 장이 발행한 미생물동정 성적서와 천적 동정(同定) 및 이종(異種) 혼입 성적서
   2. 한국임업진흥원장이 발행한 목초액 성적서
   3. 국제적으로 인정받는 시험연구기관(GLP)에서 국제적으로 통용되는 시험방법으로 수행한 후 발행한 이화학 및 독성 성적서
   4. 다른 법령에 따라 공인된 기관이 발행한 다음 각 목에 관한 성적서
      가. 석면
      나. 유전자 변형 물질(GMO)
      다. 헥산(Hexane)
      라. 다른 법령에 따라 인허가된 미생물은 해당 인허가 신청 시 제출한 미생물동정 성적서
      마. 리친(Ricin)
② 제1항에 따른 성적서는 공시를 신청한 유기농업자재로 시험한 성적서이어야 한다. 다만, 다음 각 호의 어느 하나에 해당하는 경우에는 그러하지 아니하다.

1. 원료의 조성을 변경하기 위하여 원료의 조성을 변경한 유기농업자재로 시험을 수행한 경우
2. 농약관리법에 따라 원제로 꿀벌 급성접촉(꿀벌영향 포함) 시험을 수행한 경우

③ 식물에 대한 시험성적서는 공시를 신청하는 유기농업자재로 수행하여야 하며 유효기간은 최초 성적서 발행년도부터 5년간으로 한다. 다만, 농약관리법 또는 비료관리법에 따라 등록된 자재인 경우에는 예외로 한다.

제15조(수입원료의 사후관리 기준)

① 규칙 제62조제2항에 따른 유기농업자재 공시에 사용되는 수입원료의 사후관리 기준은 다음 각 호와 같다.
  1. 원료를 수입하여 생산업자에게 판매하거나 유기농업자재를 직접 생산하려는 자는 다음 각 목을 준수하여야 한다.
      가. 다음 각 세목에 해당하는 수입원료를 직접 사용하거나 생산업자에게 판매하려면 농관원장이 지정한 시험연구기관(잔류시험)에서 농약 검사를 실시할 것(이 경우 농약 검사는 같은 날 제조되어 같은 날 수입된 품질이 동일한 모집단별로 실시)
          1) 병해충 관리용 자재의 원료: 전부(천적, 페로몬, 메타알데하이드, 이산화탄소 및 질소가스, 웅성불임곤충 제외)
          2) 토양개량 및 작물생육용 자재에 사용되는 수입원료
      나. 가목에 따라 검사를 실시한 결과 농약이 검출되지 않은 원료만을 판매하거나 사용할 것
      다. 생산업자에게 수입원료를 판매하는 경우 해당 수입원료의 농약 검사성적서를 생산업자에게 제공할 것
      라. 해당 수입원료의 농약 검사성적서는 해당 원료를 판매하거나 사용한 날로부터 3년간 보관할 것
  2. 제3자로부터 수입원료를 공급받아 유기농업자재를 생산하려는 자는 다음 각 목을 준수하여야 한다.
      가. 제1호 가목에 해당하는 원료에 해당되는 경우에는 원료 공급자로부터 해당 수입원료의 농약 검사성적서를 제출 받을 것. 다만 공급업자의 성적서를 제출받지 못할 경우에는 공급업자의 동의하에 자체적으로 농약 검사를 수행 할 수 있음
      나. 농약 검사성적서에 따라 농약이 검출되지 않은 원료를 사용할 것
      다. 농약 검사성적서 및 해당 원료의 수급대장을 분기별 마지막 달의 다음 달 10일까지 해당 공시기관에 제출할 것

라. 해당 수입원료의 농약 검사성적서는 해당 원료를 사용한 날로부터 3년간 보관할 것
② 공시기관은 유기농업자재 사후관리를 하는 경우에는 제1항에 따른 기준을 준수 여부를 조사하여야 한다.

(2) 유기농업자재 공시기준
  ① 현장기준

심사사항	검토기준
1) 경영관리	가) 다음의 경영관련 자료를 보관하고 공시기관이 보여줄 것을 요구하는 때에는 이에 응할 수 있어야 한다. (1) 유기농업자재 공시를 받으려는 자재의 원료 및 제품 수급, 생산시설 및 품질관리 등에 관한 자료 (2) 유기농업자재 공시를 받으려는 자재의 생산·수입 및 출하에 관한 자료 나) 공시기관이 심사를 위하여 필요한 정보를 요구하는 때에는 그 정보를 제공할 수 있어야 한다.
2) 작업장	가) 작업장은 규칙 별지 제32호서식의 유기농업자재 공시생산계획서와 일치하여야 한다. 나) 다른 원료나 유기농업자재와의 혼입을 방지하기 위하여 작업장이 용도별(원료처리·제조·포장 등)로 분리 또는 구획되어 있어야 한다. 다) 작업장 안에서 발생하는 악취·유해가스·증기 등의 배출을 위한 환기시설을 갖추어야 한다. 라) 청소와 점검을 주기적으로 하여 작업장을 청결하게 유지하기 위하여 노력하여야 한다.
3) 제조설비	가) 제조설비는 규칙 별지 제32호서식의 유기농업자재 공시생산계획서에 기재된 생산설비 등과 일치하여야 한다. 나) 가)의 제조설비물이 해당 유기농업자재의 제조·가공을 위해 적정하여야 하며, 주요 기계설비는 성능유지를 위하여 적절하게 관리하여야 한다. 다) 보관시설이 충분히 확보되어 있어야 하며, 원료가 적정 환경조건에서 보관되어 있으며 입·출고 관리를 명확하게 하여야 한다. 라) 공시받은 원료 외 다른 원료가 혼입되지 않도록 관리하여야 한다.

심사사항	검토기준
4) 공정 및 품질관리	가) 규칙 별지 제32호서식의 유기농업자재 공시생산계획서에 기재된 제조 공정 및 원료와 유기농업자재의 품질관리와 관련된 인력, 방법 등과 일치하여야 한다. 나) 작업표준(작업설비·작업방법·작업조건·작업상의 유의사항 등)을 수립하여야 하며, 이에 따라 작업을 수행하여야 한다. 다) 품질관리를 위한 기본 장비를 갖추고 유기농업자재는 해당 규격 및 품질기준에 맞는지를 주기적으로 확인·검사하여야 한다. 다만, 품질관리를 위한 장비를 갖추고 있지 않을 때에는 법 제41조제1항에 따른 지정된 시험기관에서 품질관리를 하여야 한다.
5) 기록 및 이력관리	가) 유기농업자재는 적정조건에서 보관하여야 하며, 원료 및 유기농업자재의 입·출고에 관한 기록장을 비치하고, 기록·관리하여야 한다. 다만, 비료관리법에 따라 등록(신고)된 유기농업자재는 같은 법 규칙 제14조의2에 따른 장부(비료의 제조원료 기재 장부)로 대체할 수 있다. 나) 기록장에는 다음의 필수기록 사항과 이력관리에 필요한 사항 등을 기록하여야 한다. 　(1) 입고이력: 입고일자, 물량, 자재명, 생산자 또는 수출자명·원산지·롯트번호 또는 생산일자 　(2) 출하이력: 출하한 판매처명·판매처 주소·날짜·제품명·물량·롯트번호 또는 생산일자

② 원료의 특성 등에 관한 자료

심사사항	검토기준
1) 원료	가) 유기농업자재에 사용한 원료는 다음 각 호에 적합하여야 한다. 　(1) 토양개량 및 작물생육 : 규칙 제2조 및 별표1 제1호가목1)의 토양개량과 작물생육을 위하여 사용이 가능한 물질. 　(2) 병해충관리 : 규칙 제2조 및 별표1 제1호가목2)의 병해충 관리를 위하여 사용이 가능한 물질 나) 규칙 별표1 제3호의 유기농업자재 제조시 사용가능한 보조제 중 화학합성 보조제를 사용할 경우에는 사용의 불가피성, 사용량의 적정성 등에 대한 합리적인 사유를 제시하여야 한다.

심사사항	검토기준
2) 원료의 특성 및 유래	가) 유기농업자재에 사용된 각각의 원료에 대한 특성은 다음의 사항이 적합하여야 한다. 　(1) 물질의 기원 및 분포 　(2) 유효 구성물질의 종류 및 함량 　(3) 제3조제1항의 사용용도를 뒷받침할 자료(학술자료, 연구논문, 시험성적 등) 　(4) 농업분야 사용현황 등 나) 유기농업자재에 사용된 각각의 원료별로 생산지·제조사·구매경로 등 출처가 명확하고 지속적으로 유지되어야 한다. 다) 원료의 출처가 불명확할 때에는 그 출처에 대하여 확인을 하여야 한다. 라) 원료는 농업용으로 사용가능하여야 하며, 폐기물을 재활용하는 경우 「폐기물관리법 시행규칙」 별표4의2 제3호 가목(R-5)에 해당 하거나 「비료관리법」 제4조에 따라 공정규격이 설정된 것 이어야 한다.
3) 제조조성비	가) 원료명은 가공되기 전의 물질에 대한 일반적 명칭으로 규칙 별표1의 허용물질의 종류에서 정한 사용가능한 물질의 명칭이어야 한다. 나) 주성분은 토양개량과 작물생육에 도움을 주거나 병해충관리를 위하여 활성을 가지는 성분에 대하여 종류 및 그 함량을 나타내어야 한다. 다) 원료의 투입비율은 유기농업자재를 생산하기 위하여 사용되는 원료를 모두 기입하여야 하며 합계가 100퍼센트이어야 한다.

③ 이화학(미생물검정) 검사성적서

심사사항	검토기준
1) 주성분검사	가) 유기농업자재에 대한 주성분 검사성적은 다음의 사항이 적합하여야 한다. 　(1) 토양개량과 작물생육을 위한 자재는 비료관리법 제18조 및 제24조 규정에 따라 농촌진흥청장이 고시한 「비료의 품질검사방법 및 시료채취기준」에서 이화학적 검사방법이 설정된 주성분 및 기타성분에 대한 성적이어야 한다. 　(2) 병해충관리를 위한 자재는 병이나 해충에 대하여 활성을 나타내는 성분 또는 대표성분에 대한 성적이어야 한다. 나) 살아있는 미생물을 주·부원료로 하는 유기농업자재에 대해서 다음의 사항이 적합하여야 한다. 　(1) 유효미생물의 분류학적 위치·일반명·학명 　(2) 유효미생물의 보증균수는 신청인이 제출한 보증균수 이상이어야 한다. 　(3) 생균수 검사방법은 신청인이 제출하거나 공인 또는 표준화된 검사방법이어야 한다.

	(4) 유효미생물 배양에 필요한 배지조성 자료는 해당 미생물 배양에 적절하여야 하며 인축에 위해한 물질을 포함하지 않아야 한다.
	(5) 유효미생물의 동정은 균체 지방산 분석법, 전자동미생물 동정법 또는 현미경법 등 유전자 염기서열 분석에 의한 분자 생물학적 방법에 의하며, 동정결과는 신청인이 제출한 자료와 동일한 속·종명이어야 한다.
	다) 천적을 이용한 유기농업자재는 다음의 사항이 적합하여야 한다.
	(1) 천적의 분류학적 위치·일반명·학명
	(2) 천적의 분류동정상의 특성
	(3) 천적의 보증수는 신청인이 제출한 보증수 이상이어야 한다.
	(4) 동정방법은 신청인이 제출하거나 공인 또는 표준화된 동정방법이어야 한다.
	(5) 천적의 동정(同定)검사성적서와 제출서류에 기록된 천적은 동일하여야 한다.
	(6) 보증한 천적 이외에 다른 천적이 검출되지 않아야 하며 인축이나 환경에 위해성이 없어야 한다.
	라) 키토산을 원료로 사용한 유기농업자재는 다음의 사항이 적합하여야 하며 제8조에 따른 공정분석법에 따라 수행한 시험성적이어야 한다.
	(1) 제품의 키토산(총 글루코사민) 또는 키토올리고당의 최소량(%) : 1.0%이상
	(2) 원료에 대한 기준은 다음과 같다
	  (가) 키토산의 점도(cps) : 1이상 100이하
	  (나) 키토산의 순도 : 800mg/g 이상
	  (다) 키토올리고당 순도 : 200mg/g 이상
	  ※ 키토산(글루코사민) 단당은 제외

2) 유해성분 검사	가) 토양개량 및 작물생육용, 병해충관리용 유기농업자재에서는 유기합성농약 성분이 검출되지 않아야 한다.
	나) 유해중금속에 대한 기준은 다음과 같다.
	(1) 토양개량 및 작물생육용 유기농업자재 중 규칙 별표17 제3호 나목1)에 따라 농관원장이 정하는 유해중금속의 최대허용량(건물기준 중량)은 비소 20mg/kg, 카드뮴 2mg/kg, 수은 1mg/kg, 납 50mg/kg, 크롬 90mg/kg, 구리 120mg/kg, 니켈 20mg/kg, 아연 400mg/kg이며 제품이 액상인 경우에는 현물기준 중량으로 한다.
	다) 병원성미생물에 대한 기준은 다음과 같다.
	(1) 농장 및 가금류의 퇴구비, 퇴비화된 가축 배설물 등을 사용하는 다음의 병원성미생물이 검출되어서는 아니 된다.
	  (가) 병원성대장균(Escherichia coli O157: H7)
	  (나) 살모넬라(Salmonella spp.)
	(2) 살아있는 미생물을 주·부원료로 사용한 유기농업자재나 미생물 발효공정을 거친 유기농업자재는 다음의 병원성미생물이 검출되어서는 아니 된다.
	  (가) 병원성대장균(Escherichia coli O157 : H7)

	(나) 살모넬라(Salmonella spp.) (다) 황색포도상구균(Staphylococcus aureus) (라) 리스테리아 모노사이토제네스(Listeria monocytogenes) (마) 바실러스 세레우스(Bacillus cereus) 라) 가축분·혈분 등 가축의 부산물을 원료로 사용한 유기농업자재는 다음의 항생물질이 검출되지 않아야 한다. 　(1) 테트라사이클린계(Tetracyclines) 　(2) 베타락탐계(Beta-lactams) 　(3) 설파계(Sulfonamides) 　(4) 마이크로라이드계(Macrolides) 　(5) 아미노글리코사이드계(Aminoglycosides) 마) 아주까리 유박을 원료로 사용한 유기농업자재는 「비료관리법」 제4조에 따라 농촌진흥청장이 고시한 비료공정규격에서 정한 리친(Ricin)의 유해성분 최대량을 초과하지 않아야 한다. 바) 나) 및 다)에도 불구하고 키토산을 원료로 사용한 유기농업자재의 유해성분 기준은 다음의 사항이 적합하여야 한다. 　(1) 유해중금속의 최대허용량(건물기준 중량)은 비소 4mg/kg, 카드뮴 0.4mg/kg, 수은 0.2mg/kg, 납 20mg/kg, 크롬 20mg/kg, 니켈 20mg/kg이며 제품이 액상인 경우에는 현물기준 중량으로 한다. 　(2) 대장균(Escherichia coli) 검사결과 음성이어야 한다. 　(3) 사용한 용제를 표시해야 하고 보존기간을 2년 이내로 해야 한다.

④ 식물에 대한 시험성적서

심사사항	검토기준
1) 유식물 등에 대한 비료피해(肥害)·농약피해(藥害)시험	가) 다섯 가지 작물 이상(배추·상추·고추·오이·콩 등)에 대하여 공시를 신청하고자 하는 유기농업자재를 포장시험하거나 비료피해(肥害)·농약피해(藥害)에 민감한 유식물체·신초 또는 종자에 신청인이 제시한 기준량과 2배량을 처리한 후 일정기간을 두어 3회 이상 조사한 시험성적이어야 하며 시험과정 및 시험결과에 대한 사진이 포함되어 있어야 하며 다음 각 호의 사항이 적절하여야 한다. 단, 일부 작물에만 제한적으로 사용하는 유기농업자재의 경우에는 해당 작물에 시험한 성적에 대하여 검토할 수 있다. 　(1) 시험작물, 시험구 면적 및 배치방법 　(2) 시험물질의 처리시기 및 방법 　(3) 시험결과의 분석 및 판정 나) 농약피해(藥害)·비료피해(肥害)의 정도는 시험성적 모두가 기준량에서 0 이하이거나, 2배량에서 1 이하이어야 한다. 다) 비료피해(肥害)·농약피해(藥害) 판정기준은 다음과 같다.

정도	판정기준
0	육안으로 비료피해(肥害)·농약피해(藥害)가 인정되지 않음
1	아주 가벼운 비료피해(肥害)·농약피해(藥害)로서 작은 약반이 약간 인정됨
2	처리된 잎의 소부분에서 비료피해(肥害)·농약피해(藥害)가 인정됨
3	처리된 잎의 50퍼센트 정도 비료피해(肥害)·농약피해(藥害)가 인정됨
4	상당한 피해를 받고 있으나 아직 건전한 부분이 남아 있음

⑤ 독성에 대한 시험성적서

심사사항	검토기준
1) 공통조건	가) 독성시험은 병해충관리를 위한 다음의 허용물질을 포함한 유기농업자재를 시험대상으로 한다. (1) 식물과 동물의 추출물. 단, 식품등급의 오일은 제외 (2) 미생물 및 미생물의 추출물 (3) 미생물의 발효부산물 (4) 구리염, 보르도액, 수산화동, 산화염화동, 보르고뉴액 (5) 규산나트륨 (6) 인산철, 파라핀오일, 중탄산나트륨 및 중탄산칼륨, 과망간산칼륨 (7) 황 (8) 기계유 나) 다음 어느 하나에 해당될 경우 독성시험의 일부 또는 전부를 생략할 수 있다. (1) 유기농업자재 또는 원료 각각에 대하여 과학적(국내외 독성시험성적서 등 관련 자료)으로 인축 및 환경에 대한 위해성이 없다는 것이 확인된 경우 (2) 물질의 특성상 시험수행이 불필요한 경우 (3) 사용방법 등 유기농업자재의 특성상 불필요한 경우 (4) 독성시험 항목별로 시험을 생략할 수 있는 경우
2) 인축독성	가) 인축독성시험은 「농약관리법 시행령」 별표 1 및 농촌진흥청장이 고시한 농약의 등록기준을 준용하되 검토기준은 다음과 같다. (1) 급성경구·경피독성시험 결과는 III급(보통독성) 이하이어야 한다. 다만, 미생물제제는 유기농업자재에 함유된 미생물의 단위 환산치로 평가

	한다. (2) 안점막자극성시험 평가결과에 따라 표시문구 및 그림문자를 표시하여야 한다. (3) 피부자극성시험 평가결과에 따라 표시문구 및 그림문자를 표시하여야 한다.
3) 환경독성	가) 환경독성시험은 「농약관리법 시행령」 별표 1 및 농촌진흥청장이 고시한 농약의 등록기준을 준용하되 검토기준은 다음과 같다. (1) 급성어류 독성시험은 Ⅲ급에 해당되어야 하고, 독성노출비(Toxicity Exposure Ratio: TER)를 이용하여 산출하며 독성노출비는 10 이상이어야 한다. 다만, 살아있는 미생물을 함유한 제품의 경우는 독성노출비가 100 이상이어야 한다. (2) 논벼용 유기농업자재인 경우는 물벼룩류에 대한 급성유영저해시험을 실시하여야 하며, 독성노출비를 이용하여 산출한 결과 독성노출비가 2 이상이어야 한다. 다만, 살아있는 미생물을 함유한 제품의 경우는 독성노출비가 100 이상이어야 한다. 또한 물벼룩류에 대한 급성유영저해시험을 생략할 수 있는 경우는 다음과 같다. (가) 급성어류 독성시험성적의 반수치사농도(LC_{50})가 10mg/L 이상인 경우 (나) 제품의 사용방법 및 특성상 물벼룩류에 노출가능성이 없는 경우 (다) 생태계 생물에 위해성이 없는 것이 과학적으로 입증된 경우 (3) 꿀벌에 대한 급성접촉독성시험 또는 영향시험 평가결과에 따라 표시문구 및 그림문자를 표시하여야 한다. 다만, 꿀벌에 대한 급성접촉독성시험 또는 영향시험을 생략할 수 있는 경우는 다음과 같다. (가) 학술논문 등 시험물질이 독성이 매우 낮다고 판단되는 경우 (나) 저장고 내에서 사용하는 것 (다) 유묘나 종자·종구에 처리하는 것 (라) 화분매개충을 사용하지 않는 시설 내에서만 사용하는 것 (마) 그 밖에 유기농업자재의 사용방법 상 꿀벌에 대한 노출가능성이 없다고 판단된 경우

⑥ 제조공정, 품질관리 등에 관한 자료

심사사항	검토기준
1) 제조공정	가) 유기합성물질이 혼입되지 않아야 하고 화학적 공정을 거치지 않아야 한다. 단, 병해충관리를 위하여 사용이 가능한 자재에서 천연추출물의 추출·분리 및 정제 과정상 불가피하게 유기합성용매를 사용한 경우에는 최종 원료에 잔류되지 않아야 한다. 나) 제조공정은 각 단계별로 구체적으로 기록하여야 하며 해당 유기농업자재의 생산에 적합하여야 한다. 다) 미생물을 원료로 사용한 유기농업자재(토양미생물제제, 미생물제제 등)는 원료외의 다른 미생물에 의해 오염이 되지 않도록 하여야 한다.
2) 품질관리	가) 공시를 받으려는 유기농업자재의 품질관리 규격이나 품질기준에 대하여 명확하게 기술하여야 한다. 나) 공시를 받으려는 유기농업자재의 품질관리 규격이나 품질기준에 맞도록 유지하여야 하며 주기적으로 확인·검사하여야 한다. 이 경우 법 제41조 제1항에 따른 유기농업자재 시험연구기관에 의뢰할 수 있다. 다) 공시를 받고자 하는 유기농업자재가 「비료관리법」 제4조에 따라 농촌진흥청장이 고시한 「비료공정규격 설정 및 지정」에서 설정 또는 지정된 비료의 종류와 동일한 경우에는 해당 비료의 종류별로 정하고 있는 공정규격에 적합하여야 하며, 보증 성분량은 「비료관리법」 제11조 및 제12조에 따라 등록 또는 신고된 규격에 맞도록 품질이 유지되어야 한다. 라) 공시를 받고자 하는 유기농업자재가 「농약관리법」 제8조 또는 제17조에 농약 또는 원제로 등록된 경우에 주성분의 함량은 등록한 규격에 맞도록 품질이 유지되어야 한다.

(3) 유기농업자재 표시 도형 및 글자
　① 표시 도형
　　가. 표시 도형: 효능·효과를 표시하려는 공시를 받은 유기농업자재에 대해서만 표시할 수 있다.

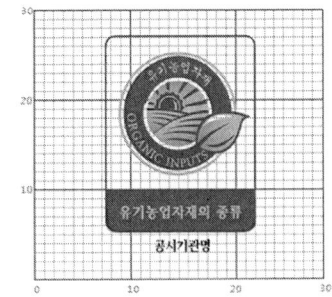

② 작도법
1) 격자구조(Grid System)에 맞게 표시 도형을 도안한다.
2) 유기농업자재 공시마크의 크기는 포장재의 크기에 따라 조절할 수 있다.
3) 문자의 글자체는 나눔 명조체, 글자색은 연두색(PANTONE 376C)으로 한다. 다만, 공시기관명은 청록색(PANTONE 343C)으로 한다.
4) 공시마크 하단부의 유기농업자재의 종류에는 공시를 받은 구분을 표기한다.
5) 공시기관명란에는 해당 자재를 공시를 한 공시기관명을 표기한다.
6) 공시마크 바탕색은 흰색으로 하고, 공시마크의 가장 바깥쪽 원은 연두색(PANTONE 376C), 유기농업자재라고 표기된 글자의 바탕색은 청록색(PANTONE 343C), 태양, 햇빛 및 잎사귀의 둘레 색상은 청록색(PANTONE 343C), 유기농업자재의 종류라고 표기된 글자의 바탕색과 네모 둘레는 청록색(PANTONE 343C)으로 한다.
7) 배색 비율은 청록색(PANTONE 343C, C:98/M:0/Y:72/K:61), 연두색(PANTONE 376C, C:50/M:0/Y:100/K:0)으로 한다.
8) 각 모서리는 약간 둥글게 한다.
9) 표시 도형의 크기는 포장재의 크기에 따라 조정한다.
③ 유기농업자재의 표기사항
유기농업자재의 포장 또는 용기에 제63조제3항에 따라 발급받은 유기농업자재 공시서에 기재된 사항을 다음과 같이 표기해야 한다.
1) 업체명·주소·전화번호
2) 유기농업자재 공시번호
3) 자재의 명칭 및 구분과 상표명
4) 사업장 소재지 또는 수입원산지(국가, 제조사)
5) 제조 또는 수입 연월일
6) 유통기간
7) 주성분(원료)명·함량, 실중량, 사용방법
8) 국립농산물품질관리원장이 정하여 고시한 독성시험결과에 따른 표시문구 및 그림문자
9) 보관·사용 시 주의사항
10) "이 자재는 효과와 성분함량 등을 보증하지 않고 유기농산물 생산을 위해 사용가능 여부만 검토한 자재입니다."라는 문구(「농약관리법」에 따라 등록된 농약 또는 「비료관리법」에 따라 등록 또는 신고된 비료인 경우에는 생략 할 수 있다)
11) 농약피해 또는 비료피해 시험을 실시한 작물명

2. 친환경농어업 육성 및 유기식품 등의 관리·지원에 관한 법률

(1) 목적
이 법은 농어업의 환경보전기능을 증대시키고 농어업으로 인한 환경오염을 줄이며, 친환경농어업을 실천하는 농어업인을 육성하여 지속가능한 친환경농어업을 추구하고 이와 관련된 친환경농수산물과 유기식품 등을 관리하여 생산자와 소비자를 함께 보호하는 것을 목적으로 한다.

(2) 정의
이 법에서 사용하는 용어의 뜻은 다음과 같다.

1. "친환경농어업"이란 생물의 다양성을 증진하고, 토양에서의 생물적 순환과 활동을 촉진하며, 농어업생태계를 건강하게 보전하기 위하여 합성농약, 화학비료, 항생제 및 항균제 등 화학자재를 사용하지 아니하거나 사용을 최소화한 건강한 환경에서 농산물·수산물·축산물·임산물(이하 "농수산물"이라 한다)을 생산하는 산업을 말한다.
2. **"친환경농수산물"이란 친환경농어업을 통하여 얻는 것으로 다음 각 목의 어느 하나에 해당하는 것을 말한다.** [21년 3회]
   가. 유기농수산물
   나. 무농약농산물
   다. 무항생제수산물 및 활성처리제 비사용 수산물(이하 "무항생제수산물등"이라 한다)
3. "유기"(Organic)란 생물의 다양성을 증진하고, 토양의 비옥도를 유지하여 환경을 건강하게 보전하기 위하여 허용물질을 최소한으로 사용하고, 제19조제2항의 인증기준에 따라 유기식품 및 비식용유기가공품(이하 "유기식품등"이라 한다)을 생산, 제조·가공 또는 취급하는 일련의 활동과 그 과정을 말한다.
4. "유기식품"이란 「농업·농촌 및 식품산업 기본법」 제3조제7호의 식품과 「수산식품산업의 육성 및 지원에 관한 법률」 제2조제3호의 수산식품 중에서 유기적인 방법으로 생산된 유기농수산물과 유기가공식품(유기농수산물을 원료 또는 재료로 하여 제조·가공·유통되는 식품 및 수산식품을 말한다. 이하 같다)을 말한다.
5. "비식용유기가공품"이란 사람이 직접 섭취하지 아니하는 방법으로 사용하거나 소비하기 위하여 유기농수산물을 원료 또는 재료로 사용하여 유기적인 방법으로 생산, 제조·가공 또는 취급되는 가공품을 말한다. 다만, 「식품위생법」에 따른 기구, 용기·포장, 「약사법」에 따른 의약외품 및 「화장품법」에 따른 화장품은 제외한다.
5의2. "무농약원료가공식품"이란 무농약농산물을 원료 또는 재료로 하거나 유기식품과 무농약농산물을 혼합하여 제조·가공·유통되는 식품을 말한다.

6. **"유기농어업자재"란 유기농수산물을 생산, 제조·가공 또는 취급하는 과정에서 사용할 수 있는 허용물질을 원료 또는 재료로 하여 만든 제품을 말한다.** [21년 1회, 23년 2회]

7. "허용물질"이란 유기식품등, 무농약농산물·무농약원료가공식품 및 무항생제수산물등 또는 유기농어업자재를 생산, 제조·가공 또는 취급하는 모든 과정에서 사용 가능한 것으로서 농림축산식품부령 또는 해양수산부령으로 정하는 물질을 말한다.

8. "취급"이란 농수산물, 식품, 비식용가공품 또는 농어업용자재를 저장, 포장[소분(小分) 및 재포장을 포함한다. 이하 같다], 운송, 수입 또는 판매하는 활동을 말한다.

9. "사업자"란 친환경농수산물, 유기식품등·무농약원료가공식품 또는 유기농어업자재를 생산, 제조·가공하거나 취급하는 것을 업(業)으로 하는 개인 또는 법인을 말한다.

3. 유기농산물 및 유기축산물 인증

(1) 허용물질

① 유기농산물 및 유기임산물

㉠ 토양 개량과 작물 생육을 위해 사용 가능한 물질 [21년 3회]

번호	사용 가능 물질	사용 가능 조건
1	가) 농장 및 가금류의 퇴구비[堆廐肥: 볏짚, 낙엽 등 부산물을 부숙(썩혀서 익히는 것을 말한다. 이하 같다)하여 만든 퇴비와 축사에서 나오는 두엄을 말한다] 나) 퇴비화된 가축배설물 다) 건조된 농장 퇴구비 및 탈수한 가금류의 퇴구비 라) 가축분뇨를 발효시킨 액상의 물질	(1) 제11조제2항에 따라 국립농산물품질관리원장이 정하여 고시하는 유기농산물 및 유기임산물 인증기준의 재배방법 중 가축분뇨를 원료로 하는 퇴비·액비의 기준에 적합할 것 (2) 사용 가능 물질 중 라)는 유기축산물 또는 무항생제축산물 인증 농장, **경축순환농법(耕畜循環農法: 친환경농업을 실천하는 자가 경종과 축산을 겸업하면서 각각의 부산물을 작물재배 및 가축 사육에 활용하고, 경종작물의 퇴비소요량에 맞게 가축사육 마릿수를 유지하는 형태의 농법을 말한다)** [23년 4회] 등 친환경 농법으로 가축을 사육하는 농장 또는 「동물보호법」 제59조[법률 제18853호 동물보호법 전부개정법률 부칙 제17조에 따라 같은 법 제59조의 개정규정이 시행되기 전까지는 종전의 「동물보호법」 (법률 제18853호로 개

			정되기 전의 것을 말한다) 제29조를 말한다]에 따른 동물복지축산농장 인증을 받은 농장에서 유래한 것만 사용하고, 「비료관리법」 제4조에 따른 공정규격설정등의 고시에서 정한 가축분뇨 발효액의 기준에 적합할 것
2		식물 또는 식물 잔류물로 만든 퇴비	충분히 부숙된 것일 것
3		버섯재배 및 지렁이 양식에서 생긴 퇴비	버섯재배 및 지렁이 양식에 사용되는 자재는 이 표에서 사용 가능한 것으로 규정된 물질만을 사용할 것
4		지렁이 또는 곤충으로부터 온 부식토	부식토의 생성에 사용되는 지렁이 및 곤충의 먹이는 이 표에서 사용 가능한 것으로 규정된 물질만을 사용할 것
5		식품 및 섬유공장의 유기적 부산물	합성첨가물이 포함되어 있지 않을 것
6		유기농장 부산물로 만든 비료	화학물질의 첨가나 화학적 제조공정을 거치지 않을 것
7		혈분·육분·골분·깃털분 등 도축장과 수산물 가공공장에서 나온 동물부산물	화학물질의 첨가나 화학적 제조공정을 거치지 않아야 하고, 항생물질이 검출되지 않을 것
8		대두박(콩에서 기름을 짜고 남은 찌꺼기를 말한다. 이하 이 표에서 같다), 쌀겨 유박(油粕: 식물성 원료에서 원하는 물질을 짜고 남은 찌꺼기를 말한다. 이하 이 표에서 같다), 깻묵 등 식물성 유박류	(1) 유전자를 변형한 물질이 포함되지 않을 것 (2) 최종제품에 화학물질이 남지 않을 것 (3) 아주까리 및 아주까리 유박을 사용한 자재는 「비료관리법」 제4조에 따른 공정규격설정등의 고시에서 정한 리친(Ricin)의 유해성분 최대량을 초과하지 않을 것
9		제당산업의 부산물[당밀, 비나스(Vinasse: 사탕수수나 사탕무에서 알코올을 생산한 후 남은 찌꺼기를 말한다), 식품등급의 설탕, 포도당을 포함한다]	유해 화학물질로 처리되지 않을 것
10		유기농업에서 유래한 재료를 가공하는 산업의 부산물	합성첨가물이 포함되어 있지 않을 것
11		오줌 [22년 2회]	충분한 발효와 희석을 거쳐 사용할 것
12		사람의 배설물(오줌만인 경우는 제외한다)	(1) 완전히 발효되어 부숙된 것일 것 (2) 고온발효: 50℃ 이상에서 7일 이상 발효된 것

		(3) 저온발효: 6개월 이상 발효된 것일 것 **(4) 엽채류 등 농산물·임산물 중 사람이 직접 먹는 부위에는 사용하지 않을 것** [21년 2회, 23년 3회]
13	벌레 등 자연적으로 생긴 유기체	
14	**구아노(Guano: 바닷새, 박쥐 등의 배설물)** [22년 1회]	화학물질 첨가나 화학적 제조공정을 거치지 않을 것
15	짚, 왕겨, 쌀겨 및 산야초	비료화하여 사용할 경우에는 화학물질 첨가나 화학적 제조공정을 거치지 않을 것
16	가) 톱밥, 나무껍질 및 목재 부스러기 나) 나무 숯 및 나뭇재	원목상태 그대로이거나 원목을 기계적으로 가공·처리한 상태의 것으로서 가공·처리과정에서 페인트·기름·방부제 등이 묻지 않은 폐목재 또는 그 목재의 부산물을 원료로 하여 생산한 것일 것
17	가) 황산칼륨, 랑베나이트(해수의 증발로 생성된 암염) 또는 광물염 나) 석회소다 염화물 다) 석회질 마그네슘 암석 라) 마그네슘 암석 마) 사리염(황산마그네슘) 및 천연석고(황산칼슘) 바) 석회석 등 자연에서 유래한 탄산칼슘 사) 점토광물(벤토나이트·펄라이트·제올라이트·일라이트 등) 아) 질석(Vermiculite: 풍화한 흑운모) 자) 붕소·철·망간·구리·몰리브덴 및 아연 등 미량원소	(1) 천연에서 유래하고, 단순 물리적으로 가공한 것일 것 (2) 사람의 건강 또는 농업환경에 위해(危害)요소로 작용하는 광물질(예: 석면광, 수은광 등)은 사용하지 않을 것
18	칼륨암석 및 채굴된 칼륨염	천연에서 유래하고 단순 물리적으로 가공한 것으로 염소함량이 60퍼센트 미만일 것
19	천연 인광석 및 인산알루미늄칼슘	천연에서 유래하고 단순 물리적 공정으로 가공된 것이어야 하며, 인을 오산화인(P_2O_5)으로 환산하여 1kg 중 카드뮴이 90mg/kg 이하일 것
20	자연암석분말·분쇄석 또는 그 용액	(1) 화학물질의 첨가나 화학적 제조공정을 거치지 않을 것

		(2) 사람의 건강 또는 농업환경에 위해요소로 작용하는 광물질이 포함된 암석은 사용하지 않을 것
21	광물을 제련하고 남은 찌꺼기[광재(鑛滓): 베이직 슬래그]	광물의 제련과정에서 나온 것으로서 화학물질이 포함되지 않을 것(예: 제조 시 화학물질이 포함되지 않은 규산질 비료)
22	염화나트륨(소금) 및 해수	(1) 염화나트륨(소금)은 채굴한 암염 및 천일염(잔류농약이 검출되지 않아야 함)일 것 (2) 해수는 다음 조건에 따라 사용할 것 　(가) 천연에서 유래할 것 　(나) 엽면시비용(葉面施肥用)으로 사용할 것 　(다) 토양에 염류가 쌓이지 않도록 필요한 최소량만을 사용할 것
23	**목초액** [문항출제]	「산업표준화법」에 따른 한국산업표준의 목초액(KSM3939) 기준에 적합할 것
24	**키토산** [21년 1회, 22년 1회]	국립농산물품질관리원장이 정하여 고시하는 품질규격에 적합할 것
25	미생물 및 미생물 추출물	미생물의 배양과정이 끝난 후에 화학물질의 첨가나 화학적 제조공정을 거치지 않을 것
26	이탄(泥炭, Peat), 토탄(土炭, Peat moss), 토탄 추출물	
27	해조류, 해조류 추출물, 해조류 퇴적물	
28	황	
29	주정 찌꺼기(Stillage) 및 그 추출물(암모니아 주정 찌꺼기는 제외한다)	
30	클로렐라(담수녹조) 및 그 추출물	클로렐라 배양과정이 끝난 후에 화학물질의 첨가나 화학적 제조공정을 거치지 않을 것

ⓒ **병해충 관리를 위해 사용 가능한 물질** [22년 2·3회, 23년 1·2·4회]

번호	사용 가능 물질	사용 가능 조건
1	**제충국 추출물** [21년 1회]	제충국(Chrysanthemum cinerariaefolium)에서 추출된 천연물질일 것
2	**데리스(Derris) 추출물** [21년 3회]	데리스(Derris spp., Lonchocarpus spp. 및 Tephrosia spp.)에서 추출된 천연물질일 것
3	쿠아시아(Quassia) 추출물	쿠아시아(Quassia amara)에서 추출된 천연물질일 것
4	라이아니아(Ryania) 추출물	라이아니아(Ryania speciosa)에서 추출된 천연물질일 것
5	**님(Neem) 추출물** [문항출제]	님(Azadirachta indica)에서 추출된 천연물질일 것
6	해수 및 천일염	잔류농약이 검출되지 않을 것
7	젤라틴(Gelatine)	크롬(Cr)처리 등 화학적 제조공정을 거치지 않을 것
8	난황(卵黃, 계란노른자 포함)	화학물질의 첨가나 화학적 제조공정을 거치지 않을 것
9	식초 등 천연산	화학물질의 첨가나 화학적 제조공정을 거치지 않을 것
10	누룩곰팡이속(Aspergillus spp.)의 발효 생산물	미생물의 배양과정이 끝난 후에 화학물질의 첨가나 화학적 제조공정을 거치지 않을 것
11	목초액	「산업표준화법」에 따른 한국산업표준의 목초액(KSM3939) 기준에 적합할 것
12	담배잎차(순수 니코틴은 제외한다)	물로 추출한 것일 것
13	**키토산** [문항출제]	국립농산물품질관리원장이 정하여 고시하는 품질규격에 적합할 것
14	밀랍(Beeswax) 및 프로폴리스(Propolis)	
15	동·식물성 오일	천연유화제로 제조할 경우만 수산화칼륨을 동물성·식물성 오일 사용량 이하로 최소화하여 사용할 것. 이 경우 인증품 생

번호	사용 가능 물질	사용 가능 조건
		산계획서에 기록·관리하고 사용해야 한다.
16	해조류·해조류가루·해조류추출액	
17	인지질(Lecithin)	
18	카제인(유단백질)	
19	**버섯 추출액** [문항출제]	
20	클로렐라(담수녹조) 및 그 추출물	클로렐라 배양과정이 끝난 후에 화학물질의 첨가나 화학적 제조공정을 거치지 않을 것
21	천연식물(약초 등)에서 추출한 제재(담배는 제외)	
22	식물성 퇴비발효 추출액	(1) 제1호가목1)에서 정한 허용물질 중 식물성 원료를 충분히 부숙시킨 퇴비로 제조할 것 (2) 물로만 추출할 것
23	가) 구리염 나) 보르도액 다) 수산화동 라) 산염화동 마) 부르고뉴액	토양에 구리가 축적되지 않도록 필요한 최소량만을 사용할 것
24	생석회(산화칼슘) 및 소석회(수산화칼슘)	토양에 직접 살포하지 않을 것
25	석회보르도액 및 석회유황합제	
26	**에틸렌** [문항출제]	**키위, 바나나와 감의 숙성을 위해 사용할 것** [문항출제]
27	규산염 및 벤토나이트	천연에서 유래하고 단순 물리적으로 가공한 것만 사용할 것
28	규산나트륨	천연규사와 탄산나트륨을 이용하여 제조한 것일 것
29	**규조토** [문항출제]	천연에서 유래하고 단순 물리적으로 가공한 것일 것
30	맥반석 등 광물질 가루	(1) 천연에서 유래하고 단순 물리적으로

번호	사용 가능 물질	사용 가능 조건
		가공한 것일 것 (2) 사람의 건강 또는 농업환경에 위해요소로 작용하는 광물질(예: 석면광 및 수은광 등)은 사용하지 않을 것
31	인산철 [22년 1회, 23년 4회]	달팽이 관리용으로만 사용할 것 [문항출제]
32	파라핀 오일	
33	중탄산나트륨 및 중탄산칼륨	
34	과망간산칼륨	과수의 병해관리용으로만 사용할 것
35	황	액상화할 경우에만 수산화나트륨을 황 사용량 이하로 최소화하여 사용할 것. 이 경우 인증품 생산계획서에 기록·관리하고 사용해야 한다.
36	미생물 및 미생물 추출물	미생물의 배양과정이 끝난 후에 화학물질의 첨가나 화학적 제조공정을 거치지 않을 것
37	천적	생태계 교란종이 아닐 것
38	성 유인물질(페로몬)	(1) 작물에 직접 처리하지 않을 것 (2) 덫에만 사용할 것
39	메타알데하이드	(1) 별도 용기에 담아서 사용할 것 (2) 토양이나 작물에 직접 처리하지 않을 것 (3) 덫에만 사용할 것
40	이산화탄소 및 질소가스	과실 창고의 대기 농도 조정용으로만 사용할 것
41	비누(Potassium Soaps)	
42	에틸알콜	발효주정일 것
43	허브식물 및 기피식물	생태계 교란종이 아닐 것
44	기계유	(1) 과수농가의 월동 해충 제거용으로만 사용할 것 (2) 수확기 과실에 직접 사용하지 않을 것
45	웅성불임곤충	

② 유기축산물 및 비식용유기가공품
㉠ 사료로 직접 사용되거나 배합사료의 원료로 사용 가능한 물질(「사료관리법」 제11조에 따라 고시된 사료공정을 준수한 원료로 한정한다) [21년 1회, 22년 2회, 23년 2회]

번호	구분	사용 가능 물질	사용 가능 조건
1	식물성	곡류(곡물), 곡물부산물류(강피류), 박류(단백질류), 서류, 식품가공부산물류, 조류(藻類), 섬유질류, 제약부산물류, 유지류, 전분류, 콩류, 견과·종실류, 과실류, 채소류, 버섯류, 그 밖의 식물류	가) 유기농산물(유기수산물을 포함한다. 이하 같다) 인증을 받거나 유기농산물의 부산물로 만들어진 것일 것 나) 천연에서 유래한 것은 잔류농약이 검출되지 않을 것
2	동물성	단백질류, 낙농가공부산물류	가) 수산물(골뱅이분을 포함한다)은 양식하지 않은 것일 것 나) 포유동물에서 유래된 사료(우유 및 유제품은 제외한다)는 반추가축[소·양 등 반추(反芻)류 가축을 말한다. 이하 같다]에 사용하지 않을 것
		곤충류, 플랑크톤류	가) 사육이나 양식과정에서 합성농약이나 동물용의약품을 사용하지 않은 것일 것 나) 야생의 것은 잔류농약이 검출되지 않은 것일 것
		무기물류	「사료관리법」 제2조제2호에 따라 농림축산식품부장관이 정하여 고시하는 기준에 적합할 것
		유지류	가) 「사료관리법」 제2조제2호에 따라 농림축산식품부장관이 정하여 고시하는 기준에 적합할 것 나) 반추가축에 사용하지 않을 것
3	광물성	식염류, 인산염류 및 칼슘염류, 다량광물질류, 혼합광물질류	가) 천연의 것일 것 나) 가)에 해당하는 물질을 상업적으로 조달할 수 없는 경우에는 화학적으로 충분히 정제된 유사물질 사용 가능

ⓒ 사료의 품질저하 방지 또는 사료의 효용을 높이기 위해 사료에 첨가하여 사용 가능한 물질 [21년 2회, 22년 2·3회]

번호	구분	사용 가능 물질	사용 가능 조건
1	천연 결착제		가) 천연의 것이거나 천연에서 유래한 것일 것 나) 합성농약 성분 또는 동물용 의약품 성분을 함유하지 않을 것 다) 「유전자변형생물체의 국가간 이동 등에 관한 법률」 제2조제2호에 따른 유전자변형생물체(이하 "유전자변형생물체"라 한다) 및 유전자변형생물체에서 유래한 물질을 함유하지 않을 것
	천연 유화제		
	천연 보존제	산미제, 항응고제, 항산화제, 항곰팡이제	
	효소제	당분해효소, 지방분해효소, 인분해효소, 단백질분해효소	
	미생물제제	유익균, 유익곰팡이, 유익효모, 박테리오파지	
	천연 향미제		
	천연 착색제		
	천연 추출제	초목 추출물, 종자 추출물, 세포벽 추출물, 동물 추출물, 그 밖의 추출물	
	올리고당		
2	규산염제		가) 천연의 것일 것 나) 가)에 해당하는 물질을 상업적으로 조달할 수 없는 경우에는 화학적으로 충분히 정제된 유사물질 사용 가능 다) 합성농약 성분 또는 동물용 의약품 성분을 함유하지 않을 것 라) 유전자변형생물체 및 유전자변형생물체에서 유래한 물질을 함유하지 않을 것
	아미노산제	아민초산, DL-알라닌, 염산L-라이신, 황산L-라이신, L-글루타민산나트륨, 2-디아미노-2-하이드록시메치오닌, DL-트립토판, L-트립토판, DL메치오닌 및 L-트레오닌과 그 혼합물	
	비타민제 (프로비타민 포함)	비타민A, 프로비타민A, 비타민B1, 비타민B2, 비타민B6, 비타민B12, 비타민C, 비타민D, 비타민D2, 비타민D3, 비타민E, 비타민K, 판토텐산, 이노시톨, 콜린, 나이아신, 바이오틴, 엽산과 그 유사체 및 혼합물	
	완충제	산화마그네슘, 탄산나트륨(소다회), 중조(탄산수소나트륨·중탄산나트륨)	

ⓒ 축사 및 축사 주변, 농기계 및 기구의 소독제로 사용 가능한 물질

「동물용 의약품등 취급규칙」 제5조에 따라 제조품목허가 또는 제조품목신고된 동물용의약외품 중 별표 4의 인증기준에서 사용이 금지된 성분을 포함하지 않은 물질을 사용할 것. 이 경우 가축 또는 사료에 접촉되지 않도록 사용해야 한다.

ⓓ 비식용유기가공품에 사용 가능한 물질

제1호다목1)에 따른 식품첨가물 또는 가공보조제로 사용 가능한 물질. 이 경우 허용범위는 국립농산물품질관리원장이 정하여 고시한다.

ⓔ 가축의 질병 예방 및 치료를 위해 사용 가능한 물질

- 공통조건
  - 유전자변형생물체 및 유전자변형생물체에서 유래한 원료는 사용하지 않을 것
  - 「약사법」 제85조제6항에 따른 동물용의약품을 사용할 경우에는 수의사의 처방전을 갖추어 둘 것
  - 동물용의약품을 사용한 경우 휴약기간의 2배의 기간이 지난 후에 가축을 출하할 것

- **개별조건** [22년 3회]

번호	사용 가능 물질	사용 가능 조건
1	생균제, 효소제, 비타민, 무기물	가) 합성농약, 항생제, 항균제, 호르몬제 성분을 함유하지 않을 것 나) **가축의 면역기능 증진을 목적으로 사용할 것** [문항출제]
2	예방백신	「가축전염병 예방법」에 따른 가축전염병을 예방하거나 퍼지는 것을 막기 위한 목적으로만 사용할 것
3	구충제	가축의 기생충 감염 예방을 목적으로만 사용할 것
4	포도당	가) 분만한 가축 등 영양보급이 필요한 가축에 대해서만 사용할 것 나) 합성농약 성분은 함유하지 않을 것
5	외용 소독제	상처의 치료가 필요한 가축에 대해서만 사용할 것
6	국부 마취제	외과적 치료가 필요한 가축에 대해서만 사용할 것
7	약초 등 천연 유래 물질	가) **가축의 면역기능의 증진 또는 치료 목적으로만 사용할 것** [문항출제] 나) 합성농약 성분은 함유하지 않을 것 다) 인증품 생산계획서에 기록·관리하고 사용할 것

- 유기가공식품

식품첨가물 또는 가공보조제로 사용 가능한 물질

명칭(한)	명칭(영)	국제분류번호(INS)	식품첨가물로 사용 시		가공보조제로 사용 시	
			사용 가능 여부	사용 가능 범위	사용 가능 여부	사용 가능 범위
과산화수소 [21년 3회, 23년 1·2회]	**Hydrogen peroxide**		×		○	식품 표면의 세척·소독제
구아검	Guar gum	412	○	제한 없음	×	
구연산	Citric acid	330	○	제한 없음	○	제한 없음
구연산삼나트륨 [22년 3회]	**Trisodium citrate**	**331(iii)**	○	**소시지, 난백의 저온살균, 유제품, 과립음료**	×	
구연산칼륨	Potassium citrate	332	○	제한 없음	×	
구연산칼슘	Calcium citrate	333	○	제한 없음	×	
규조토 [23년 2회]	**Diatomaceous earth**		×		○	**여과보조제**
글리세린	Glycerin	422	○	사용 가능 용도 제한 없음. 다만, 가수분해로 얻어진 식물 유래의 글리세린만 사용 가능	×	
퀼라야 추출물	Quillaia Extract	999	×		○	설탕 가공
레시틴	Lecithin	322	○	사용 가능 용도 제한 없음. 다만, 표백제 및 유기용매를 사용하지 않고 얻은 레시틴만 사용 가능	×	
로커스트콩검	Locust bean gum	410	○	식물성제품, 유제품, 육제품	×	
무수아황산	Sulfur dioxide	220	○	과일주	×	
밀납	Beeswax	901	×		○	이형제
백도토	Kaolin	559	×		○	청징(clarification) 또는 여과보조제

한글명	영문명	번호		사용 용도		비고
벤토나이트	Bentonite	558	×		○	청징(clarification) 또는 여과보조제
비타민 C	Vitamin C	300	○	제한 없음	×	
DL-사과산	DL-Malic acid	296	○	제한 없음	×	
산소	Oxygen	948	○	제한 없음	○	제한 없음
산탄검	Xanthan gum	415	○	지방제품, 과일 및 채소제품, 케이크, 과자, 샐러드류	×	
수산화나트륨	Sodium hydroxide	524	○	곡류제품	○	설탕 가공 중의 산도 조절제, 유지 가공
수산화칼륨	Potassium hydroxide	525	×		○	설탕 및 분리대두단백 가공 중의 산도 조절제
수산화칼슘	Calcium hydroxide	526	○	토르티야	○	산도 조절제
아라비아검	Arabic gum	414	○	식물성 제품, 유제품, 지방제품	×	
알긴산	Alginic acid	400	○	제한 없음	×	
알긴산나트륨	Sodium alginate	401	○	제한 없음	×	
알긴산칼륨	Potassium alginate	402	○	제한 없음	×	
염화마그네슘 [21년 3회, 22년 2회]	Magnesium chloride	511	○	두류제품	○	응고제
염화칼륨 [문항출제]	Potassium chloride	508	○	과일 및 채소제품, 비유화소스류, 겨자제품	×	
염화칼슘 [22년 2회]	Calcium chloride	509	○	과일 및 채소제품, 두류제품, 지방제품, 유제품, 육제품	○	응고제
오존수 [21년 3회]	Ozone water		×		○	식품 표면의 세척·소독제
이산화규소	Silicon dioxide	551	○	허브, 향신료, 양념류 및 조미료	○	겔 또는 콜로이드 용액제
이산화염소 (수) [문항출제]	Chlorine dioxide	926	×		○	식품 표면의 세척·소독제
차아염소산수 [21년 3회]	Hypochlorous Acid Water		×		○	식품 표면의 세척·소독제

이산화탄소	Carbon dioxide	290	○	제한 없음	○	제한 없음
인산나트륨	Sodium phosphate (Mono-,Di-, Tribasic)	339 (i)(ii) (iii)	○	가공치즈	×	
젖산 [21년 3회]	**Lactic acid**	270	○	발효채소제품, 유제품, 식용케이싱	○	유제품의 응고제 및 치즈 가공 중 염수의 산도 조절제
젖산칼슘	Calcium Lactate	327	○	과립음료	×	
제일인산 칼슘	Calcium phosphate, monobasic	341 (i)	○	밀가루	×	
제이인산 칼륨	Potassium Phosphate, Dibasic	340 (ii)	○	커피화이트너	×	
조제해수 염화마그네슘	Crude Magnessium Chloride (Sea Water)		○	두류제품	○	응고제
젤라틴	Gelatin		×		○	포도주, 과일 및 채소 가공
젤란검	Gellan Gum	418	○	과립음료	×	
L-주석산	L-Tartaric acid	334	○	포도주	○	포도주 가공
L-주석산 나트륨	Disodium L-tartrate	335	○	케이크, 과자	○	제한 없음
L-주석산 수소칼륨	Potassium L-bitartrate	336	○	곡물제품, 케이크, 과자	○	제한 없음
주정 (발효주정)	Ethanol (fermented)		×		○	제한 없음
질소	Nitrogen	941	○	제한 없음	○	제한 없음
카나우바 왁스	Carnauba wax	903	×		○	이형제
카라기난	Carrageenan	407	○	식물성제품, 유제품	×	
카라야검	Karaya gum	416	○	제한 없음		
카제인	Casein		×		○	포도주 가공
탄닌산	Tannic acid	181	×		○	여과보조제
탄산나트륨	Sodium carbonate	500 (i)	○	케이크, 과자	○	설탕 가공 및 유제품의 중화제
탄산수소 나트륨	Sodium bicarbonate	500 (ii)	○	케이크, 과자, 액상 차류	×	

세스퀴탄산나트륨	Sodium sesquicarbonate	500 (iii)	○	케이크, 과자	×	
탄산마그네슘	Magnesium carbonate	504 (i)	○	제한 없음	×	
탄산암모늄	Ammonium carbonate	503 (i)	○	곡류제품, 케이크, 과자	×	
탄산수소암모늄	Ammonium bicarbonate	503 (ii)	○	곡류제품, 케이크, 과자	×	
탄산칼륨	Potassium carbonate	501 (i)	○	곡류제품, 케이크, 과자	○	포도 건조
탄산칼슘	Calcium carbonate	170 (i)	○	식물성제품, 유제품 (착색료로는 사용하지 말 것)	○	제한 없음
d-토코페롤 (혼합형)	d-Tocopherol concentrate, mixed	306	○	유지류 (산화방지제로만 사용할 것)	×	
트라가칸스검	Tragacanth gum	413	○	제한 없음	×	
퍼라이트	Perlite		×		○	여과보조제
펙틴	Pectin	440	○	식물성제품, 유제품	×	
활성탄	Activated carbon		×		○	여과보조제
황산	Sulfuric acid	513	×		○	설탕 가공 중의 산도 조절제
황산칼슘	Calcium sulphate	516	○	케이크, 과자, 두류제품, 효모제품	○	응고제
천연향료 [21년 3회]	**Natural flavoring substances and preparations**		○	사용 가능 용도 제한 없음. 다만, 「식품위생법」 제7조제1항에 따라 식품첨가물의 기준 및 규격이 고시된 천연향료로서 물, 발효주정, 이산화탄소 및 물리적 방법으로 추출한 것만 사용할 것	×	
효소제	Preparations of Microorganisms and Enzymes		○	사용 가능 용도 제한 없음. 다만, 「식품위생법」 제7조제	○	사용 가능 용도 제한 없음. 다만, 「식품위생법」 제7조제

				1항에 따라 식품첨가물의 기준 및 규격이 고시된 효소제만 사용할 수 있다.	1항에 따라 식품첨가물의 기준 및 규격이 고시된 효소제만 사용할 수 있다.
영양강화제 및 강화제	Fortifying nutrients		○	「식품위생법」 제7조제1항 및 「축산물위생관리법」 제4조제2항에 따라 식품의약품안전처장이 고시하는 식품의 기준에 따라 사용 가능한 제품	×

(2) 유기식품등의 생산, 제조·가공 또는 취급에 필요한 인증기준
  ① 정의
    1. 이 표에서 사용하는 용어의 뜻은 다음과 같다.
       가. **"재배포장"이란 작물을 재배하는 일정구역을 말한다.** [22년 3회]
       나. "관행농업"이란 화학비료와 합성농약을 사용하여 작물을 재배하는 일반 관행적인 농업 형태를 말한다.
       다. "화학비료"란 「비료관리법」 제2조제1호에 따른 비료 중 화학적인 과정을 거쳐 제조된 것을 말한다.
       라. "합성농약"이란 화학물질을 원료·재료로 사용하거나 화학적 과정으로 만들어진 살균제, 살충제, 제초제, 생장조절제, 기피제, 유인제 또는 전착제 등의 농약으로서, 별표 1 제1호가목2)에 따른 병해충 관리를 위해 사용 가능한 물질이 아닌 것으로 제조된 농약을 말한다.
       마. **"돌려짓기(윤작)"란 동일한 재배포장에서 동일한 작물을 연이어 재배하지 않고, 서로 다른 종류의 작물을 순차적으로 조합·배열하여 차례로 심는 것을 말한다.**
       [22년 1회, 22년 3회]
       바. "가축"이란 「축산법」 제2조제1호에 따른 가축을 말한다.
       사. **"유기사료"란 제5호에 따른 비식용유기가공품의 인증기준에 맞게 제조·가공 또는 취급된 사료를 말한다.** [21년 2회, 23년 3회]
       아. "동물용의약품"이란 동물질병의 예방·치료 및 진단을 위해 사용하는 의약품을 말한다.
       자. "사육장"이란 축사시설, 방목 장소 등 가축 사육을 위한 시설 또는 장소를 말한다.

차. **"휴약기간"이란 사육되는 가축에 대해 그 생산물이 식용으로 사용되기 전에 동물용 의약품의 사용을 제한하는 일정기간을 말한다.** [21년 2회, 23년 3회]

카. "생산자단체"란 5명 이상의 생산자로 구성된 작목반, 작목회 등 영농 조직, 협동조합 또는 영농 단체를 말한다.

타. "생산관리자"란 생산자단체 소속 농가의 생산지침서의 작성 및 관리, 영농 관련 자료의 기록 및 관리, 인증을 받으려는 신청인에 대한 인증기준의 준수를 위한 교육 및 지도, 인증기준에 적합한지를 확인하기 위한 예비심사 등을 담당하는 자를 말한다. 다만, 농업자재의 제조·유통·판매를 업(業)으로 하는 자는 제외한다.

파. **"식물공장"(Vertical Farm)이란 토양을 이용하지 않고 통제된 시설공간에서 빛(LED, 형광등), 온도, 수분 및 양분 등을 인공적으로 투입해 작물을 재배하는 시설을 말한다.** [21년 2회, 22년 2회, 23년 3회]

② 유기농산물 및 유기임산물의 인증기준

심사 사항	인증기준
가. 일반	1) 토양비옥도의 유지, 생물다양성의 증진, 천적서식지의 제공, 자연의 순환 등 농업생태계를 건강하게 유지·보전하고 환경오염을 최소화하는 경작원칙을 적용할 것 2) 별표 5의 경영 관련 자료를 기록·보관하고, 국립농산물품질관리원장 또는 인증기관이 열람을 요구할 때에는 이에 응할 것 3) 신청인이 생산자단체인 경우에는 생산관리자를 지정하여 소속 농가에 대해 교육 및 예비심사 등을 실시하도록 할 것 4) 다음의 표에서 정하는 바에 따라 친환경농업에 관한 교육을 이수할 것. 다만, 인증사업자가 5년 이상 인증을 유지하는 등 인증사업자가 국립농산물품질관리원장이 정하여 고시하는 경우에 해당하는 경우에는 교육을 4년마다 1회 이수할 수 있다. <table><tr><td>과정명</td><td>친환경농업 기본교육</td></tr><tr><td>교육주기</td><td>2년마다 1회</td></tr><tr><td>교육시간</td><td>2시간 이상</td></tr><tr><td>교육기관</td><td>국립농산물품질관리원장이 정하는 교육기관</td></tr></table>
나. 재배포장, 재배용수, 종자	1) 재배포장은 최근 1년간 인증취소 처분을 받지 않은 재배지로서, 「토양환경보전법 시행규칙」 제1조의5 및 별표 3에 따른 토양오염우려기준을 초과하지 않으며, 주변으로부터 오염 우려가 없거나 오염을 방지할 수 있을 것 2) 작물별로 국립농산물품질관리원장이 정하여 고시하는 전환기간(**轉換期間**: 최소 재배기간) 이상을 다목의 재배방법에 따라 재배할 것 3) **재배용수는 「환경정책기본법 시행령」 제2조 및 별표 1에 따른 농업**

		용수 이상의 수질기준에 적합해야 하며, 농산물의 세척 등에 사용되는 용수는 「먹는물 수질기준 및 검사 등에 관한 규칙」 제2조 및 별표 1에 따른 먹는물의 수질기준에 적합할 것 **4) 종자는 최소한 1세대 이상 다목의 재배방법에 따라 재배된 것을 사용하며, 유전자변형농산물인 종자는 사용하지 않을 것** [22년 1회] 5) 인근 관행농업의 재배포장으로부터의 농약 흩날림, 관개·배수 등 농업용수나 그 밖의 농업자재 등으로 인한 오염과 같은 비의도적 오염을 방지할 수 있는 조치를 취할 것
다. 재배 방법		1) 화학비료, 합성농약 또는 합성농약 성분이 함유된 자재를 사용하지 않을 것 2) 장기간의 적절한 돌려짓기(윤작)를 실시할 것 3) 가축분뇨를 원료로 하는 퇴비·액비는 유기축산물 또는 무항생제축산물 인증 농장, 경축순환농법 등 친환경 농법으로 가축을 사육하는 농장 또는 「동물보호법」 제59조[법률 제18853호 동물보호법 전부개정법률 부칙 제17조에 따라 같은 법 제59조의 개정규정이 시행되기 전까지는 종전의 「동물보호법」(법률 제18853호로 개정되기 전의 것을 말한다) 제29조를 말한다]에 따라 동물복지축산농장으로 인증을 받은 농장에서 유래한 것만 완전히 부숙하여 사용하고, 「비료관리법」 제4조에 따른 공정규격설정등의 고시에서 정한 가축분뇨발효액의 기준에 적합할 것 4) 병해충 및 잡초는 유기농업에 적합한 방법으로 방제·관리할 것
라. 생산물 의 품질 관리 등 [문항출제]		1) 유기농산물·유기임산물의 수확·저장·포장·수송 등의 취급과정에서 유기적 순수성이 유지되도록 관리할 것 **2) 합성농약 또는 합성농약 성분이 함유된 자재를 사용하지 않으며, 합성농약 성분은 「식품위생법」 제7조제1항에 따라 식품의약품안전처장이 고시한 농약 잔류허용기준의 20분의 1 이하이어야 하고, 같은 고시에서 잔류허용기준을 정하지 않은 경우에는 0.01mg/kg 이하일 것** [문항출제] 3) 수확 및 수확 후 관리를 수행하는 모든 작업자는 품목의 특성에 따라 적절한 위생조치를 할 것 4) 수확 후 관리시설에서 사용하는 도구와 설비를 위생적으로 관리할 것 5) 인증품에 인증품이 아닌 제품을 혼합하거나 인증품이 아닌 제품을 인증품으로 판매하지 않을 것
마. 그 밖의 사항		**1) 토양을 기반으로 하지 않는 농산물·임산물은 수분 외에는 어떠한 외부투입 물질도 사용하지 않을 것** [문항출제] 2) 식물공장에서 생산된 농산물·임산물이 아닐 것 3) 농장에서 발생한 환경오염 물질 또는 병해충 및 잡초 관리를 위해 인위적으로 투입한 동식물이 주변 농경지·하천·호수 또는 농업용수 등을 오염시키지 않도록 관리할 것

③ 유기축산물(제4호의 유기양봉 산물·부산물은 제외한다)의 인증기준

심사 사항	인증기준
가. 일반	1) 별표 5의 경영 관련 자료를 기록·보관하고, 국립농산물품질관리원장 또는 인증기관이 열람을 요구할 때에는 이에 응할 것 2) 신청인이 생산자단체인 경우에는 생산관리자를 지정하여 소속 농가에 대해 교육 및 예비심사 등을 실시하도록 할 것 3) 다음의 표에서 정하는 바에 따라 친환경농업에 관한 교육을 이수할 것. 다만, 인증사업자가 5년 이상 인증을 유지하는 등 인증사업자가 국립농산물품질관리원장이 정하여 고시하는 경우에 해당하는 경우에는 교육을 4년마다 1회 이수할 수 있다. | 과정명	친환경농업 기본교육
교육주기	2년마다 1회
교육시간	2시간 이상
교육기관	국립농산물품질관리원장이 정하는 교육기관	
나. 사육 조건	1) 사육장(방목지를 포함한다), 목초지 및 사료작물 재배지는 「토양환경보전법 시행규칙」 제1조의5 및 별표 3에 따른 토양오염우려기준을 초과하지 않아야 하며, 주변으로부터 오염될 우려가 없거나 오염을 방지할 수 있을 것 2) 축사 및 방목 환경은 가축의 생물적·행동적 욕구를 만족시킬 수 있도록 조성하고 국립농산물품질관리원장이 정하는 축사의 사육 밀도를 유지·관리할 것 **3) 유기축산물 인증을 받거나 받으려는 가축(이하 "유기가축"이라 한다)과 유기가축이 아닌 가축(무항생제축산물 인증을 받거나 받으려는 가축을 포함한다. 이하 같다)을 병행하여 사육하는 경우에는 철저한 분리 조치를 할 것** [23년 1회] 4) 합성농약 또는 합성농약 성분이 함유된 동물용의약품 등의 자재를 축사 및 축사의 주변에 사용하지 않을 것 5) 사육 관련 업무를 수행하는 모든 작업자는 가축 종류별 특성에 따라 적절한 위생조치를 할 것 6) 가축 사육시설 및 장비(사료 보관·공급 및 먹는 물 관련 시설을 포함한다) 등을 주기적으로 청소, 세척 및 소독하여 오염이 최소화되도록 관리할 것 7) 쥐 등 설치류로부터 가축이 피해를 입지 않도록 방제하는 경우에는 물리적 장치 또는 관련 법령에 따라 허가받은 자재를 사용하되, 가축이나 사료에 접촉되지 않도록 관리할 것
다. 자급 사료기반	초식가축의 경우에는 유기적 방식으로 재배·생산되는 목초지 또는 사료작물 재배지를 확보할 것

라. 가축의 선택, 번식 방법 및 입식	1) 가축은 사육환경을 고려하여 적합한 품종 및 혈통을 선택하고, 수정란 이식기법, 번식호르몬 처리 또는 유전공학을 이용한 번식기법을 사용하지 않을 것 2) 다른 농장에서 가축을 입식하려는 경우 유기축산물 인증을 받은 농장(이하 "유기농장" 이라 한다)에서 사육된 가축, 젖을 뗀 직후의 가축 또는 부화 직후의 가축 등 일정한 입식조건을 준수할 것
마. 전환 기간	유기농장이 아닌 농장이 유기농장으로 전환하거나 유기가축이 아닌 가축을 유기농장으로 입식하여 유기축산물을 생산·판매하려는 경우에는 다음 표에 따른 가축의 종류별 전환기간(최소 사육기간) 이상을 유기축산물의 인증기준에 맞게 사육할 것 [21년 3회, 23년 2회]

가축의 종류	생산물	전환기간(최소 사육기간)
한우·육우	식육	입식 후 12개월
젖소	시유 (시판우유)	1) 착유우는 입식 후 3개월 2) 새끼를 낳지 않은 암소는 입식 후 6개월
면양·염소	식육	입식 후 5개월
	시유 (시판우유)	1) 착유양은 입식 후 3개월 2) 새끼를 낳지 않은 암양은 입식 후 6개월
돼지	식육	입식 후 5개월
육계	식육	입식 후 3주
산란계	알	입식 후 3개월
오리	식육	입식 후 6주
	알	입식 후 3개월
메추리	알	입식 후 3개월
사슴	식육	입식 후 12개월

바. 사료 및 영양관리	1) **유기가축에게는 100퍼센트 유기사료를 공급하는 것을 원칙으로 할 것. 다만, 극한 기후조건 등의 경우에는 국립농산물품질관리원장이 정하여 고시하는 바에 따라 유기사료가 아닌 사료를 공급하는 것을 허용할 수 있다.** 2) **반추가축에게 담근먹이(사일리지)만을 공급하지 않으며, 비반추가축도 가능한 조사료(粗飼料: 생초나 건초 등의 거친 먹이)를 공급할 것** [21년 1회, 23년 1·2회] 3) 유전자변형농산물 또는 유전자변형농산물에서 유래한 물질은 공급하지 않을 것 4) 합성화합물 등 금지물질을 사료에 첨가하거나 가축에 공급하지 않을 것

		5) 가축에게 「환경정책기본법 시행령」 제2조 및 별표 1에 따른 생활용수의 수질기준에 적합한 먹는 물을 상시 공급할 것 6) **합성농약 또는 합성농약 성분이 함유된 동물용의약품 등의 자재를 사용하지 않을 것** [문항출제]
사. 동물복지 및 질병관리		1) 가축의 질병을 예방하기 위해 적절한 조치를 하고, 질병이 없는 경우에는 가축에 동물용의약품을 투여하지 않을 것 2) 가축의 질병을 예방하고 치료하기 위해 별표 1 제1호나목5)에 따른 물질을 사용하는 경우에는 사용 가능 조건을 준수하고 사용할 것 3) 가축의 질병을 치료하기 위해 불가피하게 동물용의약품을 사용한 경우에는 동물용의약품을 사용한 시점부터 전환기간(해당 약품의 휴약기간의 2배가 전환기간보다 더 긴 경우에는 휴약기간의 2배의 기간을 말한다) 이상의 기간 동안 사육한 후 출하할 것 4) 가축의 꼬리 부분에 접착밴드를 붙이거나 꼬리, 이빨, 부리 또는 뿔을 자르는 등의 행위를 하지 않을 것. 다만, 국립농산물품질관리원장이 고시로 정하는 경우에 해당될 때에는 허용할 수 있다. 5) 성장촉진제, 호르몬제의 사용은 치료목적으로만 사용할 것 6) 3)부터 5)까지의 규정에 따라 동물용의약품을 사용하는 경우에는 수의사의 처방에 따라 사용하고 처방전 또는 그 사용명세가 기재된 진단서를 갖춰 둘 것
아. 운송·도축·가공 과정의 품질관리		1) 살아 있는 가축을 운송할 때에는 가축의 종류별 특성에 따라 적절한 위생조치를 취해야 하고, 운송과정에서 충격과 상해를 입지 않도록 할 것 2) 가축의 도축 및 축산물의 저장·유통·포장 등 취급과정에서 사용하는 도구와 설비는 위생적으로 관리해야 하고, 축산물의 유기적 순수성이 유지되도록 관리할 것 3) **동물용의약품 성분은 「식품위생법」 제7조제1항에 따라 식품의약품안전처장이 정하여 고시하는 동물용의약품 잔류허용기준의 10분의 1을 초과하여 검출되지 않을 것** [21년 1회, 23년 3회] 4) 합성농약 성분은 검출되지 않을 것 5) 인증품에 인증품이 아닌 제품을 혼합하거나 인증품이 아닌 제품을 인증품으로 판매하지 않을 것
자. 가축분뇨의 처리		「가축분뇨의 관리 및 이용에 관한 법률」 제10조부터 제13조의2까지 및 제17조를 준수하여 환경오염을 방지하고 가축분뇨는 완전히 부숙시킨 퇴비 또는 액비로 자원화하여 초지나 농경지에 환원함으로써 토양 및 식물과의 유기적 순환관계를 유지할 것

④ 유기양봉 산물·부산물의 인증기준

심사 사항	인증기준
가. 일반	1) 별표 5의 경영 관련 자료를 기록·보관하고, 국립농산물품질관리원장 또는 인증기관이 열람을 요구할 때에는 이에 응할 것 2) 꿀벌과 벌통의 관리는 유기농업의 원칙에 따라 이루어질 것 3) 벌통의 반경 3km 이내에는 유기적으로 재배되는 식물과 산림 등 자연상태에서 자생하는 식물로 조성되어 꿀벌이 영양원에 충분히 접근할 수 있을 것 4) 벌통은 천연재료를 사용하여 만들 것 5) 벌집은 유기적인 밀랍, 프로폴리스 및 식물성 기름 등 천연원료·재료를 소재로 한 제품만 사용할 것 6) 다음의 표에서 정하는 바에 따라 친환경농업에 관한 교육을 이수할 것. 다만, 인증사업자가 5년 이상 인증을 유지하는 등 인증사업자가 국립농산물품질관리원장이 정하여 고시하는 경우에 해당하는 경우에는 교육을 4년마다 1회 이수할 수 있다. | 과정명 | 친환경농업 기본교육 | |---|---| | 교육주기 | 2년마다 1회 | | 교육시간 | 2시간 이상 | | 교육기관 | 국립농산물품질관리원장이 정하는 교육기관 |
나. 꿀벌의 선택, 번식방법 및 입식	꿀벌의 품종은 지역조건에 대한 적응력, 활동력 및 질병저항성 등을 고려하여 선택할 것
다. 전환 기간	양봉의 산물·부산물(「양봉산업의 육성 및 지원에 관한 법률」 제2조제1호가목 및 나목에 따른 양봉의 산물·부산물을 말한다. 이하 "양봉의 산물등"이라 한다)을 생산·판매하려는 경우에는 유기양봉 산물·부산물의 인증기준을 1년 이상 준수할 것
라. 먹이 및 영양관리	꿀벌에게는 유기식품등의 인증 기준에 적합한 먹이를 제공할 것
마. 동물복지 및 질병관리	1) 양봉의 산물등을 수확하기 위해 벌통 내 꿀벌을 죽이거나 여왕벌의 날개를 자르지 않을 것 2) 합성농약이나 동물용의약품, 화학합성물질로 제조된 기피제를 사용하는 행위를 하지 않을 것 3) 꿀벌의 질병을 예방하기 위해 적절한 조치를 할 것 4) 꿀벌의 질병을 예방·관리하기 위한 조치에도 불구하고 질병이 발생한

	경우에는 다음의 물질을 사용할 것 - 젖산, 옥살산, 초산, 개미산, 황, 자연산 에테르 기름[멘톨, 유칼립톨(eucalyptol), 캠퍼(camphor)], 바실루스 튜린겐시스(bacillus thuringiensis), 증기 및 직사 화염 5) 3) 및 4)의 규정에 따른 꿀벌의 질병에 대한 예방·관리 조치 및 물질의 사용에도 불구하고 질병의 치료 효과가 없는 경우에만 동물용의약품을 사용할 것 6) 동물용의약품을 사용하는 경우 인증품으로 판매하지 않아야 하며, 다시 인증품으로 판매하려는 경우에는 동물용의약품을 사용한 날부터 1년의 전환기간을 거칠 것
바. 생산물의 품질 관리 등	1) 양봉의 산물등의 가공, 저장 및 포장에 사용되는 기구, 설비, 용기 등의 자재는 유기적 순수성이 유지되도록 관리할 것 2) 이온화 방사선은 해충방제, 식품보전, 병원체와 위생관리 등을 위해 양봉의 산물등에 사용하지 않을 것 3) 가공방법은 기계적, 물리적 또는 생물학적(발효를 포함한다)인 방법으로 하고, 가공으로 인해 양봉의 산물등이 오염되지 않도록 할 것 4) 동물용의약품 성분은 「식품위생법」 제7조제1항에 따라 식품의약품안전처장이 고시하는 동물용의약품 잔류허용기준의 10분의 1을 초과하여 검출되지 않을 것 5) 합성농약 성분은 검출되지 않을 것 6) 인증품에 인증품이 아닌 제품을 혼합하거나 인증품이 아닌 제품을 인증품으로 판매하지 않을 것

⑤ 유기가공식품・비식용유기가공품의 인증기준

심사 사항	인증기준
가. 일반	1) 별표 5의 경영 관련 자료를 기록・보관하고, 국립농산물품질관리원장 또는 인증기관이 열람을 요구할 때에는 이에 응할 것 2) 사업자는 유기가공식품・비식용유기가공품의 제조, 가공 및 취급 과정에서 원료・재료의 유기적 순수성이 훼손되지 않도록 할 것 3) 다음의 표에서 정하는 바에 따라 친환경농업에 관한 교육을 이수할 것. 다만, 인증사업자가 5년 이상 인증을 유지하는 등 인증사업자가 국립농산물품질관리원장이 정하여 고시하는 경우에 해당하는 경우에는 교육을 4년마다 1회 이수할 수 있다. | 과정명	친환경농업 기본교육
교육주기	2년마다 1회
교육시간	2시간 이상
교육기관	국립농산물품질관리원장이 정하는 교육기관 | 4) 자체적으로 실시한 품질검사에서 부적합이 발생한 경우에는 국립농산물품질관리원장 또는 인증기관에 통보하고, 국립농산물품질관리원 또는 인증기관이 분석 성적서 등의 제출을 요구할 때에는 이에 응할 것
나. 가공 원료・재료	1) 가공에 사용되는 원료・재료(첨가물과 가공보조제를 포함한다. 이하 같다)는 모두 유기적으로 생산된 것일 것 2) 1)에도 불구하고 제품 생산을 위해 비유기 원료・재료의 사용이 필요한 경우에는 다음 표의 구분에 따라 유기원료의 함량과 비유기 원료・재료의 사용조건을 준수할 것

제품구분	유기원료의 함량	비유기 원료・재료 사용조건		
		유기가공식품	비식용유기가공품	
			양축용	반려동물
유기로 표시하는 제품	인위적으로 첨가한 물과 소금을 제외한 제품 중량의 95퍼센트 이상	식품 원료(유기원료를 상업적으로 조달할 수 없는 경우로 한정한다) 또는 별표 1 제1호다목1)에 따른 식품첨가물 또는 가공보조제	별표 1 제1호나목1)・2)에 따른 단미사료・보조사료	사료 원료(유기원료를 상업적으로 조달할 수 없는 경우로 한정한다) 또는 별표 1 제1호나목1)・2)에 따른 단미사료・보조사료 및 다목1)에 따른 식품첨가물・가공보조제
유기 70퍼센트로 표시하는 제품	인위적으로 첨가한 물과 소금을 제외한 제품 중량의 70퍼센트 이상	식품 원료 또는 별표 1 제1호다목1)에 따른 식품첨가물 또는 가공보조제	해당 없음	사료 원료 또는 별표 1 제1호나목1)・2)에 따른 단미사료・보조사료 및 다목1)에 따른 식품첨가물・가공보조제

		3) 유전자변형생물체 및 유전자변형생물체에서 유래한 원료 또는 재료를 사용하지 않을 것 4) 가공원료·재료의 1)부터 3)까지의 규정에 따른 적합성 여부를 정기적으로 관리하고, 가공원료·재료에 대한 납품서·거래인증서·보증서 또는 검사성적서 등 국립농산물품질관리원장이 정하여 고시하는 증명자료를 보관할 것
다.	가공 방법	모든 원료·재료와 최종 생산물의 관리, 가공시설·기구 등의 관리 및 제품의 포장·보관·수송 등의 취급과정에서 유기적 순수성이 유지되도록 관리할 것
라.	해충 및 병원균 관리	해충 및 병원균 관리를 위해 예방적 방법, 기계적·물리적·생물학적 방법을 우선 사용해야 하고, 불가피한 경우 별표 1 제1호가목2)에서 정한 물질을 사용할 수 있으며, 그 밖의 화학적 방법이나 방사선 조사방법을 사용하지 않을 것
마.	세척 및 소독	1) 유기식품·유기가공품에 시설이나 설비 또는 원료·재료의 세척, 살균, 소독에 사용된 물질이 함유되지 않도록 할 것 2) 세척제·소독제를 시설 및 장비에 사용하는 경우에는 유기식품·유기가공품의 유기적 순수성이 훼손되지 않도록 할 것
바.	포장	유기가공식품·비식용유기가공품의 포장과정에서 유기적 순수성을 보호할 수 있는 포장재와 포장방법을 사용할 것
사.	유기원료·재료 및 가공식품·가공품의 수송 및 운반	사업자는 환경에 미치는 나쁜 영향이 최소화되도록 원료·재료, 가공식품 또는 가공품의 수송방법을 선택하고, 수송과정에서 원료·재료, 가공식품 또는 가공품의 유기적 순수성이 훼손되지 않도록 필요한 조치를 할 것
아.	기록·문서화 및 접근 보장	1) 사업자는 유기가공식품·비식용유기가공품의 취급과정에서 대기, 물, 토양의 오염이 최소화되도록 문서화된 유기취급계획을 수립할 것 2) 사업자는 국립농산물품질관리원 소속 공무원 또는 인증기관으로 하여금 유기가공식품·비식용유기가공품의 제조·가공 또는 취급의 전 과정에 관한 기록 및 사업장에 접근할 수 있도록 할 것
자.	**생산물의 품질관리 등** [22년 1회]	1) **합성농약 성분은 검출되지 않을 것. 다만, 비유기 원료 또는 재료의 오염 등 비의도적인 요인으로 합성농약 성분이 검출된 것으로 입증되는 경우에는 0.01mg/kg 이하까지만 허용한다.** 2) 인증품에 인증품이 아닌 제품을 혼합하거나 인증품이 아닌 제품을 인증품으로 판매하지 않을 것

⑥ 취급자(유기식품등을 저장, 포장, 운송, 수입 또는 판매하는 자)

심사 사항	인증기준

가. 일반	1) 별표 5의 경영 관련 자료를 기록·보관하고, 국립농산물품질관리원장 또는 인증기관이 열람을 요구할 때에는 이에 응할 것
	2) 다음의 표에서 정하는 바에 따라 친환경농업에 관한 교육을 이수할 것. 다만, 인증사업자가 5년 이상 인증을 유지하는 등 인증사업자가 국립농산물품질관리원장이 정하여 고시하는 경우에 해당하는 경우에는 교육을 4년마다 1회 이수할 수 있다.
	
	           | 과정명 | 친환경농업 기본교육 |
	           | --- | --- |
	           | 교육주기 | 2년마다 1회 |
	           | 교육시간 | 2시간 이상 |
	           | 교육기관 | 국립농산물품질관리원장이 정하는 교육기관 |
	
	3) 자체적으로 실시한 품질검사에서 부적합이 발생한 경우에는 국립농산물품질관리원장 또는 인증기관에 통보하고, 국립농산물품질관리원장 또는 인증기관이 분석 성적서 등의 제출을 요구할 때에는 이에 응할 것

나. 작업장 시설기준	최근 1년간 인증취소 처분을 받지 않은 작업장일 것
다. 원료·재료 관리	원료·재료의 사용 적합성 여부를 정기적으로 점검·관리하고, 원료·재료에 대한 납품서·거래인증서·보증서 또는 검사성적서 등 국립농산물품질관리원장이 정하여 고시하는 증명자료를 보관할 것
라. 취급 방법 등	1) 소분·저장·포장·운송·수입 또는 판매 등의 취급과정에서 인증품에 인증 종류가 다른 인증품 및 인증품이 아닌 제품이 혼입(混入: 한데 섞이거나 섞여 들어가는 것을 말한다)되지 않도록 관리하고, 인증받은 내용과 같은 내용으로 표시할 것 2) 취급과정에서 방사선은 해충방제, 식품보존, 병원체의 제거 또는 위생관리 등을 위해 사용하지 않을 것 3) 생산물의 저장·포장·운송·수입 또는 판매 등의 취급과정에서 청결을 유지해야 하며, 외부로부터의 오염을 방지할 것
마. 생산물의 품질관리 등	1) 동물용의약품 성분은 「식품위생법」 제7조제1항에 따라 식품의약품안전처장이 정하여 고시하는 동물용의약품 잔류허용기준의 10분의 1을 초과하여 검출되지 않을 것 2) 합성농약 성분은 검출되지 않을 것 3) 인증품에는 제조단위번호(인증품 관리번호), 표준바코드 또는 전자태그(RFID tag)를 표시할 것 4) 인증품에 인증품이 아닌 제품을 혼합하거나 인증품이 아닌 제품을 인증품으로 판매하지 않을 것

(3) 유기표시 기준

① 유기표시 도형

가. 유기농산물, 유기축산물, 유기임산물, 유기가공식품 및 비식용유기가공품에 다음의 도형을 표시하되, 유기 70퍼센트로 표시하는 제품에는 다음의 유기표시 도형을 사용할 수 없다.

　　　　인증번호:　　　　　　　　Certification　Number:

나. 표시 도형 내부의 "유기"의 글자는 품목에 따라 "유기식품", "유기농", "유기농산물", "유기축산물", "유기가공식품", "유기사료", "비식용유기가공품"으로 표기할 수 있다.

다. 작도법

　1) 도형 표시방법

　　가) 표시 도형의 가로 길이(사각형의 왼쪽 끝과 오른쪽 끝의 폭: W)를 기준으로 세로 길이는 0.95×W의 비율로 한다.

　　나) 표시 도형의 흰색 모양과 바깥 테두리(좌우 및 상단부 부분으로 한정한다)의 간격은 0.1×W로 한다.

　　다) 표시 도형의 흰색 모양 하단부 왼쪽 태극의 시작점은 상단부에서 0.55×W 아래가 되는 지점으로 하고, 오른쪽 태극의 끝점은 상단부에서 0.75×W 아래가 되는 지점으로 한다.

　2) 표시 도형의 국문 및 영문 모두 활자체는 고딕체로 하고, 글자 크기는 표시 도형의 크기에 따라 조정한다.

　3) 표시 도형의 색상은 녹색을 기본 색상으로 하되, 포장재의 색깔 등을 고려하여 파란색, 빨간색 또는 검은색으로 할 수 있다.

　4) 표시 도형 내부에 적힌 "유기", "(ORGANIC)", "ORGANIC"의 글자 색상은 표시 도형 색상과 같게 하고, 하단의 "농림축산식품부"와 "MAFRA KOREA"의 글자는 흰색으로 한다.

　5) 배색 비율은 녹색 C80+Y100, 파란색 C100+M70, 빨간색 M100+Y100+K10, 검은색 C20+K100으로 한다.

6) 표시 도형의 크기는 포장재의 크기에 따라 조정할 수 있다.
7) 표시 도형의 위치는 포장재 주 표시면의 옆면에 표시하되, 포장재 구조상 옆면 표시가 어려운 경우에는 표시 위치를 변경할 수 있다.
8) 표시 도형 밑 또는 좌우 옆면에 인증번호를 표시한다.

② 유기표시 글자

구 분	표시 글자
가. 유기농축산물	1) 유기, 유기농산물, 유기축산물, 유기임산물, 유기식품, 유기재배농산물 또는 유기농 2) 유기재배○○(○○은 농산물의 일반적 명칭으로 한다. 이하 이 표에서 같다), 유기축산○○, 유기○○ 또는 유기농○○
나. 유기가공식품	1) 유기가공식품, 유기농 또는 유기식품 2) 유기농○○ 또는 유기○○
다. 비식용유기가공품	1) 유기사료 또는 유기농 사료 2) 유기농○○ 또는 유기○○(○○은 사료의 일반적 명칭으로 한다). 다만, "식품"이 들어가는 단어는 사용할 수 없다.

③ 유기가공식품·비식용유기가공품 중 비유기 원료를 사용한 제품의 표시 기준
  가. 원재료명 표시란에 유기농축산물의 총함량 또는 원료·재료별 함량을 백분율(%)로 표시한다.
  나. 비유기 원료를 제품 명칭으로 사용할 수 없다.
  다. 유기 70퍼센트로 표시하는 제품은 주 표시면에 "유기 70%" 또는 이와 같은 의미의 문구를 소비자가 알아보기 쉽게 표시해야 하며, 이 경우 제품명 또는 제품명의 일부에 유기 또는 이와 같은 의미의 글자를 표시할 수 없다.

(4) 유기식품등의 인증정보 표시방법
① 인증품 또는 인증품의 포장·용기에 표시하는 방법
  가. 표시사항은 해당 인증품을 포장한 사업자의 인증정보와 일치해야 하며, 해당 인증품의 생산자가 포장자와 일치하지 않는 경우에는 생산자의 인증번호를 추가로 표시해야 한다.
  나. **각 항목의 구체적인 표시방법은 다음과 같다.** [22년 1회]
    1) **인증사업자의 성명 또는 업체명**: 인증서에 기재된 명칭(단체로 인증받은 경우에는 단체명)을 표시하되, 단체로 인증받은 경우로서 개별 생산자명을 표시하려는 경우에

는 단체명 뒤에 개별 생산자명을 괄호로 표시할 수 있다.
2) **전화번호**: 해당 제품의 품질관리와 관련하여 소비자 상담이 가능한 판매원의 전화번호를 표시한다.
3) **사업장 소재지**: 해당 제품을 포장한 작업장의 주소를 번지까지 표시한다.
4) **인증번호**: 해당 사업자의 인증서에 기재된 인증번호를 표시한다.
5) **생산지** : 「농수산물의 원산지 표시 등에 관한 법률」 제5조에 따른 원산지 표시방법에 따라 표시한다.

② 납품서, 거래명세서 또는 보증서 등에 표시하는 방법

인증품을 포장하지 않고 거래하는 경우 또는 공급받는 자가 요구하는 경우에는 공급하는 자가 발행하는 납품서, 거래명세서 또는 보증서 등에 다음 각 목의 사항을 표시해야 한다.

가. 제1호나목1)부터 5)까지의 표시사항

나. 공급하는 자의 명칭과 공급받는 자의 명칭

다. 거래품목, 거래수량 및 거래일

③ 표시판 또는 푯말로 표시하는 방법

가. 포장하지 않고 판매하거나 낱개로 판매하는 경우에는 해당 인증품 판매대의 표시판 또는 푯말에 제1호나목1)부터 5)까지의 표시사항을 표시해야 한다.

나. 가목의 방법에 따라 표시하려는 경우 인증품이 아닌 제품과 섞이지 않도록 판매대, 판매구역 등을 구분해야 한다.

(5) 무농약농산물 인증기준

① 무농약농산물 인증기준

심사 사항	인증기준
가. 일반	1) 토양비옥도의 유지, 생물다양성의 증진, 천적서식지의 제공, 자연의 순환 등 농업생태계를 건강하게 유지·보전하고 환경오염을 최소화하는 경작원칙을 적용할 것 2) 별표 5의 경영 관련 자료를 기록·보관하고, 국립농산물품질관리원장 또는 인증기관이 열람을 요구할 때에는 이에 응할 것 3) 신청인이 생산자단체인 경우에는 생산관리자를 지정하여 소속 농가에 대해 교육 및 예비심사 등을 실시하도록 할 것 4) 다음의 표에서 정하는 바에 따라 친환경농업에 관한 교육을 이수할 것. 다만, 인증사업자가 5년 이상 인증을 유지하는 등 인증사업자가 국립농산물품질관리원장이 정하여 고시하는 경우에 해당하는 경우에는 교육을 4년마다 1회 이수할 수 있다. | 과정명 | 친환경농업 기본교육 | |---|---| | 교육주기 | 2년마다 1회 | | 교육시간 | 2시간 이상 | | 교육기관 | 국립농산물품질관리원장이 정하는 교육기관 |
나. 재배포장, 재배용수 및 종자	1) 재배포장은 최근 1년간 인증취소 처분을 받지 않은 재배지로서, 「토양환경보전법 시행규칙」 제1조의5 및 별표 3에 따른 토양오염우려기준을 초과하지 않으며, 주변으로부터 오염 우려가 없거나 오염을 방지할 수 있을 것 2) 재배용수는 「환경정책기본법 시행령」 제2조 및 별표 1에 따른 농업용수 이상의 수질기준에 적합해야 하며, 농산물의 세척 등에 사용되는 용수는 「먹는물 수질기준 및 검사 등에 관한 규칙」 제2조 및 별표 1에 따른 먹는물의 수질기준에 적합할 것 3) 유전자변형농산물인 종자는 사용하지 않을 것 4) 인근 관행농업의 재배포장으로부터의 농약 흩날림, 관개·배수 등 농업용수나 그 밖의 농업자재 등으로 인한 오염과 같은 비의도적 오염을 방지할 수 있는 조치를 취할 것
다. 재배방법	1) 합성농약 또는 합성농약 성분이 함유된 자재를 사용하지 않고, 화학비료는 국립농산물품질관리원장이 정하여 고시하는 기준을 준수하여 사용할 것 2) 장기간의 적절한 돌려짓기(윤작)가 이행되도록 노력할 것 3) 가축분뇨를 원료로 하는 퇴비·액비는 완전히 부숙하여 사용할 것 4) 병해충 및 잡초는 무농약재배에 적합한 방법으로 방제·관리할 것
라. 생산물의 품질관리 등 [문항출제]	1) 무농약농산물의 수확·저장·포장·수송 등의 취급과정에서 일반 농산물과의 혼합 또는 외부로부터의 오염을 방지할 것 2) 취급과정에서 방사선은 해충방제, 식품보존, 병원(病原)의 제거 또는 위생 등을 위해 사용하지 않을 것

심사 사항	인증기준
	3) 합성농약 또는 합성농약 성분이 함유된 자재를 사용하지 않으며, 합성농약 성분은 「식품위생법」 제7조제1항에 따라 식품의약품안전처장이 고시한 농약 잔류허용기준의 20분의 1 이하이어야 하고, 같은 고시에서 잔류 허용기준을 정하지 않은 경우에는 0.01mg/kg 이하일 것 [문항출제] 4) 수확 및 수확 후 관리를 수행하는 모든 작업자는 품목의 특성에 따라 적절한 위생조치를 할 것 5) 수확 후 관리시설에서 사용하는 도구와 설비를 위생적으로 관리할 것 6) 인증품에 인증품이 아닌 제품을 혼합하거나 인증품이 아닌 제품을 인증품으로 판매하지 않을 것
마. 그 밖의 사항	1) 수경재배 및 양액(배양액을 말한다. 이하 같다)재배의 방식은 순환식 등으로 하여 양액으로 인한 환경오염이 없도록 할 것 2) 농장에서 발생한 환경오염 물질이나 병해충 또는 잡초 관리를 위해 인위적으로 투입한 동식물이 주변 농경지·하천·호수 또는 농업용수 등을 오염시키지 않도록 관리할 것

② 무농약농산물의 함량에 따른 제한적 무농약 표시의 허용기준

 1. 제한적 무농약 표시의 일반원칙

  가. 법 제36조제2항에 따른 무농약농산물의 함량에 포함되는 원료 또는 재료는 법 제34조제1항에 따라 인증을 받은 무농약농산물로 한다.

  나. 가목에 해당하는 원료 또는 재료와 동일한 종류의 인증을 받지 않은 원료 또는 재료를 혼합해서는 안 된다.

  다. 법 제36조제2항에 따른 제한적 무농약 표시를 할 수 있는 식품인 경우에도 다음의 어느 하나에 해당하는 사항을 표시해서는 안 된다.

   1) 해당 식품에 별표 15에 따른 무농약농산물·무농약원료가공식품의 표시

   2) 무농약이라는 용어를 식품명 또는 식품명의 일부로 표시

 2. 무농약농산물의 함량에 따른 제한적 무농약 표시의 허용기준

  가. 70퍼센트 이상이 무농약농산물인 식품

   1) 최종 식품에 남아 있는 원료 또는 재료(물과 소금은 제외한다. 이하 같다)의 70퍼센트 이상이 무농약농산물이어야 한다.

   2) 무농약 또는 이와 유사한 용어를 식품의 제품명 또는 제품명의 일부로 사용할 수 없다.

   3) 표시장소는 주 표시면을 제외한 표시면에 표시할 수 있다.

4) 원재료명 표시란에 무농약농산물의 총함량 또는 원료·재료별 함량을 백분율(%)로 표시해야 한다.

나. 70퍼센트 미만이 무농약농산물인 제품

1) 특정 원재료로 무농약농산물만을 사용한 식품이어야 한다.
2) 해당 원재료명의 일부로 "무농약"이라는 용어를 표시할 수 있다.
3) 표시장소는 원재료명 표시란에만 표시할 수 있다.
4) 원재료명 표시란에 무농약농산물의 총함량 또는 원료·재료별 함량을 백분율(%)로 표시해야 한다.

(6) 유기농어업자재 공시

1. 유기농어업자재의 공시

   ① **농림축산식품부장관 또는 해양수산부장관은 유기농어업자재가 허용물질을 사용하여 생산된 자재인지를 확인하여 그 자재의 명칭, 주성분명, 함량 및 사용방법 등에 관한 정보를 공시할 수 있다.** [22년 1회]

   ③ 제1항에 따른 공시를 하기 위한 공시의 대상 및 공시에 필요한 기준 등은 농림축산식품부령 또는 해양수산부령으로 정한다.

2. 공시의 유효기간

   ① 공시의 유효기간은 공시를 받은 날부터 3년으로 한다.
   ② 공시사업자가 공시의 유효기간이 끝난 후에도 계속하여 공시를 유지하려는 경우에는 그 유효기간이 끝나기 전까지 공시를 한 공시기관에 갱신신청을 하여 그 공시를 갱신하여야 한다. 다만, 공시를 한 공시기관이 폐업, 업무정지 또는 그 밖의 부득이한 사유로 갱신신청이 불가능하게 된 경우에는 다른 공시기관에 신청할 수 있다.
   ③ 제2항에 따른 공시의 갱신에 필요한 구체적인 절차와 방법 등은 농림축산식품부령 또는 해양수산부령으로 정한다.

(7) 인증기준 세부사항

① 정의

인증기준의 세부사항("인증부가기준"이라 한다)은 규칙 제9조 및 제40조 관련 별표 3 및 별표 11에 규정된 인증기준의 세부사항을 규정하는 것으로 이 표에서 사용하는 용어의 정의는 다음과 같다.

가. "일반농산물"이라 함은 관행농업을 영위하는 과정에서 생산된 농산물을 말한다.
나. "병행생산"이라 함은 인증을 받은 자가 인증 받은 품목과 같은 품목의 일반농산물

또는 인증종류가 다른 농산물을 생산하거나 취급하는 것을 말한다.

다. "유기합성농약으로 처리된 종자"라 함은 종자를 소독하기 위해 유기합성농약으로 분의(粉依), 도포(塗布), 침지(浸漬) 등의 처리를 한 종자를 말한다.

라. "배지(培地)"라 함은 버섯류, 양액재배농산물 등의 생육에 필요한 양분의 전부 또는 일부를 공급하거나 작물체가 자랄 수 있도록 하기 위해 조성된 토양이외의 물질을 말한다.

마. "싹을 틔워 직접 먹는 농산물"이라 함은 종실(種實)의 싹을 틔워 일정기간 재배하여 종실, 어린싹, 어린줄기, 어린뿌리를 먹는 농산물을 말한다. (예 : 발아농산물, 콩나물, 숙주나물, 새싹채소 등)

바. "유전자변형농산물"이라 함은 인공적으로 유전자를 분리 또는 재조합하여 의도한 특성을 갖도록 한 농산물을 말한다.

사. "계획(개선대책)을 세워 이행하여야 한다."는 것은 해당사항에 대한 문서화된 이행계획서를 세우고 이행계획에 따라 실천함을 의미한다.

아. **"완충지대"라 함은 인접지역에서 사용한 금지물질이 인증을 받은 지역으로 유입되지 않도록 인증을 받은 지역을 두르는 일정한 구역을 말한다.** [23년 4회]

자. "인증품의 표시기준"이라 함은 규칙 제18조 및 제45조에 따른 유기식품등 및 무농약농산물등의 표시기준을 말한다.

차. "인증을 받으려는~"으로 규정된 요건은 인증을 받은 이후에는 "인증을 받은~"을 의미한다.

② 유기농산물

심사사항	구 비 요 건
가. 경영관리 및 단체관리	1) 경영관련 자료의 기록기간은 규칙 별표 4 제1호가목에 따라 최근 2년 이상으로 하되, 재배품목과 재배포장의 특성에 따라 다음 각 호와 같이 단축하거나 연장할 수 있다. 　가) 싹을 틔워 직접 먹는 농산물과 버섯류로 생육기간이 3개월 미만인 작물은 경영관련 자료를 최근 6개월 이상 기록하여야 한다. 　나) 매년 수확하지 않는 다년생 작물(예 : 인삼, 더덕 등)을 2년 이상 재배하고 있는 경우 경영관련 자료를 파종일 이후부터 기록하여야 한다. 다만, 작물재배를 위해 포장관리를 하는 경우에는 포장관리를 시작하는 날부터 기록할 수 있다. 2) 재배하고 있는 농산물 중 일부만을 인증 받으려고 하는 경우 인증을 신청하지 않은 농산물의 재배과정에서 사용한 유기합성농약 및 화학비료의 사용량과 해당농산물의 생산량 및 출하처별 판매량(병행생산에 한함)에 관한 자료를 기록.보관하고 국립농산물품질관리원장 또는 인증기관이 요구하는 때에는 이를 제공하여야 한다. 3) 소속농가가 5농가 이상으로 구성된 단체 신청의 경우 소속 농가가 인증기준을 준수할 수 있도록 생산지침서를 작성하여 소속 농가에게 배부하고, 1인 이상의 생산관리자를 지정하여 소속 농가에 대한 지도·관리를 하여야 한다. 4) 생산관리자는 인증신청 전 별지 제5호서식에 따라 예비심사를 하고 심사한 결과를 기록.보관하여야 한다. 다만, 15농가 이하로 구성된 단체는 2014년 12월 31일까지 예비심사를 면제한다.
나. 재배포장. 용수·종자	1) 버섯류 등 토양이 아닌 배지에서 작물을 재배하는 경우 재배에 사용된 배지는 다음 각 호의 요건을 모두 충족하여야 한다. 　가) 「토양환경보전법 시행규칙」 별표 3에 따른 1지역의 토양오염우려기준을 초과하지 아니하여야 하며, 잔류농약은 검출되지 아니하여야 한다. 다만, 잔류농약의 검출량이 0.01ppm 이하인 경우에는 불검출로 본다. 　나) 유기농산물의 인증기준에 맞게 생산된 것 또는 산림 등 자연상태에서 자생하는 식물 및 그 부산물로 조성되어야 한다. 다만, 작물의 적정한 영양공급을 위해 규칙 별표 1 제1호가목1)의 자재를 사용할 수 있다. 2) 토양검정결과 토양비옥도를 나타내는 수치가 적정치 이하이거나 염류가 과도하게 집적(集積)된 경우 개선대책을 세워 이를 이행하여야 한다. 3) 재배포장의 토양에서 잔류농약은 검출되지 아니하여야 한다. 다만, 잔류농약의 검출량이 0.01ppm 이하인 경우에는 불검출로 본다. 4) 재배포장의 전환기간은 인증기관의 감독이 시작된 시점부터 인정되며, 전환기간을 생략하거나 그 일부를 단축 또는 연장하는 대상은 다음과 같다. 　가) 생략대상 : 토양에서 직접 재배하지 않는 농산물(싹을 틔워 직접

심사사항	구비요건
	먹는 농산물, 버섯류에 한함) 나) 단축대상 : 재배포장에 최근 2년간 농약과 화학비료를 사용하지 않은 것이 객관적으로 인정되는 경우로 토양검정결과 염류가 적정범위를 초과하지 않는 경우(전환기간을 단축하여도 최소 1년 이상이 되어야 한다) 다) 연장대상 : 재배포장에 과거에 사용한 농약과 화학비료의 영향이 지속되고 있는 것이 객관적으로 인정되는 경우 5) 하천.호소의 화학적산소요구량(COD) 항목은 최근 1년 동안 한국농어촌공사, 환경부 등에서 일정주기(월별 또는 분기별)로 검사한 검정치의 산술평균값을 적용한다. 다만, 신청일 이전의 정기적인 검사성적을 확인할 수 없는 경우 가장 최근에 실시한 검정치를 적용한다. 6) 일반종자를 사용하는 경우 유기합성농약으로 처리되지 않은 종자를 사용하여야 한다. 다만, 유기합성농약으로 처리되지 않은 종자를 구할 수 없는 경우로 최종 생산물에서 잔류농약이 검출되지 않는 경우에는 그러하지 아니한다. 7) 모종을 구입하여 사용하는 경우 종자, 상토 및 육묘과정이 유기인증 기준에 적합하여야 하며 이를 입증할 자료를 구비하여야 한다. 8) 재배포장 주변의 오염원 차단을 위해 완충지대를 설정한 경우 해당구역에서 생산된 농산물에 대한 구분관리 계획을 세워 이를 이행하여야 한다.
다. 재배방법	1) 인증을 받으려는 모든 재배포장에 대해 다음 각 호의 어느 하나 이상의 방법으로 장기간의 윤작계획을 세워 이를 이행하여야 한다. 다만, 산림 등 자연 상태에서 자생하는 식용식물의 포장의 경우와 배지에 재배하는 경우는 그러하지 아니한다. 가) 최소 3년 주기로 두과작물, 녹비작물 또는 심근성작물을 일정기간 이상 재배하여 토양에 환원(還元) 한다.(다만, 매년 수확하지 않는 다년생 작물(예 : 인삼)은 파종 이전에 두과작물 등을 재배하여 토양에 환원한다.) 나) 최소 2년 주기로 식물분류학상 "과(科)"가 다른 작물을 재배하되 재배작물에 두과작물, 녹비작물 또는 심근성작물을 포함한다. 다) 최소 2년 주기로 담수재배작물과 원예작물을 조합하여 답전윤환재배(畓田輪換栽培)한다. 라) 매년 두과작물, 녹비작물, 심근성작물을 이용하여 초생재배(草生栽培)한다. 2) 토양개량과 작물생육 및 병해충 관리를 위해 자재를 사용하는 경우 규칙 별표 1 제1호가목1).2)의 자재와 법 제37조에 따른 유기농업자재에 한해 사용하고 사용가능한 자재임을 입증할 자료를 구비하고 사용하여야 한다. 3) 싹을 틔워서 먹는 농산물 또는 버섯류 등의 재배사와 기구 등을 세척하

심사사항	구 비 요 건
	거나 소독하는 경우 규칙 별표 1 제1호다목1) 허용물질 중 오존수, 이산화염소(수), 차아염소산수를 사용 할 수 있다.
라. 생산물의 품질관리 등	1) 유기농산물의 저장, 수송, 포장 과정에서 일반농산물 또는 인증종류가 다른 농산물이 혼입되지 않도록 구분하여 관리하여야 한다. 2) 유기농산물을 세척하거나 소독하는 경우 규칙 별표 1 제1호다목1) 허용물질 중 오존수, 이산화염소(수), 차아염소산수를 사용 할 수 있다. 3) 잔류농약이 검출된 경우로 규칙 별표 3 제2호라목8) 단서의 조항에 해당되는 경우 이를 입증할 수 있어야 한다. 4) 인증품 출하 시 인증품의 표시기준에 따라 표시하여야 하며, 포장재의 제작 및 사용량에 관한 자료를 보관하여야 한다. 5) 인증표시를 하지 않은 농산물을 인증품으로 판매하여서는 아니 된다. 다만, 포장하지 않고 판매하는 경우에는 납품서, 거래명세서 또는 보증서 등에 표시사항을 기재하여야 한다.
마. 기타	1) 산림 등 자연 상태에서 자생하는 식용식물을 굴취·채취하는 경우 다음의 요건을 모두 충족하여야 한다. 　가) 채취지역은 뚜렷이 구분될 수 있도록 채취예정구역도(축척 6천분의 1부터 1천200분의 1까지의 임야도 또는 위성항법장치에 채취예정면적을 표시한 것을 말한다)를 작성하여 해당지역에서 채취하여야 한다. 　나) 채취예정량을 산정할 수 있도록 채취예정수량 조사서를 제시하여야 한다. 　다) 채취는 「산림자원의 조성 및 관리에 관한 법률」 제36조 등 관련법령을 준수하여야 한다. 　라) 채취과정에서 해당지역 내 자생환경의 안정이 침해받지 않도록 하고 종의 유지에 문제가 없을 정도로 채취한다. 　마) 인증을 받으려는 채취지역 이외의 지역에서 같은 품목을 채취하거나 취급하여서는 아니 된다. 2) 병행생산의 경우 유기농산물과 일반농산물 또는 인증종류가 다른 농산물의 구분 관리 계획을 세워 이를 이행하여야 한다. 3) 인증을 받으려는 농장(포장) 내에 유기합성농약과 화학비료를 보관하여서는 아니 된다. 4) 규칙 및 이 고시에서 정한 유기농림산물의 인증기준은 인증 유효기간동안 상시적으로 준수하여야 한다. 5) 규칙 및 이 고시에서 정한 유기농림산물의 인증기준을 준수하였음을 증명할 수 있는 자료를 구비하고, 국립농산물품질관리원장 또는 인증기관이 요구하는 때에는 이를 제공하여야 한다.

③ 유기축산물

심사사항	구 비 요 건
가. 일반원칙 및 단체 관리	1) 경영관련 자료의 기록기간은 규칙 별표 4 제1호나목에 따라 최근 1년간으로 한다. 2) 사육하고 있는 축산물 중 일부만을 인증 받으려고 하는 경우 인증을 신청하지 않은 축산물의 사육과정에서 사용한 동물용의약품의 사용량과 해당축산물의 생산량 및 출하처별 판매량(병행생산에 한함)에 관한 자료를 기록·보관하고 국립농산물품질관리원장 또는 인증기관이 요구하는 때에는 이를 제공하여야 한다. 3) 소속농가가 5농가 이상으로 구성된 단체 신청의 경우 소속 농가가 인증기준을 준수할 수 있도록 생산지침서를 작성하여 소속 농가에게 배부하고, 1인 이상의 생산관리자를 지정하여 소속 농가에 대한 지도·관리를 하여야 한다. 4) 생산관리자는 인증신청 전 별지 제5호서식에 따라 예비심사를 하고 심사한 결과를 기록·보관하여야 한다. 다만, 15농가 이하로 구성된 단체는 2014년 12월 31일까지 예비심사를 면제한다.
나. 사육장 및 사육조건	1) 유기가축 1마리당 갖추어야 하는 가축사육시설의 소요면적(단위 : m^2)은 다음과 같다. 가) 한·육우 	시설형태	번식우	비육우	송아지
---	---	---	---
방 사 식	$10m^2$/마리	$7.1m^2$/마리	$2.5m^2$/마리	 ① 성우 1마리=육성우 2마리 ② 성우(14개월령 이상), 육성우(6개월~14개월 미만), 송아지(6개월령 미만) ③ 포유중인 송아지는 마리수에서 제외 나) 젖소 (m^2/마리) 	시설형태	경산우		초임우 (13~24월령)	육성우 (7~12월령)	송아지 (3~6월령)
---	---	---	---	---	---
	착유우	건유우			
깔 짚	17.3	17.3	10.9	6.4	4.3
후리스톨	9.5	13.2	8.3	6.4	4.3 | 다) 돼지 (m^2/마리) | 구 분	웅돈	번식돈 |||	비육돈		
---	---	---	---	---	---	---	---	---
		임신돈	분만돈	종부 대기돈	후보 돈	자돈		육성돈	비육돈
						초기	후기		
소요 면적	10.4	3.1	4.0	3.1	3.1	0.2	0.3	1.0	1.5	 ① 자돈초기(20kg 미만), 자돈중기(20~30kg 미만), 육성돈(30~60kg

심사사항	구 비 요 건

	미만), 비육돈(60kg 이상)
	② 포유중인 자돈은 마리수에서 제외
	라) 닭
	
	| 구 분 | 소요면적 |
	|---|---|
	| 산란 성계, 종계 | 0.22m²/마리 |
	| 산란 육성계 | 0.16m²/마리 |
	| 육계 | 0.1m²/마리 |
	
	① 성계 1마리 = 육성계 2마리 = 병아리 4마리
	② 병아리(3주령 미만), 육성계(3주령~18주령 미만), 성계(18주령 이상)
	마) 오리
	
	| 구 분 | 소요면적 |
	|---|---|
	| 산란용 오리 | 0.55m²/마리 |
	| 육용 오리 | 0.3m²/마리 |
	
	① 성오리 1마리 = 육성오리 2마리 = 새끼오리 4마리
	② 산란용: 성오리(18주령 이상), 육성오리(3주령~18주령 미만), 새끼오리(3주령 미만)
	③ 육용오리: 성오리(6주령 이상), 육성오리 : 3주령~6주령 미만, 새끼오리 : 3주령 미만
	바) 양
	
	| 구 분 | 소요면적 |
	|---|---|
	| 면양, 산양 | 1.3m²/마리 |
	
	사) 사슴
	
	| 구 분 | 소요면적 |
	|---|---|
	| 꽃사슴 | 2.3m²/마리 |
	| 레드디어 | 4.6m²/마리 |
	| 엘크 | 9.2m²/마리 |
	
	2) 반추가축은 축종별 생리 상태를 고려하여 1) 축사면적의 2배 이상의 방목지 또는 운동장을 확보해야 한다. 다만, 충분한 자연환기와 햇빛이 제공되는 축사구조의 경우 축사시설면적의 2배 이상을 축사 내에 추가 확보하여 방목지 또는 운동장을 대신할 수 있다.
	3) 축사 및 축사의 주변에 유기합성농약을 사용하지 아니하여야 한다.
	4) 같은 축사 내에서 유기가축과 비유기가축을 번갈아 사육하여서는 아니 된다.
	5) 유기가축과 비유기가축의 병행사육 시 다음의 사항을 준수하여야 한다.
	  가) 유기가축과 비유기가축은 서로 독립된 축사(건축물)에서 사육하고 구별이 가능하도록 각 축사 입구에 표지판을 설치하여야 한다.
	  나) 입식시기가 경과한 비유기가축을 유기가축 축사로 입식하여서는 아니 된다.

심사사항	구 비 요 건
	다) 유기가축과 비유기가축의 생산부터 출하까지 구분관리 계획을 세우고 이를 이행하여야 한다. 6) 산란계의 경우 자연일조시간을 포함하여 총 14시간을 넘지 않는 범위 내에서 인공광으로 일조시간을 연장할 수 있다.
다. 자급사료 기반	1) 초식가축의 경우 가축 1마리당 확보하여야 하는 목초지 또는 사료작물 재배지는 다음과 같다. (사료작물재배지는 임차 하거나 계약재배가 가능하다.) 가) 한·육우 : 목초지 2,475m^2 또는 사료작물재배지 825m^2 나) 젖소 : 목초지 3,960m^2 또는 사료작물재배지 1,320m^2 다) 면·산양 : 목초지 198m^2 또는 사료작물재배지 66m^2 라) 사슴 : 목초지 660m^2 또는 사료작물재배지 220m^2 다만, 축종별 가축의 생리적 상태, 지역 기상조건의 특수성 및 토양의 상태 등을 고려하여 외부에서 유기적으로 생산된 조사료를 도입할 경우, 목초지 또는 사료작물재배지 면적을 일부 감할 수 있다. 이 경우 한·육우는 374m^2/마리, 젖소는 916m^2/마리 이상의 목초지 또는 사료작물재배지를 확보하여야 한다.
라. 가축의 입식 및 번식 방법	1) 다른 농장에서 가축을 입식하려는 경우 해당가축의 입식조건(입식시기 등)이 유기축산물 인증기준에 적합함을 입증할 자료를 인증기관에 제출하여 승인을 받아야 한다. 2) 일반가축을 유기축산으로 전환하려는 때에는 가축의 이유 직후 또는 부화 직후부터 전환을 시작하여야 한다. 다만, 다음의 경우에 한하여 육성축 및 성축의 유기축산 전환을 시작할 수 있다. 가) 최초 인증 시 현재 사육하고 있는 전체 가축을 전환하려는 경우 나) 원유생산용·알생산용·녹용생산용 가축을 전환하려는 경우 다) 번식용 수컷이 필요한 경우 라) 가축전염병 발생에 따른 폐사로 새로운 가축을 입식하려는 경우
마. 전환기간	1) 전환기간은 인증기관의 감독이 시작된 시점부터 인정된다. 다만, 객관적인 자료를 통해 유기축산물 인증기준에 맞게 사육한 사실이 인정되는 경우에는 규칙 별표 3 제3호마목1)에서 규정한 전환기간의 2/3 범위 내에서 유기 사육기간으로 인정할 수 있다. 2) 전환기간의 시작일은 사육형태에 따라 가축 개체별 또는 개체군별 또는 축사별로 기록 관리하여야 한다. 3) 전환기간이 충족되지 아니한 가축을 인증품으로 판매하여서는 아니된다.
바. 사료 및 영양관리	1) 가축에게 급여하는 사료가 유기사료임을 입증할 수 있는 자료를 확인한 후 급여하여야 한다. 2) 반추가축에게 사일리지만 급여해서는 아니되며, 생초나 건초 등 조사료도 급여하여야 한다. 3) 유기배합사료 제조용 단미 및 보조사료는 규칙 별표 1 제1호나목의 자재에 한해 사용하되 사용가능한 자재임을 입증할 수 있는 자료를

심사사항	구 비 요 건
	구비하고 사용하여야 한다. 4) 규칙 별표 3 제3호바목4)에 따른 유전자변형농산물 또는 유전자변형농산물로부터 유래한 것의 비의도적인 혼입은 식품의약품안전처장이 고시한 유전자변형농수산물 표시요령 제3조제3항에 따라 비의도적으로 혼입되어 유전자변형농산물로 표시하지 아니할 수 있는 함량의 1/10 이하여야 한다. 이 경우 '유전자변형농산물이 아닌 농산물을 구분 관리하였다'는 증명서류 또는 정부증명서를 갖추어야 한다.
사. 동물복지 및 질병관리	1) 질병이 발생하여 동물용의약품을 사용하는 경우 「수의사법」 시행규칙 제11조에 따라 수의사가 교부하는 처방전 또는 이에 준하는 문서로 다음 각 호를 모두 충족하는 처방매뉴얼을 농장 내에 비치하고 사용하여야 한다. 다만, 「가축전염병예방법」 제15조제1항에 따라 주사 또는 투약을 한 경우는 그러하지 아니한다. 이 경우 「가축전염병예방법」 제15조제2항에 따른 증명서를 비치하거나 관련 고시를 기재하여야 한다. 가) 처방매뉴얼은 수의사면허를 받은 수의사가 발급하여야 하며, 그 사용기간은 발급일로부터 1년을 초과할 수 없다. 나) 처방매뉴얼의 대상 질병은 해당 가축의 사육과정에서 일반적으로 발생할 것으로 예상되고 신청인이 쉽게 진단이 가능한 질병으로 치료가 필요한 질병에 한하며, 「처방대상 동물용의약품 지정에 관한 규정」에 따라 수의사의 처방전 없이 판매하여서는 아니되는 동물용의약품은 제외한다. 다) 처방매뉴얼은 「수의사법」 시행규칙 제11조에 따른 처방전의 기재사항과 대상 질병 명을 기재하여야 한다. 라) 처방매뉴얼은 동물용의약품의 사용을 최소화하도록 작성되어야 하며, 동물용의약품의 사용기준이 유기축산물 인증기준에 적합하여야 한다. 2) 1)에 따른 처방매뉴얼의 예시는 별지 제6호서식과 같다. 3) 1)에 따라 동물용의약품을 사용한 경우 해당 축산물의 출하 시에 해당 약품 휴약기간의 2배가 지났음을 확인하여야 하며, 최초 출하 시 인증기관에 잔류물질 검사(출하 전 생체잔류검사 또는 도축 후 식육잔류검사 등)를 의뢰하고 그 검사성적서를 비치하여야 한다.
아. 운송·도축·가공과정의 품질관리	1) 유기축산물의 수송, 도축, 가공과정의 품질관리를 위해 다음 사항이 포함된 품질관리 계획을 세워 이를 이행하여야 한다. 가) 수송방법, 도축방법, 가공방법, 인증품 표시방법 나) 인증을 받지 않은 축산물이 혼입되지 않도록 하는 구분 관리 방법 2) 인증품 출하 시 인증품의 표시기준에 따라 표시하여야 하며, 포장재의 제작 및 사용량에 관한 자료를 보관하여야 한다. 3) 인증표시를 하지 않은 축산물을 인증품으로 판매할 수 없다. 다만, 1)의 품질관리 계획에 따라 계약된 유통자에게 생축으로 판매하는 경우 납품서, 거래명세서 또는 보증서 등에 표시사항을 기재하여야 하며 동 자료를 보관하여야 한다.

심사사항	구 비 요 건
자. 가축분뇨의 처리	1) 「가축분뇨의 관리 및 이용에 관한 법률 시행규칙」에 따른 가축분뇨배출시설설치허가증 또는 신고대상배출시설설치신고증명서를 구비하여야 한다. 다만, 사육시설이 동 법령의 허가 또는 신고 대상이 아닌 경우에는 적용하지 아니한다.
차. 기타	1) 규칙 및 이 고시에서 정한 유기축산물의 인증기준은 인증 유효기간동안 상시적으로 준수하여야 한다. 2) 규칙 및 이 고시에서 정한 유기축산물의 인증기준을 준수하였음을 증명할 수 있는 자료를 구비하고, 국립농산물품질관리원장 또는 인증기관이 요구하는 때에는 이를 제공하여야 한다.

④ 유기가공식품

심사사항	구 비 요 건
가. 일반요건	1) 보관창고 내 유기생산물과 비유기생산물의 혼합방지를 위하여 구분관리 하여야 한다. 2) 원료의 수송 및 저장과정에서 유기생산물과 비유기생산물이 혼합되지 않도록 구분관리 하여야 한다.

나. 가공원료	1) 규칙 별표 3 제4호나목2)의 본문 중 '동일한 종류의 비유기 원료'로 판단하는 기준은 아래 각 호와 같다.
	  가) 가공되지 않은 원료에 대해서는 명칭이 같으면 동일한 종류의 원료로 판단할 수 있다.
	  나) 단순 가공된 원료에 대해서는 해당 원료의 가공에 사용된 원료가 동일하면 명칭이 다르더라도 동일한 원료로 판단할 수 있다. 예를 들면, 옥수수분말과 옥수수전분, 토마토퓨레와 토마토페이스트는 동일한 원료로 볼 수 있다.
	  다) 실제 사용되는 유기원료와 비유기원료의 동일성 여부는 인증기관의 판단에 따른다.
	2) 원료 또는 제품 및 시제품에 대한 검정결과 GMO 성분이 검출되지 않아야 한다.
	3) 유기가공식품에 사용하는 물은 「먹는물관리법」 제5조에 따른 「먹는물 수질기준 및 검사 등에 관한 규칙」 제2조의 별표 1에서 정한 수질기준에 적합하여야 한다.
	4) 유기가공식품 제조.가공에 사용된 원료가 '유전자변형 생물체 또는 유전자변형 생물체 유래의 원료'가 아니라는 것은 해당 가공원료의 공급자로부터 받은 다음 사항이 기재된 증빙서류로 확인한다.
	  가) 거래당사자, 품목, 거래량, 롯트번호
	  나) 유전자변형 생물체 또는 유전자변형 생물체 유래의 원료가 아니라는 사실
	5) 유기원료의 비율을 계산할 때에는 다음 각 호에 따른다.
	  가) 원료별로 단위가 달라 중량과 부피가 병존하는 때에는 최종 제품의 단위로 통일하여 계산한다.
	  나) 유기가공식품 인증을 받은 식품첨가물은 유기원료에 포함시켜 계산한다.
	  다) 계산 시 제외되는 물과 소금은 의도적으로 투입되는 것에 한하며, 가공되지 않은 원료에 원래 포함되어 있는 물과 소금은 포함한다.
	  라) 농축, 희석 등 가공된 원료 또는 첨가물은 가공 이전의 상태로 환원한 중량 또는 부피로 계산한다.
	  마) 비유기원료 또는 식품첨가물이 포함된 유기가공식품을 원료로 사용하였을 때에는 해당 가공식품 중의 유기 비율만큼만 유기원료로 인정하여 계산한다.

심사사항	구 비 요 건
다. 가공방법	1) 규칙 별표 3 제4호다목1)에서 정한 '기계적 물리적 방법'은 절단, 분쇄, 혼합, 성형, 가열, 냉각 가압, 감압, 건조 분리(여과, 원심분리, 압착, 증류), 절임, 훈연 등을 말하며, '생물학적 방법'은 발효, 숙성 등을 말한다. 2) 규칙 별표 3 제4호다목2)에서 정한 '전리 방사선'은 살균, 살충, 발아억제, 성숙의 지연, 선도 유지, 식품 물성의 개선 등을 목적으로 사용되는 방사선을 말하며, 이물탐지용 방사선(X선)은 제외한다.
라. 해충 및 병원균관리	1) 규칙 별표 3 제4호라목2)에서 정한 해충 및 병원균을 없애기 위한 '예방적 방법'은 서식처 제거, 접근 경로의 차단, 천적의 활용 등을 말하며, 기계적·물리적·생물학적 방법'은 물리적 장벽, 음파, 초음파, 빛, 자외선, 덫, 온도관리, 성호르몬 처리 등을 활용하는 것을 말한다.
마. 포장	1) 유기가공식품 인증을 받은 날로부터 1년 이내에 생산하거나 재포장한 후 인증표시를 하여 출하된 인증품은 해당 식품의 유통기한까지 그 인증표시를 유지할 수 있다.

⑤ 무농약농산물

심사사항	구비요건
가. 경영관리 및 단체관리	1) 경영관련 자료의 기록기간은 규칙 별표 4 제1호가목에 따라 최근 1년 이상으로 하되, 재배품목과 재배포장의 특성에 따라 다음 각 호와 같이 단축하거나 연장할 수 있다. 가) 싹을 틔워 직접 먹는 농산물과 버섯류로 생육기간이 3개월 미만인 작물은 경영관련 자료를 최소 6개월 이상 기록하여야 한다. 나) 1년 이상 휴경(休耕)한 재배포장과 산림 등을 개간하여 새로 조성한 재배포장은 경영관련 자료를 재배 시작일 이후 최근 6개월 이상 기록하여야 한다. 다) 매년 수확하지 않는 다년생 작물(예 : 인삼, 더덕 등)을 2년 이상 재배하고 있는 경우 경영관련 자료를 파종일 이후부터 기록하여야 한다. 다만, 작물재배를 위해 포장관리를 하는 경우에는 포장관리를 시작하는 날부터 기록할 수 있다. 2) 재배하고 있는 농산물 중 일부만을 인증 받으려고 하는 경우 인증을 신청하지 않은 농산물의 재배과정에서 사용한 유기합성농약 및 화학비료의 사용량과 해당농산물의 생산량 및 출하처별 판매량(병행생산에 한함)에 관한 자료를 기록.보관하고 국립농산물품질관리원장 또는 인증기관이 요구하는 때에는 이를 제공하여야 한다. 3) 소속농가가 5농가 이상으로 구성된 단체 신청의 경우 소속 농가가 인증기준을 준수할 수 있도록 생산지침서를 작성하여 소속 농가에게 배부하고, 1인 이상의 생산관리자를 지정하여 소속 농가에 대한 지도·관리를 하여야 한다. 4) 생산관리자는 인증신청 전 별지 제5호서식에 따라 예비심사를 하고 심사한 결과를 기록.보관하여야 한다. 다만, 15농가 이하로 구성된 단체는 2014년 12월 31일까지 예비심사를 면제한다.
나. 재배포장. 용수.종자	1) 버섯류 등 토양이 아닌 배지에서 작물을 재배하는 경우 재배에 사용된 배지가 「토양환경보전법 시행규칙」 별표 3에 따른 1지역의 토양오염 우려기준을 초과하지 아니하여야 하며, 잔류농약은 검출되지 아니하여야 한다. 다만, 잔류농약의 검출량이 0.01ppm 이하인 경우에는 불검출로 본다. 2) 토양검정결과 토양비옥도를 나타내는 수치가 적정치 이하이거나 염류가 과도하게 집적(集積)된 경우 개선대책을 세워 이행하여야 한다. 3) 재배포장의 토양에서 잔류농약은 검출되지 아니하여야 한다. 다만, 잔류농약의 검출량이 0.01ppm 이하인 경우에는 불검출로 본다. 4) 하천.호소의 화학적산소요구량(COD) 항목은 최근 1년 동안 한국농어촌공사, 환경부 등에서 일정주기(월별 또는 분기별)로 검사한 검정치의 산술평균값을 적용한다. 다만, 신청일 이전의 정기적인 검사성적을 확인할 수 없는 경우 가장 최근에 실시한 검정치를 적용한다. 5) 종자는 유기합성농약으로 처리되지 않은 종자를 사용하여야 한다. 다만, 유기합성농약으로 처리되지 않은 종자를 구할 수 없는 경우로

심사사항	구 비 요 건
	최종 생산물에서 잔류농약이 검출되지 않는 경우에는 그러하지 아니한다. 6) 모종을 구입하여 사용하는 경우 종자, 상토 및 육묘과정이 무농약인증기준에 적합하여야 하며 이를 입증할 자료를 구비하여야 한다. 7) 재배포장 주변의 오염원 차단을 위해 완충지대를 설정한 경우 해당구역에서 생산된 농산물에 대한 구분관리계획을 세워 이행하여야 한다.
다. 재배방법	1) 화학비료는 최근 2년 이내에 농촌진흥청장·농업기술원장 또는 농업기술센터소장이 재배포장별로 권장하는 성분량의 1/3이하의 범위 내에서 사용시기와 사용자재에 대한 계획을 세워 사용하여야 한다. 2) 토양개량과 작물생육 및 병해충 관리를 위해 자재를 사용하는 경우 규칙 별표 1 제1호가목1),2)의 자재와 법 제37조에 따른 유기농업자재에 한해 사용하고 사용가능한 자재임을 입증할 자료를 구비하고 사용하여야 한다. 3) 싹을 틔워서 먹는 농산물 또는 버섯류 등의 재배사와 기구 등을 세척하거나 소독하는 경우 규칙 별표 1 제1호다목1) 허용물질 중 오존수, 이산화염소(수), 차아염소산수를 사용 할 수 있다.
라. 생산물의 품질관리 등	1) 무농약농산물의 저장, 수송, 포장 과정에서 일반농산물 또는 저농약농산물이 혼입되지 않도록 구분하여 관리하여야 한다. 2) 무농약농산물을 세척하거나 소독하는 경우 규칙 별표 1 제1호다목1) 허용물질 중 오존수, 이산화염소(수), 차아염소산수를 사용 할 수 있다. 3) 잔류농약이 검출된 경우로 규칙 별표 11 제2호라목6) 단서 조항에 해당되는 경우 이를 입증할 수 있어야 한다. 4) 인증품 출하 시 인증품의 표시기준에 따라 표시하여야 하며, 포장재의 제작 및 사용량에 관한 자료를 보관하여야 한다. 5) 인증표시를 하지 않은 농산물을 인증품으로 판매하여서는 아니 된다. 다만, 포장하지 않고 판매하는 경우에는 납품서, 거래명세서 또는 보증서 등에 표시사항을 기재하여야 한다.
마. 기타	1) 싹을 틔워 직접 먹는 농산물 중 일반농산물을 원료로 사용하는 경우 생산자(농가) 단위 또는 최대 6톤 이내로 구성된 롯트 단위로 잔류농약검사를 하고 관련 자료를 비치·보관하여야 한다. 2) 양액재배에서 발생하는 폐양액은 하천 또는 호소로 방류하여서는 아니 된다. 3) 병행생산의 경우 무농약농산물과 일반농산물 또는 저농약농산물의 구분 관리 계획을 세워 이를 이행하여야 한다. 4) 인증을 받으려는 농장(포장) 내에 유기합성농약을 보관하여서는 아니 된다. 5) 규칙 및 이 고시에서 정한 무농약농산물의 인증기준은 인증 유효기간 동안 상시적으로 준수하여야 한다. 6) 규칙 및 이 고시에서 정한 무농약농산물 인증기준을 준수하였음을 증명할 수 있는 자료를 구비하고, 국립농산물품질관리원장 또는 인증기관이 요구하는 때에는 이를 제공하여야 한다.

⑥ 무항생제축산물

심사사항	구 비 요 건
가. 경영관리 및 단체 관리	1) 경영관련 자료의 기록기간은 규칙 별표 4 제1호나목에 따라 최근 1년간으로 한다. 2) 사육하고 있는 축산물 중 일부만을 인증 받으려고 하는 경우 인증신청하지 않은 축산물의 사육과정에서 사용한 동물용의약품의 사용량과 해당 축산물의 생산량 및 출하처별 판매량(병행생산에 한함)에 관한 자료를 기록·보관하고 국립농산물품질관리원장 또는 인증기관이 요구하는 때에는 이를 제공하여야 한다. 3) 소속농가가 5농가 이상으로 구성된 단체 신청의 경우 소속 농가가 인증기준을 준수할 수 있도록 생산지침서를 작성하여 소속 농가에게 배부하고, 1인 이상의 생산관리자를 지정하여 소속 농가에 대한 지도·관리를 하여야 한다. 4) 생산관리자는 인증신청 전 별지 제5호서식에 따라 예비심사를 하고 심사한 결과를 기록·보관하여야 한다. 다만, 15농가 이하로 구성된 단체는 2014년 12월 31일까지 예비심사를 면제한다.

나. 축사 및 사육조건	1) 축사의 밀도 조건은 「축산법」 시행령 별표 1 제1호나목에서 정한 단위면적당 적정 가축사육기준을 적용한다. 다만, 양과 사슴은 유기축산물의 축사밀도를 따르고 산란용 메추리는 다음기준에 따른다.
	
	| 구 분 | 소요면적 |
	|---|---|
	| 산란용 메추리 | $0.0076m^2$/마리 |
	
	2) 축사 및 축사의 주변에 유기합성농약을 사용하지 아니하여야 한다.
	3) 같은 축사에서 무항생제 가축과 일반가축을 번갈아 사육하여서는 아니 된다.
	4) 무항생제 가축과 일반가축의 병행사육 시 다음의 사항을 준수하여야 한다.
	  가) 무항생제 가축과 일반가축은 서로 독립된 축사(건축물)에서 사육하고 구별이 가능하도록 각 축사 입구에 표지판을 설치하여야 한다.
	  나) 입식시기가 경과한 일반가축을 무항생제 가축 축사로 입식하여서는 아니 된다.
	  다) 무항생제 가축과 일반가축에 대하여 생산부터 출하까지 구분관리 계획을 세우고 이를 이행하여야 한다.

다. 가축의 입식 및 번식 방법	1) 다른 농장에서 가축을 입식하려는 경우 해당가축의 입식조건(입식시기 등)이 무항생제 인증기준에 적합함을 입증할 자료를 인증기관에 제출하여 승인을 받아야 한다.
	2) 일반가축을 무항생제축산으로 전환하려는 때에는 가축의 이유 직후 또는 부화 직후부터 전환을 시작하여야 한다. 다만, 다음의 경우에 한하여 육성축 및 성축의 무항생제축산 전환을 시작 할 수 있다.
	  가) 최초 인증 시 현재 사육하고 있는 전체 가축을 전환하려는 경우
	  나) 원유생산용·알생산용·녹용생산용 가축을 전환하려는 경우

심사사항	구 비 요 건
	다) 번식용 수컷이 필요한 경우 라) 가축전염병 발생에 따른 폐사로 새로운 가축을 입식하려는 경우
라. 전환기간	1) 전환기간은 인증기관의 감독이 시작된 시점부터 인정된다. 다만, 객관적인 자료를 통해 무항생제 인증기준에 맞게 사육한 사실이 인정되는 경우에는 규칙 별표 3 제3호마목1)에서 정한 전환기간의 2/3 범위 내에서 무항생제 사육기간으로 인정할 수 있다. 2) 전환기간의 시작일은 사육형태에 따라 가축 개체별 또는 개체군별 또는 축사별로 기록 관리하여야 한다. 3) 전환기간이 충족되지 아니한 가축을 인증품으로 판매하여서는 아니 된다.
마. 사료 및 영양관리	1) 가축에게 급여하는 사료가 무항생제 사료임을 입증할 수 있는 자료를 확인한 후 급여하여야 한다. 2) 가축에게 합성착색제를 급여하여서는 아니 된다.
바. 동물복지 및 질병 관리	1) 질병이 발생하여 동물용의약품을 사용하는 경우 「수의사법 시행규칙」 제11조에 따라 수의사가 교부하는 처방전 또는 이에 준하는 문서로 다음 각 호를 모두 충족하는 처방매뉴얼을 농장 내에 비치하고 사용하여야 한다. 다만, 「가축전염병예방법」 제15조제1항에 따라 주사 또는 투약을 한 경우는 그러하지 아니한다. 이 경우 「가축전염병예방법」 제15조제2항에 따른 증명서를 비치하거나 관련 고시를 기재하여야 한다. 가) 처방매뉴얼은 수의사면허를 받은 수의사가 발급하여야 하며, 그 사용기간은 발급일로부터 1년을 초과할 수 없다. 나) 처방매뉴얼의 대상 질병은 해당 가축의 사육과정에서 일반적으로 발생할 것으로 예상되고 신청인이 쉽게 진단이 가능한 질병으로 치료가 필요한 질병에 한하며, 「처방대상 동물용의약품 지정에 관한 규정」에 따라 수의사의 처방전 없이 판매하여서는 아니되는 동물용의약품은 제외한다. 다) 처방매뉴얼은 「수의사법 시행규칙」 제11조에 따른 처방전의 기재사항과 대상 질병 명을 기재하여야 한다. 라) 처방매뉴얼은 동물용의약품의 사용을 최소화하도록 작성되어야 하며, 동물용의약품의 사용기준이 무항생제축산물 인증기준에 적합하여야 한다. 2) 1)에 따른 처방매뉴얼의 예시는 별지 제6호서식과 같다. 3) 1)에 따라 동물용의약품을 사용한 경우 해당 축산물의 출하 시에 해당 약품 휴약기간의 2배가 지났음을 확인하여야 하며 최초 출하 시 인증기관에 잔류물질 검사(출하 전 생체잔류검사 또는 도축 후 식육잔류검사 등)를 의뢰하고 그 검사성적서를 비치하여야 한다.
사. 운송·도축·가공과정의 품질관리	1) 무항생제축산물의 수송, 도축, 가공과정의 품질관리를 위해 다음사항이 포함된 품질관리 계획을 세워 이를 이행하여야 한다. 가) 수송방법, 도축방법, 가공방법, 인증품 표시방법

심사사항	구 비 요 건
	나) 인증을 받지 않은 축산물이 혼입되지 않도록 하는 구분 관리 방법 2) 인증품 출하 시 인증품의 표시기준에 따라 표시하여야 하며, 포장재의 제작 및 사용량에 관한 자료를 보관하여야 한다. 3) 인증표시를 하지 않은 축산물을 인증품으로 판매할 수 없다. 다만, 1)의 품질관리계획에 따라 계약된 유통자에게 생축으로 판매하는 경우 납품서, 거래명세서 또는 보증서 등에 표시사항을 기재하여야 하며 동 자료를 보관하여야 한다.
아. 가축분뇨의 처리	1) 「가축분뇨의 관리 및 이용에 관한 법률 시행규칙」에 따른 가축분뇨배출시설설치허가증 또는 신고대상배출시설설치신고증명서를 구비하여야 한다. 다만, 사육시설이 동 법령의 허가 또는 신고 대상이 아닌 경우에는 적용하지 아니한다.
자. 기타	1) 규칙 및 이 고시에서 정한 무항생제축산물의 인증기준은 인증 유효기간 동안 상시적으로 준수하여야 한다. 2) 규칙 및 이 고시에서 정한 무항생제축산물 인증기준을 준수하였음을 증명할 수 있는 자료를 구비하고, 국립농산물품질관리원장 또는 인증기관이 요구하는 때에는 이를 제공하여야 한다.

⑦ 저농약농산물

심사사항	구 비 요 건
가. 경영관리	1) 경영관련 자료를 기록하여야 하며 그 세부적인 사항은 다음 각 호와 같다 　가) 경운(耕耘), 파종(播種), 재식(栽植), 시비(施肥), 잡초관리, 병해충 관리 등 주요 농작업의 구체적인 내용과 날짜 　나) 인증을 받으려는 농산물의 재배포장에 투입된 모든 영농자재의 사용량과 사용목적 및 영농자재 구입처 　다) 인증을 받으려는 농산물의 생산량 및 출하처별 판매량 　라) 최근 1년간의 유기합성농약 및 화학비료의 구매량, 구매처, 사용량 및 보관량 2) 재배하고 있는 농산물 중 일부만을 인증 받으려고 하는 경우 인증을 신청하지 않은 농산물의 재배과정에서 사용한 유기합성농약 및 화학비료의 사용량과 해당농산물의 생산량 및 출하처별 판매량(병행생산에 한함)에 관한 자료를 기록·보관하고 국립농산물품질관리원장 또는 인증기관이 요구하는 때에는 이를 제공하여야 한다. 3) 소속농가가 5농가 이상으로 구성된 단체 신청의 경우 소속 농가가 인증기준을 준수할 수 있도록 생산지침서를 작성하여 소속 농가에게 배부하고, 1인 이상의 생산관리자를 지정하여 소속 농가에 대한 지도·관리를 하여야 한다.
나. 재배포장·용수·종자	1) 토양검정결과 토양비옥도를 나타내는 수치가 적정치 이하이거나 염류가 과도하게 집적(集積)된 경우 개선대책을 세워 이행하여야 한다. 2) 하천·호소의 화학적산소요구량(COD) 항목은 최근 1년 동안 한국농어촌공사, 환경부 등에서 일정주기(월별 또는 분기별)로 검사한 검정치의 산술평균값을 적용한다. 다만, 신청일 이전의 정기적인 검사성적을 확인할 수 없는 경우 가장 최근에 실시한 검정치를 적용한다.
다. 재배방법	1) 화학비료는 최근 2년 이내에 농촌진흥청장·농업기술원장 또는 농업기술센터소장이 재배포장별로 권장하는 성분량의 1/2이하 범위내에서 사용시기와 사용자재에 대한 계획을 세워 사용하여야 한다. 2) 유기합성농약은 농촌진흥청장이 고시한 「농약의 안전사용기준」이 설정된 농약을 저농약 인증기준(살포횟수 및 사용시기 등)에 적합하게 사용 계획을 세워 사용하여야 한다.
라. 생산물의 품질관리 등	1) 저농약농산물의 저장, 수송, 포장 과정에서 일반 농산물이 혼입되지 않도록 구분하여 관리하여야 한다. 2) 잔류농약이 해당농산물의 농약잔류허용기준의 2분의 1이상 검출된 경우 인증품으로 표시하여 판매할 수 없다. 3) 인증품 출하 시 인증품의 표시기준에 따라 표시하여야 하며, 포장재의 제작 및 사용량에 관한 자료를 보관하여야 한다. 4) 인증표시를 하지 않은 농산물을 인증품으로 판매하여서는 아니 된다. 다만, 포장하지 않고 판매하는 경우에는 납품서, 거래명세서 또는 보증서 등에 표시사항을 기재하여야 한다.

심사사항	구 비 요 건
마. 기타	1) 양액재배에서 발생하는 폐양액은 하천 또는 호소로 방류하여서는 아니 된다. 2) 병행생산의 경우 저농약농산물과 일반농산물의 구분 관리 계획을 세워 이를 이행하여야 한다. 3) 유기합성농약의 보관시설을 갖추어야 한다. 4) 규칙 및 이 고시에서 정한 저농약농산물의 인증기준은 인증 유효기간동안 상시적으로 준수하여야 한다. 5) 규칙 및 이 고시에서 정한 저농약농산물의 인증기준을 준수하였음을 증명할 수 있는 자료를 구비하고, 국립농산물품질관리원장 또는 인증기관이 요구하는 때에는 이를 제공하여야 한다.

PART 3 기본문제 관련법령 및 인증기준

01 유기농업자재에 관련된 용어 중에서 '토양에 처리하여 토양의 이화학성을 좋게 하거나 작물에 직·간접적으로 영양을 공급할 목적으로 사용되는 자재'를 말하는 것을 아래 보기에서 고르시오.

< 보기 >
작물생육용 자재 / 토양개량용 자재 / 토양개량 및 작물생육용 자재 / 병해관리용 자재

해답
토양개량 및 작물생육용 자재

02 유기농업자재 공시기준의 이화학 검사성적서 심사사항 중에서 유해성분 검사시 유해중금속의 종류 중 3가지를 적으시오.

해답
비소, 카드뮴, 수은

03 무농약농산물을 원료 또는 재료로 하거나 유기식품과 무농약농산물을 혼합하여 제조·가공·유통되는 식품을 아래 보기에서 고르시오.

< 보기 >
비식용유기가공품 / 무농약원료가공식품 / 유기농어업자재

해답
무농약원료가공식품

04 아래는 토양 개량과 작물 생육을 위해 사용 가능한 물질에서 사람의 배설물에 사용 가능 조건이다. 빈칸에 적합한 것을 고르시오.

◎ 고온발효: ㉠ (10 / 30 / 50)℃ 이상에서 ㉡ (3 / 5 / 7)일 이상 발효된 것
◎ 저온발효: ㉢ (2 / 4 / 6)개월 이상 발효된 것일 것

해답
㉠ 50
㉡ 7
㉢ 6

05 토양 개량과 작물 생육을 위해 사용 가능한 물질에 해당하는 것을 아래 보기에서 모두 고르시오.

< 보기 >
이탄, 제충국, 난황, 왕겨, 키토산, 데리스

해답
왕겨, 키토산, 이탄

06 병해충 관리를 위해 사용 가능한 물질 2가지를 아래 보기에서 고르시오.

< 보기 >
아미노산제, 제충국, 젤라틴, 어분, 톱밥, 효소제

해답
제충국, 젤라틴

07 병해충 관리를 위해 사용 가능한 물질 중 '기계유'의 사용가능조건 2가지를 적으시오.

해답
· 과수농가의 월동 해충 제거용으로만 사용할 것
· 수확기 과실에 직접 사용하지 않을 것

08 병해충관리로 이용 가능한 물질 중 '인산철'의 사용 가능 조건 1가지를 적으시오.

해답
달팽이 관리용으로만 사용할 것

09 유기축산물 및 비식용유기가공품 중 사료로 직접 사용되거나 배합사료의 원료로 사용 가능한 식물성 물질을 아래 보기에서 모두 고르시오.

< 보기 >
단백질류, 서류, 곡류, 곤충류, 전분류, 칼슘염류

해답
곡류, 서류, 전분류

10 유기축산물 및 비식용유기가공품에서 사료로 직접 사용되거나 배합사료의 원료로 사용 가능한 동물성 물질인 곤충류의 사용 가능 조건 2가지를 적으시오.

해답
- 사육이나 양식과정에서 합성농약이나 동물용의약품을 사용하지 않은 것일 것
- 야생의 것은 잔류농약이 검출되지 않은 것일 것

11 사료의 품질저하 방지 또는 사료의 효용을 높이기 위해 사료에 첨가하여 사용 가능한 완충제 물질을 아래 보기에서 모두 고르시오.

< 보기 >
판토텐산, 산화마그네슘, 아민초산, 당분해효소, 중조

해답
산화마그네슘, 중조

12 가축의 질병 예방 및 치료를 위해 사용 가능한 물질 중에서 가축의 기생충 감염 예방을 목적으로만 사용해야 하는 것을 보기에서 1가지 고르시오.

< 보기 >
생균제, 효소제, 구충제, 비타민, 무기물, 예방백신

해답
구충제

13 다음은 유기가공식품의 식품첨가물 또는 가공보조제로 사용 가능한 물질에 대한 내용이다. 내용을 보고 옳은 것은 O, 틀린 것은 X를 선택하시오.

㉠ 과산화수소는 식품첨가물로 사용 가능하다 (O / X)
㉡ 구연산은 식품첨가물로 사용이 가능하다 (O / X)
㉢ 구연산삼나트륨은 유제품에 사용이 가능하다 (O / X)
㉣ 글리세린은 가공보조제로 사용 가능 범위의 제한이 없다 (O / X)

해답
㉠ X
㉡ O
㉢ O
㉣ X

14 식품첨가물 또는 가공보조제로 사용 가능한 물질에서 설탕 가공 중의 산도 조절제로 사용 가능한 물질을 아래 보기에서 1가지 고르시오.

< 보기 >
수산화나트륨, 산탄검, DL-사과산, 비타민 C

해답
수산화나트륨

15 아래는 유기식품등의 생산, 제조·가공 또는 취급에 필요한 인증기준에 정의에 관한 내용이다. 아래 보기 내용을 보고 빈칸에 적합한 것을 적으시오.

◎ (㉠) : 화학비료와 합성농약을 사용하여 작물을 재배하는 일반 관행적인 농업 형태를 말한다.
◎ (㉡) : 비식용유기가공품의 인증기준에 맞게 제조·가공 또는 취급된 사료를 말한다.
◎ (㉢) : 사육되는 가축에 대해 그 생산물이 식용으로 사용되기 전에 동물용의약품의 사용을 제한하는 일정기간을 말한다.

해답
㉠ 관행농업
㉡ 유기사료
㉢ 휴약기간

16 다음은 유기농산물 및 유기임산물의 인증기준에서 생산물의 품질관리에 대한 인증기준이다. 빈칸에 적합한 기준을 고르시오.

◎ 합성농약 또는 합성농약 성분이 함유된 자재를 사용하지 않으며, 합성농약 성분은 「식품위생법」에 따라 식품의약품안전처장이 고시한 농약 잔류허용기준의 ㉠ (10 / 20 / 30)분의 1이하이어야 하고, 같은 고시에서 잔류허용기준을 정하지 않은 경우에는 ㉡ (1 / 0.1 / 0.01) mg/kg 이하일 것

해답
㉠ 20
㉡ 0.01

17 유기축산물의 인증기준에서 가축의 전환기간을 보기를 보고 빈칸을 채우시오.

구분	생산물	최소 사유기간
염소	식육	입식 후 ㉠ (3/5/7) 개월
산란계	알	입식 후 ㉡ (3/6/9) 개월

해답
㉠ 5
㉡ 3

18 다음은 유기표시 기준에 대한 내용이다. 빈칸에 적합한 것을 적으시오.

> ◎ 유기농산물, 유기축산물, 유기임산물, 유기가공식품 및 비식용유기가공품에 다음의 도형을 표시하되, 유기 (　)퍼센트로 표시하는 제품에는 다음의 유기표시 도형을 사용할 수 없다.
>
>

해답
70

19 인증품 또는 인증품의 포장·용기에 표시해야 하는 정보 5가지를 적으시오.

해답
- 인증사업자의 성명 또는 업체명
- 전화번호
- 사업장 소재지
- 인증번호와 인증기관명
- 생산지

20 유기농어업자재 공시의 유효기간은 공시를 받은 날부터 몇 년으로 하는지 기간을 적으시오.

해답
3년

21 버섯류, 양액재배농산물 등의 생육에 필요한 양분의 전부 또는 일부를 공급하거나 작물체가 자랄 수 있도록 하기 위해 조성된 토양이외의 물질의 명칭을 적으시오.

해답
배지

22 다음은 유기축산물의 사육장 및 사육조건에 대한 기준이다. 다음 내용을 보고 빈칸에 적합한 기준을 채우시오.

◎ 다음은 유기가축 1마리당 갖추어야 하는 가축사육시설의 소요면적(단위:m^2)이다.
- 한·육우

시설형태	번식우	비육우	송아지
방 사 식	㉠(5/10/15)m^2/마리	㉡(5.1/7.1/9.1)m^2/마리	2.5m^2/마리

해답

㉠ 10
㉡ 7.1

23 다음은 유기식품등의 생산, 제조·가공 또는 취급에 필요한 인증기준에 대한 내용이다. 옳은 것을 모두 고르시오.

㉠ 재배용수는 농업용수 이상의 수질기준에 적합해야 한다.
㉡ 유기축산물 인증을 받거나 받으려는 가축과 유기가축이 아닌 가축을 병행하여 사육하는 경우에는 철저한 분리 조치해야 한다.
㉢ 유기사료는 비식용유기가공품의 인증기준에 맞게 제조·가공 또는 취급된 사료를 말한다.
㉣ 식물공장은 토양을 이용하여 통제된 시설공간에서 인공적으로 작물을 재배하는 시설을 말한다.

해답

㉠, ㉡, ㉢

24 보기는 식품첨가물 또는 가공보조제로 사용 가능한 물질들을 나열한 것이다. 보기 중에서 '여과보조제'로 사용 가능한 물질 1가지를 고르시오.

< 보기 >
구연산칼슘, 규조토, 구연산삼나트륨, 밀납

해답

규조토

25 다음은 유기가공식품으로 사용 가능한 물질에 대한 내용이다. 아래 표를 보고 사용가능 여부를 올바르게 표시하시오.

구분	식품첨가물 사용 시	가공보조제 사용시
벤토나이트	㉠ (O / X)	㉡ (O / X)
비타민 C	㉢ (O / X)	㉣ (O / X)

해답

㉠ X
㉡ O
㉢ O
㉣ X

26 유기농업자재의 포장 또는 용기에 발급받은 유기농업자재 공시서에 기재해야 하는 사항 5가지를 적으시오.

해답

- 업체명 · 주소 · 전화번호
- 유기농업자재 공시번호
- 자재의 명칭 및 구분과 상표명
- 사업장 소재지 또는 수입원산지(국가, 제조사)
- 제조 또는 수입 연월일
- 유통기간

27 다음은 키토산을 원료로 사용한 유기농업자재에 대한 원료의 기준이다. 아래 빈칸에 적합한 것을 고르시오.

㉠ 키토산의 순도 : (600 / 800 / 1000)mg/g 이상
㉡ 키토올리고당 순도 : (200 / 300 / 400)mg/g 이상

해답

㉠ 800
㉡ 200

28 유기농업자재 공시기준에서 사용 용도에 따른 구분 6가지를 적으시오.

> **해답**
> 토양개량용 자재, 작물생육용 자재, 토양개량 및 작물생육용 자재, 병해관리용 자재, 충해관리용 자재, 병해충관리용 자재

29 다음은 토양 개량과 작물 생육을 위해 사용 가능한 물질에 대한 내용이다. 빈칸에 적합한 것을 고르시오.

> ◎ '칼륨암석 및 채굴된 칼륨염'의 사용가능 조건은 천연에서 유래하고 단순 물리적으로 가공한 것으로 염소함량이 (30 / 60 / 90)퍼센트 미만이어야 한다.

> **해답**
> 60

30 병해충 관리를 위해 사용 가능한 물질에 대한 내용이다. 내용을 보고 옳은 것은 O, 틀린 것은 X를 선택하시오.

> ㉠ 해수 및 천일염의 사용 가능 조건은 잔류농약이 0.1mg 미만이다. (O / X)
> ㉡ 소석회는 토양에 직접 살포하여 사용한다. (O / X)
> ㉢ 인산철은 달팽이 관리용으로만 사용해야 한다. (O / X)
> ㉣ 성 유인물질(페로몬)은 작물에 직접 처리 하여 사용한다. (O / X)

> **해답**
> ㉠ X
> ㉡ X
> ㉢ O
> ㉣ X

31 다음은 유기농업자재에 대한 내용이다. 명칭에 적합한 내용을 연결하도록 하시오.

토양개량용 자재	•	• 토양에 처리하여 토양의 이화학성을 좋게 하거나 작물에 직·간접적으로 영양을 공급할 목적으로 사용되는 자재를 말한다.
작물생육용 자재	•	• 토양에 처리하여 토양의 이화학성을 좋게 하거나 미생물의 활성에 도움을 주어 작물의 생육에 간접적으로 효과를 줄 목적으로 사용되는 자재를 말한다.
토양개량 및 작물생육용 자재	•	• 작물의 엽면이나 토양에 처리하여 작물의 생육에 효과를 줄 목적으로 사용되는 자재를 말한다.

해답
- 토양개량용 자재 - 토양에 처리하여 토양의 이화학성을 좋게 하거나 미생물의 활성에 도움을 주어 작물의 생육에 간접적으로 효과를 줄 목적으로 사용되는 자재를 말한다.
- 작물생육용 자재 - 작물의 엽면이나 토양에 처리하여 작물의 생육에 효과를 줄 목적으로 사용되는 자재를 말한다.
- 토양개량 및 작물생육용 자재 - 토양에 처리하여 토양의 이화학성을 좋게 하거나 작물에 직·간접적으로 영양을 공급할 목적으로 사용되는 자재를 말한다.

32 아래는 유기농업자재 공시기준에서 이화학 검사성적서 주성분 검사의 키토산 원료 기준이다. 빈칸을 채우시오.

◎ 키토산의 점도(cps) : (㉠)이상 (㉡)이하
◎ 키토산의 순도 : (㉢)mg/g 이상
◎ 키토올리고당 순도 : (㉣)mg/g 이상

해답
㉠ 1
㉡ 100
㉢ 800
㉣ 200

33 다음은 토양개량 및 작물생육용 유기농업자재 중 농관원장이 정하는 유해중금속의 최대허용량 (건물기준 중량)에 대한 내용이다. 빈칸에 적합한 기준을 적으시오.

◎ 비소 (㉠)mg/kg
◎ 카드뮴 (㉡)mg/kg
◎ 수은 (㉢)mg/kg
◎ 납 (㉣)mg/kg

해답
㉠ 20
㉡ 2
㉢ 1
㉣ 50

34 친환경농어업 육성 및 유기식품 등의 관리·지원에 관한 법률에서 말하는 친환경농어업의 정의를 적으시오.

해답
생물의 다양성을 증진하고, 토양에서의 생물적 순환과 활동을 촉진하며, 농어업생태계를 건강하게 보전하기 위하여 합성농약, 화학비료, 항생제 및 항균제 등 화학자재를 사용하지 아니하거나 사용을 최소화한 건강한 환경에서 농산물·수산물·축산물·임산물을 생산하는 산업을 말한다.

35 친환경농어업 육성 및 유기식품 등의 관리·지원에 관한 법률에서 말하는 친환경농수산물의 종류 3가지를 적으시오.

해답
유기농수산물, 무농약농산물, 무항생제수산물

36 유기농산물 및 유기임산물에 관련된 내용이다. 내용에 적합한 명칭을 적으시오.

◎ (㉠) : 콩에서 기름을 짜고 남은 찌꺼기를 말한다.
◎ (㉡) : 식물성 원료에서 원하는 물질을 짜고 남은 찌꺼기를 말한다.

해답
㉠ 대두박
㉡ 유박

37 토양 개량과 작물 생육을 위해 사용 가능한 물질 중 '해수'의 사용가능조건 3가지를 적으시오.

해답
· 천연에서 유래할 것
· 엽면시비용으로 사용할 것
· 토양에 염류가 쌓이지 않도록 필요한 최소량만을 사용할 것

38 병해충 관리를 위해 사용 가능한 물질에 해당하는 것을 모두 고르시오.

< 보기 >
구아노 / 젤라틴 / 난황 / 쿠아시아 / 오줌 / 퇴구비

해답
쿠아시아, 젤라틴, 난황

39 병해충관리로 이용 가능한 물질 중 '과망간산칼륨'의 사용 가능 조건 1가지를 적으시오.

해답
과수의 병해관리용으로만 사용할 것

40 사료의 품질저하 방지 또는 사료의 효용을 높이기 위해 사료에 첨가하여 사용 가능한 물질 중에서 천연 보존제로 사용 가능한 물질을 아래 보기에서 모두 고르시오.

> < 보기 >
> 산미제 / 당분해효소 / 유익곰팡이 / 항응고제 / 아민초산

해답
산미제, 항응고제

41 가축의 질병 예방 및 치료를 위해 사용 가능한 물질에서 분만한 가축 등 영양보급이 필요한 가축에 대해서만 사용해야 하는 것을 아래 보기에서 고르시오.

> < 보기 >
> 구충제 / 포도당 / 외용 소독제 / 비타민 / 약초

해답
포도당

42 다음은 유기가공식품에 대한 내용이다. 내용 중 옳은 것을 모두 고르시오.

> ㉠ 과산화수소는 식품첨가물로 사용이 가능하다.
> ㉡ 구연산은 식품첨가물로 사용이 가능하고 사용 가능 범위에 제한이 없다.
> ㉢ 글리세린은 가공보조제로 사용이 제한된다.
> ㉣ 퀼라야 추출물은 설탕 가공에 활용된다.

해답
㉡, ㉢, ㉣

43. 식품첨가물 또는 가공보조제로 사용 가능한 물질에서 응고제로 사용 가능한 물질을 아래 보기에서 모두 고르시오.

> < 보기 >
> 염화칼륨 / 수산화칼슘 / 염화마그네슘 / 이산화규소 / 염화칼슘

해답
염화마그네슘, 염화칼슘

44. 인증을 받은 자가 인증 받은 품목과 같은 품목의 일반농산물 또는 인증종류가 다른 농산물을 생산하거나 취급하는 것을 무엇이라 하는지 적으시오.

해답
병행생산

45. 다음은 유기축산물의 전환기간에 대한 기준 표이다. 빈칸에 적합한 기준을 적으시오.

가축의 종류	생산물	전환기간 (최소 사육기간)
돼지	식육	입식 후 (㉠)개월
사슴	식육	입식 후 (㉡)개월

해답
㉠ 5
㉡ 12

46. 아래 보기에서 식품첨가물로 사용이 가능한 물질을 모두 고르시오.

> < 보기 >
> 과산화수소 / 구아검 / 구연산칼슘 / 규조토 / 벤토나이트 / 비타민C

해답
구아검, 구연산칼슘, 비타민C

47 사료의 효용을 높이기 위해 사료에 첨가하여 사용 가능한 물질 중 비타민제에 해당하는 것을 아래 보기에서 모두 고르시오.

< 보기 >
산화마그네슘 / 나이아신 / L-트립토판 / 바이오틴 / DL-알라닌

해답
나이아신, 바이오틴

48 다음은 친환경농어업 육성 및 유기식품 등의 관리·지원에 관한 법률에 관련 내용이다. 내용에 적합한 것을 보기에서 고르시오.

< 보기 >
비식용유기가공품, 유기식품, 무농약원료가공식품

◎ 사람이 직접 섭취하지 아니하는 방법으로 사용하거나 소비하기 위하여 유기농수산물을 원료 또는 재료로 사용하여 유기적인 방법으로 생산, 제조·가공 또는 취급되는 가공품을 말한다.

해답
비식용유기가공품

49 다음은 병해충 관리를 위해 사용 가능한 물질에서 젤라틴(Gelatine)의 사용가능조건에 대한 내용이다. 빈칸에 적합한 것을 보기에서 고르시오.

< 보기 >
Cr / Br / Na

◎ (   )처리 등 화학적 제조공정을 거치지 않을 것

해답
크롬(Cr)

50 제당산업의 부산물 중 사탕수수나 사탕무에서 알코올을 생산한 후 남은 찌꺼기를 무엇이라 하는지 아래 보기에서 고르시오.

< 보기 >
당밀 / 대두박 / 유박

해답
당밀

PART 3 OX 30제 문제
관련법령 및 인증기준

01 "토양개량용 자재"란 토양에 처리하여 토양의 이화학성을 좋게 하거나 미생물의 활성에 도움을 주어 작물의 생육에 간접적으로 효과를 줄 목적으로 사용되는 자재를 말한다.
답( )

02 식물에 대한 시험성적서의 비료 및 농약피해의 판정기준은 0 ~ 10 까지 있다.
답( )

03 유기농업자재의 작도법에서 문자의 글자체는 나눔 명조체를 기준으로 하고 있다.
답( )

04 친환경농수산물에는 유기농수산물, 무농약농산물로 정의 하고 있다.
답( )

05 유기식품은 사람이 직접 섭취하지 아니하는 방법으로 사용하거나 소비하기 위하여 유기농수산물을 원료 또는 재료로 사용하여 유기적인 방법으로 생산, 제조·가공 또는 취급되는 가공품을 말한다.
답( )

06 "유기농어업자재"란 유기농수산물을 생산, 제조·가공 또는 취급하는 과정에서 사용할 수 있는 허용물질을 원료 또는 재료로 하여 만든 제품을 말한다.
답( )

07 "오줌"은 충분한 발효와 희석을 거쳐 사용해야 한다.
답( )

08 구아노는 바닷새, 박쥐 등의 배설물을 말한다.
답( )

09 토양 개량과 작물 생육을 위해 사용 가능한 물질에서 '왕겨'를 비료화하여 사용할 경우 화학물질을 첨가하여 효율을 높일 수 있다.
답( )

10 토양 개량과 작물 생육을 위해 사용 가능한 물질에는 목초액이나 키토산이 있다.
답( )

11 제충국, 목초액은 병해충 관리를 위해 사용 가능한 물질이다.
답( )

12 규산염 및 벤토나이트는 천연에서 유래하고 화학적으로 가공하여 사용 할 수 있다.
답 (   )

13 사료로 직접 사용되거나 배합사료의 원료로 사용 가능한 물질은 식물성, 동물성, 광물성으로 구분된다.
답 (   )

14 사료의 효용을 높이기 위해 사료에 첨가하는 물질 중 산미제는 천연 유화제에 해당한다.
답 (   )

15 DL-알라닌은 규산염제에 해당한다.
답 (   )

16 가축의 질병 예방 및 치료를 위해 사용 가능한 물질에 생균제는 항균제를 함유하고 있어야 한다.
답 (   )

17 구충제는 가축의 기생충 감염 예방을 목적으로만 사용해야 한다.
답 (   )

18 과산화수소는 가공보조제로 사용 시 식품 표면의 세척·소독제 용도로 사용 가능하다.
답 (   )

19 구연산칼륨은 식품첨가물 사용 시 소시지, 유제품에 사용 가능하다.
답 (   )

20 레시틴은 가공보조제로 사용 시 설탕 가공에 사용 가능하다.
답 (   )

21 수산화나트륨은 가공보조제로는 사용이 가능하지만 식품첨가물로는 사용이 어렵다.
답 (   )

22 이산화염소와 차아염소산수는 식품 표면의 세척·소독제로 사용 가능하다.
답 (   )

23 탄산나트륨은 설탕 가공 및 유제품의 중화제로 사용이 가능하다.
답 (   )

24 관행농업에서는 화학비료를 사용하지 않고 작물을 재배하는 일반 관행적인 농업 형태를 말한다.
답 (   )

25 돌려짓기는 동일한 재배포장에서 동일한 작물을 연이어 재배하지 않고, 서로 다른 종류의 작물을 순차적으로 조합·배열하여 차례로 심는 것을 말한다.

답 (　　)

26 식물공장은 토양을 이용하여 통제된 시설공간에서 빛, 온도, 수분, 양분 등을 인공적으로 투입하여 작물을 재배하는 시설을 말한다.

답 (　　)

27 친환경농업 기본교육은 1년마다 1회의 교육주기를 가진다.

답 (　　)

28 유기축산물의 경영관련 자료의 기록기간은 최근 1년 이상으로 한다.

답 (　　)

29 사육장 및 사육조건에서 산란용 오리는 $0.55m^2$/마리를 기준으로 한다.

답 (　　)

30 반추가축에게는 사일리지만 급여해야 한다.

답 (　　)

PART 3 — OX 30제 문제 답안
관련법령 및 인증기준

01 "토양개량용 자재"란 토양에 처리하여 토양의 이화학성을 좋게 하거나 미생물의 활성에 도움을 주어 작물의 생육에 간접적으로 효과를 줄 목적으로 사용되는 자재를 말한다.

답 ○

02 식물에 대한 시험성적서의 비료 및 농약피해의 판정기준은 0 ~ 10 까지 있다.

> **해설**
> 식물에 대한 시험성적서의 비료 및 농약피해의 판정기준은 0 ~ 4 정도로 하고 있다.

답 ×

03 유기농업자재의 작도법에서 문자의 글자체는 나눔 명조체를 기준으로 하고 있다.

답 ○

04 친환경농수산물에는 유기농수산물, 무농약농산물로 정의 하고 있다.

> **해설**
> 친환경농수산물에는 유기농수산물, 무농약농산, 무항생제수산물 및 활성처리제 비사용 수산물이 있다.

답 ×

05 유기식품은 사람이 직접 섭취하지 아니하는 방법으로 사용하거나 소비하기 위하여 유기농수산물을 원료 또는 재료로 사용하여 유기적인 방법으로 생산, 제조·가공 또는 취급되는 가공품을 말한다.

> **해설**
> "비식용유기가공품"이란 사람이 직접 섭취하지 아니하는 방법으로 사용하거나 소비하기 위하여 유기농수산물을 원료 또는 재료로 사용하여 유기적인 방법으로 생산, 제조·가공 또는 취급되는 가공품을 말한다.

답 ×

06 "유기농어업자재"란 유기농수산물을 생산, 제조·가공 또는 취급하는 과정에서 사용할 수 있는 허용물질을 원료 또는 재료로 하여 만든 제품을 말한다.

답 ○

07 '오줌'은 충분한 발효와 희석을 거쳐 사용해야 한다.

답 ○

08 구아노는 바닷새, 박쥐 등의 배설물을 말한다.

답 ○

09 토양 개량과 작물 생육을 위해 사용 가능한 물질에서 '왕겨'를 비료화하여 사용할 경우 화학물질을 첨가하여 효율을 높일 수 있다.

> 해설
> 짚, 왕겨, 쌀겨 및 산야초는 비료화하여 사용할 경우에는 화학물질 첨가나 화학적 제조공정을 거치지 않을 것

답 ×

10 토양 개량과 작물 생육을 위해 사용 가능한 물질에는 목초액이나 키토산이 있다.

답 ○

11 제충국, 목초액은 병해충 관리를 위해 사용 가능한 물질이다.

답 ○

12 규산염 및 벤토나이트는 천연에서 유래하고 화학적으로 가공하여 사용 할 수 있다.

> 해설
> 규산염 및 벤토나이트는 천연에서 유래하고 단순 물리적으로 가공한 것만 사용한다.

답 ×

13 사료로 직접 사용되거나 배합사료의 원료로 사용 가능한 물질은 식물성, 동물성, 광물성으로 구분된다.

답 ○

14 사료의 효용을 높이기 위해 사료에 첨가하는 물질 중 산미제는 천연 유화제에 해당한다.

> 해설
> 산미제는 천연 보존제에 해당한다.

답 ×

15 DL-알라닌은 규산염제에 해당한다.

> 해설
> DL-알라닌은 아미노산제에 해당한다.

답 ×

16 가축의 질병 예방 및 치료를 위해 사용 가능한 물질에 생균제는 항균제를 함유하고 있어야 한다.

> 해설
> 생균제, 효소제 등은 합성농약, 항생제, 항균제, 호르몬제 성분을 함유하지 않아야 한다.

답 ×

17 구충제는 가축의 기생충 감염 예방을 목적으로만 사용해야 한다.

답 ○

18 과산화수소는 가공보조제로 사용 시 식품 표면의 세척·소독제 용도로 사용 가능하다.

답 ○

19 구연산칼륨은 식품첨가물 사용 시 소시지, 유제품에 사용 가능하다.

답 ○

20 레시틴은 가공보조제로 사용 시 설탕 가공에 사용 가능하다.

> 해설
> 레시틴은 가공보조제로 사용이 어렵고 식품첨가물로 사용 가능하다.

답 ×

21 수산화나트륨은 가공보조제로는 사용이 가능하지만 식품첨가물로는 사용이 어렵다.

> 해설
> 수산화나트륨은 가공보조제, 식품첨가물 둘 다 사용 가능하다.

답 ×

22 이산화염소와 차아염소산수는 식품 표면의 세척·소독제로 사용 가능하다.

답 ○

23 탄산나트륨은 설탕 가공 및 유제품의 중화제로 사용이 가능하다.

답 ○

24 관행농업에서는 화학비료를 사용하지 않고 작물을 재배하는 일반 관행적인 농업 형태를 말한다.

> 해설
> "관행농업"이란 화학비료와 합성농약을 사용하여 작물을 재배하는 일반 관행적인 농업 형태를 말한다.

답 ×

25 돌려짓기는 동일한 재배포장에서 동일한 작물을 연이어 재배하지 않고, 서로 다른 종류의 작물을 순차적으로 조합·배열하여 차례로 심는 것을 말한다.

답 ○

26 식물공장은 토양을 이용하여 통제된 시설공간에서 빛, 온도, 수분, 양분 등을 인공적으로 투입하여 작물을 재배하는 시설을 말한다.

> 해설
> 식물공장은 토양을 이용하지 않고 통제된 시설공간에서 빛, 온도, 수분, 양분 등을 인공적으로 투입하여 작물을 재배하는 시설을 말한다.

답 ×

27 친환경농업 기본교육은 1년마다 1회의 교육주기를 가진다.

> 해설
> 친환경농업 기본교육은 2년마다 1회의 교육주기를 가진다.

답 ×

28 유기축산물의 경영관련 자료의 기록기간은 최근 1년 이상으로 한다.

답 ○

29 사육장 및 사육조건에서 산란용 오리는 $0.55m^2$/마리를 기준으로 한다.

답 ○

30 반추가축에게는 사일리지만 급여해야 한다.

해설
반추가축에게 사일리지만 급여해서는 아니 되며, 생초나 건초 등 조사료도 급여하여야 한다.

답 ×

부록 I

법령 및 시행규칙

PART 04 법령 및 시행규칙

친환경농어업 육성 및 유기식품 등의 관리·지원에 관한 법률 (약칭: 친환경농어업법)

제1장 총칙

제1조(목적) 이 법은 농어업의 환경보전기능을 증대시키고 농어업으로 인한 환경오염을 줄이며, 친환경농어업을 실천하는 농어업인을 육성하여 지속가능한 친환경농어업을 추구하고 이와 관련된 친환경농수산물과 유기식품 등을 관리하여 생산자와 소비자를 함께 보호하는 것을 목적으로 한다.

제2조(정의)

이 법에서 사용하는 용어의 뜻은 다음과 같다.

1. "친환경농어업"이란 생물의 다양성을 증진하고, 토양에서의 생물적 순환과 활동을 촉진하며, 농어업생태계를 건강하게 보전하기 위하여 합성농약, 화학비료, 항생제 및 항균제 등 화학자재를 사용하지 아니하거나 사용을 최소화한 건강한 환경에서 농산물·수산물·축산물·임산물(이하 "농수산물"이라 한다)을 생산하는 산업을 말한다.
2. "친환경농수산물"이란 친환경농어업을 통하여 얻는 것으로 다음 각 목의 어느 하나에 해당하는 것을 말한다.
    가. 유기농수산물
    나. 무농약농산물
    다. 무항생제수산물 및 활성처리제 비사용 수산물(이하 "무항생제수산물등"이라 한다)
3. "유기"(Organic)란 생물의 다양성을 증진하고, 토양의 비옥도를 유지하여 환경을 건강하게 보전하기 위하여 허용물질을 최소한으로 사용하고, 제19조제2항의 인증기준에 따라 유기식품 및 비식용유기가공품(이하 "유기식품등"이라 한다)을 생산, 제조·가공 또는 취급하는 일련의 활동과 그 과정을 말한다.
4. "유기식품"이란 「농업·농촌 및 식품산업 기본법」 제3조제7호의 식품과 「수산식품산업의 육성 및 지원에 관한 법률」 제2조제3호의 수산식품 중에서 유기적인 방법으로 생산된 유기농수산물과 유기가공식품(유기농수산물을 원료 또는 재료로 하여 제조·가공·유통되

는 식품 및 수산식품을 말한다. 이하 같다)을 말한다.
5. "비식용유기가공품"이란 사람이 직접 섭취하지 아니하는 방법으로 사용하거나 소비하기 위하여 유기농수산물을 원료 또는 재료로 사용하여 유기적인 방법으로 생산, 제조·가공 또는 취급되는 가공품을 말한다. 다만, 「식품위생법」에 따른 기구, 용기·포장, 「약사법」에 따른 의약외품 및 「화장품법」에 따른 화장품은 제외한다.
5의2. "무농약원료가공식품"이란 무농약농산물을 원료 또는 재료로 하거나 유기식품과 무농약농산물을 혼합하여 제조·가공·유통되는 식품을 말한다.
6. "유기농어업자재"란 유기농수산물을 생산, 제조·가공 또는 취급하는 과정에서 사용할 수 있는 허용물질을 원료 또는 재료로 하여 만든 제품을 말한다.
7. "허용물질"이란 유기식품등, 무농약농산물·무농약원료가공식품 및 무항생제수산물등 또는 유기농어업자재를 생산, 제조·가공 또는 취급하는 모든 과정에서 사용 가능한 것으로서 농림축산식품부령 또는 해양수산부령으로 정하는 물질을 말한다.
8. "취급"이란 농수산물, 식품, 비식용가공품 또는 농어업용자재를 저장, 포장[소분(小分) 및 재포장을 포함한다. 이하 같다], 운송, 수입 또는 판매하는 활동을 말한다.
9. "사업자"란 친환경농수산물, 유기식품등·무농약원료가공식품 또는 유기농어업자재를 생산, 제조·가공하거나 취급하는 것을 업(業)으로 하는 개인 또는 법인을 말한다.

제3조(국가와 지방자치단체의 책무)
① 국가는 친환경농어업·유기식품등·무농약농산물·무농약원료가공식품 및 무항생제수산물등에 관한 기본계획과 정책을 세우고 지방자치단체 및 농어업인 등의 자발적 참여를 촉진하는 등 친환경농어업·유기식품등·무농약농산물·무농약원료가공식품 및 무항생제수산물등을 진흥시키기 위한 종합적인 시책을 추진하여야 한다.
② 지방자치단체는 관할구역의 지역적 특성을 고려하여 친환경농어업·유기식품등·무농약농산물·무농약원료가공식품 및 무항생제수산물등에 관한 육성정책을 세우고 적극적으로 추진하여야 한다.

제4조(사업자의 책무)
사업자는 화학적으로 합성된 자재를 사용하지 아니하거나 그 사용을 최소화하는 등 환경친화적인 생산, 제조·가공 또는 취급 활동을 통하여 환경오염을 최소화하면서 환경보전과 지속가능한 농어업의 경영이 가능하도록 노력하고, 다양한 친환경농수산물, 유기식품등, 무농약원료가공식품 또는 유기농어업자재를 생산·공급할 수 있도록 노력하여야 한다.

제5조(민간단체의 역할)
친환경농어업 관련 기술연구와 친환경농수산물, 유기식품등, 무농약원료가공식품 또는 유기농어업자재 등의 생산·유통·소비를 촉진하기 위하여 구성된 민간단체(이하 "민간단체"라 한다)는 국가와 지방자치단체의 친환경농어업·유기식품등·무농약농산물·무농약원료가공식품 및 무항생제수산물등에 관한 육성시책에 협조하고 그 회원들과 사업자 등에게 필요한 교육·훈련·기술개발·경영지도 등을 함으로써 친환경농어업·유기식품등·무농약농산물·무농약원료가공식품 및 무항생제수산물등의 발전을 위하여 노력하여야 한다.

제5조의2(흙의 날)
① 농업의 근간이 되는 흙의 소중함을 국민에게 알리기 위하여 매년 3월 11일을 흙의 날로 정한다.
② 국가와 지방자치단체는 제1항에 따른 흙의 날에 적합한 행사 등 사업을 실시하도록 노력하여야 한다.

제6조(다른 법률과의 관계)
이 법에서 정한 친환경농수산물, 유기식품등, 무농약원료가공식품 및 유기농어업자재의 표시와 관리에 관한 사항은 다른 법률에 우선하여 적용한다.

제2장 친환경농어업·유기식품등·무농약농산물·무농약원료가공식품 및 무항생제수산물등의 육성·지원

제7조(친환경농어업 육성계획)
① 농림축산식품부장관 또는 해양수산부장관은 관계 중앙행정기관의 장과 협의하여 5년마다 친환경농어업 발전을 위한 친환경농업 육성계획 또는 친환경어업 육성계획(이하 "육성계획"이라 한다)을 세워야 한다. 이 경우 민간단체나 전문가 등의 의견을 수렴하여야 한다.
② 육성계획에는 다음 각 호의 사항이 포함되어야 한다.
  1. 농어업 분야의 환경보전을 위한 정책목표 및 기본방향
  2. 농어업의 환경오염 실태 및 개선대책
  3. 합성농약, 화학비료 및 항생제·항균제 등 화학자재 사용량 감축 방안
  3의2. 친환경 약제와 병충해 방제 대책
  4. 친환경농어업 발전을 위한 각종 기술 등의 개발·보급·교육 및 지도 방안
  5. 친환경농어업의 시범단지 육성 방안

6. 친환경농수산물과 그 가공품, 유기식품등 및 무농약원료가공식품의 생산·유통·수출 활성화와 연계강화 및 소비 촉진 방안
7. 친환경농어업의 공익적 기능 증대 방안
8. 친환경농어업 발전을 위한 국제협력 강화 방안
9. 육성계획 추진 재원의 조달 방안
10. 제26조 및 제35조에 따른 인증기관의 육성 방안
11. 그 밖에 친환경농어업의 발전을 위하여 농림축산식품부령 또는 해양수산부령으로 정하는 사항

③ 농림축산식품부장관 또는 해양수산부장관은 제1항에 따라 세운 육성계획을 특별시장·광역시장·특별자치시장·도지사 또는 특별자치도지사(이하 "시·도지사"라 한다)에게 알려야 한다.

제8조(친환경농어업 실천계획)
① 시·도지사는 육성계획에 따라 친환경농어업을 발전시키기 위한 특별시·광역시·특별자치시·도 또는 특별자치도(이하 "시·도"라 한다) 친환경농어업 실천계획(이하 "실천계획"이라 한다)을 세우고 시행하여야 한다. 이 경우 민간단체나 전문가 등의 의견을 수렴하여야 한다.
② 시·도지사는 제1항에 따라 시·도 실천계획을 세웠을 때에는 농림축산식품부장관 또는 해양수산부장관에게 제출하고, 시장·군수 또는 자치구의 구청장(이하 "시장·군수·구청장"이라 한다)에게 알려야 한다.
③ 시장·군수·구청장은 시·도 실천계획에 따라 친환경농어업을 발전시키기 위한 시·군·자치구 실천계획을 세워 시·도지사에게 제출하고 적극적으로 추진하여야 한다.

제9조(농어업으로 인한 환경오염 방지)
국가와 지방자치단체는 농약, 비료, 가축분뇨, 폐농어업자재 및 폐수 등 농어업으로 인하여 발생하는 환경오염을 방지하기 위하여 농약의 안전사용기준 및 잔류허용기준 준수, 비료의 작물별 살포기준량 준수, 가축분뇨의 방류수 수질기준 준수, 폐농어업자재의 투기(投棄) 방지 및 폐수의 무단 방류 방지 등의 시책을 적극적으로 추진하여야 한다.

제10조(농어업 자원 보전 및 환경 개선)
① 국가와 지방자치단체는 농지, 농어업 용수, 대기 등 농어업 자원을 보전하고 토양 개량, 수질 개선 등 농어업 환경을 개선하기 위하여 농경지 개량, 농어업 용수 오염 방지, 온실가스

발생 최소화 등의 시책을 적극적으로 추진하여야 한다.
② 제1항에 따른 시책을 추진할 때 「토양환경보전법」 제4조의2와 제16조 및 「환경정책기본법」 제12조에 따른 기준을 적용한다.

제11조(농어업 자원·환경 및 친환경농어업 등에 관한 실태조사·평가)
① 농림축산식품부장관·해양수산부장관 또는 지방자치단체의 장은 농어업 자원 보전과 농어업 환경 개선을 위하여 농림축산식품부령 또는 해양수산부령으로 정하는 바에 따라 다음 각 호의 사항을 주기적으로 조사·평가하여야 한다.
   1. 농경지의 비옥도(肥沃度), 중금속, 농약성분, 토양미생물 등의 변동사항
   2. 농어업 용수로 이용되는 지표수와 지하수의 수질
   3. 농약·비료·항생제 등 농어업투입재의 사용 실태
   4. 수자원 함양(涵養), 토양 보전 등 농어업의 공익적 기능 실태
   5. 축산분뇨 퇴비화 등 해당 농어업 지역에서의 자체 자원 순환사용 실태
   5의2. 친환경농어업 및 친환경농수산물의 유통·소비 등에 관한 실태
   6. 그 밖에 농어업 자원 보전 및 농어업 환경 개선을 위하여 필요한 사항
② 농림축산식품부장관 또는 해양수산부장관은 농림축산식품부 또는 해양수산부 소속 기관의 장 또는 그 밖에 농림축산식품부령 또는 해양수산부령으로 정하는 자에게 제1항 각 호의 사항을 조사·평가하게 할 수 있다.
③ 농림축산식품부장관 및 해양수산부장관은 제1항에 따른 조사·평가를 실시한 후 그 결과를 지체 없이 국회 소관 상임위원회에 보고하여야 한다.

제12조(사업장에 대한 조사)
① 농림축산식품부장관·해양수산부장관 또는 지방자치단체의 장은 제11조에 따른 농어업 자원과 농어업 환경의 실태조사를 위하여 필요하면 관계 공무원에게 해당 지역 또는 그 지역에 잇닿은 다른 사업자의 사업장에 출입하게 하거나 조사 및 평가에 필요한 최소량의 조사 시료(試料)를 채취하게 할 수 있다.
② 조사 대상 사업장의 소유자·점유자 또는 관리인은 정당한 사유 없이 제1항에 따른 조사행위를 거부·방해하거나 기피하여서는 아니 된다.
③ 제1항에 따라 다른 사업자의 사업장에 출입하려는 사람은 그 권한을 표시하는 증표를 지니고 이를 관계인에게 보여주어야 한다.

제13조(친환경농어업 기술 등의 개발 및 보급)
① 농림축산식품부장관·해양수산부장관 또는 지방자치단체의 장은 친환경농어업을 발전시키기 위하여 친환경농어업에 필요한 기술과 자재 등의 연구·개발과 보급 및 교육·지도에 필요한 시책을 마련하여야 한다.
② 농림축산식품부장관·해양수산부장관 또는 지방자치단체의 장은 친환경농어업에 필요한 기술 및 자재를 연구·개발·보급하거나 교육·지도하는 자에게 필요한 비용을 지원할 수 있다.
③ 농림축산식품부장관·해양수산부장관 또는 지방자치단체의 장은 친환경농어업에 필요한 자재를 사용하는 농어업인에게 비용을 지원할 수 있다.

제14조(친환경농어업에 관한 교육·훈련)
① 농림축산식품부장관·해양수산부장관 또는 지방자치단체의 장은 친환경농어업 발전을 위하여 농어업인, 친환경농수산물 소비자 및 관계 공무원에 대하여 교육·훈련을 할 수 있다.
② 농림축산식품부장관 또는 해양수산부장관은 제1항에 따른 교육·훈련을 위하여 필요한 시설 및 인력 등을 갖춘 친환경농어업 관련 기관 또는 단체를 교육훈련기관으로 지정할 수 있다.
③ 농림축산식품부장관 또는 해양수산부장관은 제2항에 따라 지정된 교육훈련기관(이하 "교육훈련기관"이라 한다)에 대하여 예산의 범위에서 교육·훈련에 필요한 비용의 전부 또는 일부를 지원할 수 있다.
④ 교육훈련기관의 지정 요건 및 절차, 그 밖에 필요한 사항은 농림축산식품부령 또는 해양수산부령으로 정한다.

제14조의2(교육훈련기관의 지정취소 등)
① 농림축산식품부장관 또는 해양수산부장관은 교육훈련기관이 다음 각 호의 어느 하나에 해당하는 경우에는 그 지정을 취소하거나 6개월 이내의 기간을 정하여 그 업무의 전부 또는 일부의 정지를 명할 수 있다. 다만, 제1호에 해당하는 경우에는 그 지정을 취소하여야 한다.
  1. 거짓이나 그 밖의 부정한 방법으로 지정을 받은 경우
  2. 정당한 사유 없이 1년 이상 계속하여 교육·훈련을 하지 아니한 경우
  3. 제14조제3항에 따른 지원 비용을 용도 외로 사용한 경우
  4. 제14조제4항에 따른 지정요건에 적합하지 아니하게 된 경우
② 제1항에 따른 행정처분의 세부기준은 농림축산식품부령 또는 해양수산부령으로 정한다.

제15조(친환경농어업의 기술교류 및 홍보 등)
① 국가, 지방자치단체, 민간단체 및 사업자는 친환경농어업의 기술을 서로 교류함으로써 친환경농어업 발전을 위하여 노력하여야 한다.
② 농림축산식품부장관·해양수산부장관 또는 지방자치단체의 장은 친환경농어업 육성을 효율적으로 추진하기 위하여 우수 사례를 발굴·홍보하여야 한다.

제16조(친환경농수산물 등의 생산·유통·수출 지원)
① 농림축산식품부장관·해양수산부장관 또는 지방자치단체의 장은 예산의 범위에서 다음 각 호의 물품의 생산자, 생산자단체, 유통업자, 수출업자 및 인증기관에 대하여 필요한 시설의 설치자금 등을 친환경농어업에 대한 기여도 및 제32조의2제1항에 따른 평가 등급에 따라 차등하여 지원할 수 있다.
  1. 이 법에 따라 인증을 받은 유기식품등, 무농약원료가공식품 또는 친환경농수산물
  2. 이 법에 따라 공시를 받은 유기농어업자재
② 제1항에 따른 친환경농어업에 대한 기여도 평가에 필요한 사항은 대통령령으로 정한다.

제17조(국제협력)
국가와 지방자치단체는 친환경농어업의 지속가능한 발전을 위하여 환경 관련 국제기구 및 관련 국가와의 국제협력을 통하여 친환경농어업 관련 정보 및 기술을 교환하고 인력교류, 공동조사, 연구·개발 등에서 서로 협력하며, 환경을 위해(危害)하는 농어업 활동이나 자재 교역을 억제하는 등 친환경농어업 발전을 위한 국제적 노력에 적극적으로 참여하여야 한다.

제18조(국내 친환경농어업의 기준 및 목표 수립)
국가와 지방자치단체는 국제 여건, 국내 자원, 환경 및 경제 여건 등을 고려하여 효과적인 국내 친환경농어업의 기준 및 목표를 세워야 한다.

제3장 유기식품등의 인증 및 관리
제1절 유기식품등의 인증 및 인증절차 등
제19조(유기식품등의 인증)
① 농림축산식품부장관 또는 해양수산부장관은 유기식품등의 산업 육성과 소비자 보호를 위하여 대통령령으로 정하는 바에 따라 유기식품등에 대한 인증을 할 수 있다.
② 제1항에 따른 인증을 하기 위한 유기식품등의 인증대상과 유기식품등의 생산, 제조·가공 또는 취급에 필요한 인증기준 등은 농림축산식품부령 또는 해양수산부령으로 정한다.

제20조(유기식품등의 인증 신청 및 심사 등)
① 유기식품등을 생산, 제조·가공 또는 취급하는 자는 유기식품등의 인증을 받으려면 해양수산부장관 또는 제26조제1항에 따라 지정받은 인증기관(이하 이 장에서 "인증기관"이라 한다)에 농림축산식품부령 또는 해양수산부령으로 정하는 서류를 갖추어 신청하여야 한다. 다만, 인증을 받은 유기식품등을 다시 포장하지 아니하고 그대로 저장, 운송, 수입 또는 판매하는 자는 인증을 신청하지 아니할 수 있다.
② 다음 각 호의 어느 하나에 해당하는 자는 제1항에 따른 인증을 신청할 수 없다.
　1. 제24조제1항(같은 항 제4호는 제외한다)에 따라 인증이 취소된 날부터 1년이 지나지 아니한 자. 다만, 최근 10년 동안 인증이 2회 취소된 경우에는 마지막으로 인증이 취소된 날부터 2년, 최근 10년 동안 인증이 3회 이상 취소된 경우에는 마지막으로 인증이 취소된 날부터 5년이 지나지 아니한 자로 한다.
　1의2. 고의 또는 중대한 과실로 유기식품등에서 「식품위생법」 제7조제1항에 따라 식품의약품안전처장이 고시한 농약 잔류허용기준을 초과한 합성농약이 검출되어 제24조제1항제2호에 따라 인증이 취소된 자로서 그 인증이 취소된 날부터 5년이 지나지 아니한 자
　2. 제24조제1항에 따른 인증표시의 제거·정지 또는 시정조치 명령이나 제31조제7항제2호 또는 제3호에 따른 명령을 받아서 그 처분기간 중에 있는 자
　3. 제60조에 따라 벌금 이상의 형을 선고받고 형이 확정된 날부터 1년이 지나지 아니한 자
③ 해양수산부장관 또는 인증기관은 제1항에 따른 신청을 받은 경우 제19조제2항에 따른 유기식품등의 인증기준에 맞는지를 심사한 후 그 결과를 신청인에게 알려주고 그 기준에 맞는 경우에는 인증을 해 주어야 한다. 이 경우 인증심사를 위하여 신청인의 사업장에 출입하는 사람은 그 권한을 표시하는 증표를 지니고 이를 신청인에게 보여주어야 한다.
④ 제3항에 따라 유기식품등의 인증을 받은 사업자(이하 "인증사업자"라 한다)는 동일한 인증기관으로부터 연속하여 2회를 초과하여 인증(제21조제2항에 따른 갱신을 포함한다. 이하 이 항에서 같다)을 받을 수 없다. 다만, 제32조의2에 따라 실시한 인증기관 평가에서 농림축산식품부령 또는 해양수산부령으로 정하는 기준 이상을 받은 인증기관으로부터 인증을 받으려는 경우에는 그러하지 아니하다.
⑤ 제3항에 따른 인증심사 결과에 대하여 이의가 있는 자는 인증심사를 한 해양수산부장관 또는 인증기관에 재심사를 신청할 수 있다.
⑥ 제5항에 따른 재심사 신청을 받은 해양수산부장관 또는 인증기관은 농림축산식품부령 또는 해양수산부령으로 정하는 바에 따라 재심사 여부를 결정하여 해당 신청인에게 통보하여야

한다.
⑦ 해양수산부장관 또는 인증기관은 제5항에 따른 재심사를 하기로 결정하였을 때에는 지체 없이 재심사를 하고 해당 신청인에게 그 재심사 결과를 통보하여야 한다.
⑧ 인증사업자는 인증받은 내용을 변경할 때에는 그 인증을 한 해양수산부장관 또는 인증기관으로부터 농림축산식품부령 또는 해양수산부령으로 정하는 바에 따라 인증 변경승인을 받아야 한다.
⑨ 그 밖에 인증의 신청, 제한, 심사, 재심사 및 인증 변경승인 등에 필요한 구체적인 절차와 방법 등은 농림축산식품부령 또는 해양수산부령으로 정한다.

제21조(인증의 유효기간 등)
① 제20조에 따른 인증의 유효기간은 인증을 받은 날부터 1년으로 한다.
② 인증사업자가 인증의 유효기간이 끝난 후에도 계속하여 제20조제3항에 따라 인증을 받은 유기식품등(이하 "인증품"이라 한다)의 인증을 유지하려면 그 유효기간이 끝나기 전까지 인증을 한 해양수산부장관 또는 인증기관에 갱신신청을 하여 그 인증을 갱신하여야 한다. 다만, 인증을 한 인증기관이 폐업, 업무정지 또는 그 밖의 부득이한 사유로 갱신신청이 불가능하게 된 경우에는 해양수산부장관 또는 다른 인증기관에 신청할 수 있다.
③ 제2항에 따른 인증 갱신을 하지 아니하려는 인증사업자가 인증의 유효기간 내에 출하를 종료하지 아니한 인증품이 있는 경우에는 해양수산부장관 또는 해당 인증기관의 승인을 받아 출하를 종료하지 아니한 인증품에 대하여만 그 유효기간을 1년의 범위에서 연장할 수 있다. 다만, 인증의 유효기간이 끝나기 전에 출하된 인증품은 그 제품의 소비기한이 끝날 때까지 그 인증표시를 유지할 수 있다.
④ 제2항에 따른 인증 갱신 및 제3항에 따른 유효기간 연장에 대한 심사결과에 이의가 있는 자는 심사를 한 해양수산부장관 또는 인증기관에 재심사를 신청할 수 있다.
⑤ 제4항에 따른 재심사 신청을 받은 해양수산부장관 또는 인증기관은 농림축산식품부령 또는 해양수산부령으로 정하는 바에 따라 재심사 여부를 결정하여 해당 인증사업자에게 통보하여야 한다.
⑥ 해양수산부장관 또는 인증기관은 제4항에 따른 재심사를 하기로 결정하였을 때에는 지체 없이 재심사를 하고 해당 인증사업자에게 그 재심사 결과를 통보하여야 한다.
⑦ 제2항부터 제6항까지의 규정에 따른 인증 갱신, 유효기간 연장 및 재심사에 필요한 구체적인 절차·방법 등은 농림축산식품부령 또는 해양수산부령으로 정한다.

제22조(인증사업자의 준수사항)
① 인증사업자는 인증품을 생산, 제조·가공 또는 취급하여 판매한 실적을 농림축산식품부령 또는 해양수산부령으로 정하는 바에 따라 정기적으로 해양수산부장관 또는 해당 인증기관에 알려야 한다.
② 인증사업자는 농림축산식품부령 또는 해양수산부령으로 정하는 바에 따라 인증심사와 관련된 서류 등을 보관하여야 한다.

제23조(유기식품등의 표시 등)
① 인증사업자는 생산, 제조·가공 또는 취급하는 인증품에 직접 또는 인증품의 포장, 용기, 납품서, 거래명세서, 보증서 등(이하 "포장등"이라 한다)에 유기 또는 이와 같은 의미의 도형이나 글자의 표시(이하 "유기표시"라 한다)를 할 수 있다. 이 경우 포장을 하지 아니한 상태로 판매하거나 낱개로 판매하는 때에는 표시판 또는 푯말에 유기표시를 할 수 있다.
② 농림축산식품부장관 또는 해양수산부장관은 인증사업자에게 인증품의 생산방법과 사용자재 등에 관한 정보를 소비자가 쉽게 알아볼 수 있도록 표시할 것을 권고할 수 있다.
③ 농림축산식품부장관 또는 해양수산부장관은 유기농수산물을 원료 또는 재료로 사용하면서 제20조제3항에 따른 인증을 받지 아니한 식품 및 비식용가공품에 대하여는 사용한 유기농수산물의 함량에 따라 제한적으로 유기표시를 허용할 수 있다.
④ 제1항 및 제3항에도 불구하고 다음 각 호에 해당하는 유기식품등에 대해서는 외국의 유기표시 규정 또는 외국 구매자의 표시 요구사항에 따라 유기표시를 할 수 있다.
　1. 「대외무역법」 제16조에 따라 외화획득용 원료 또는 재료로 수입한 유기식품등
　2. 외국으로 수출하는 유기식품등
⑤ 제1항 및 제3항에 따른 유기표시에 필요한 도형이나 글자, 세부 표시사항 및 표시방법에 필요한 구체적인 사항은 농림축산식품부령 또는 해양수산부령으로 정한다.

제23조의2(수입 유기식품등의 신고)
① 제23조에 따라 유기표시가 된 인증품 또는 제25조에 따라 동등성이 인정된 인증을 받은 유기가공식품을 판매나 영업에 사용할 목적으로 수입하려는 자는 해당 제품의 통관절차가 끝나기 전에 농림축산식품부령 또는 해양수산부령으로 정하는 바에 따라 수입 품목, 수량 등을 농림축산식품부장관 또는 해양수산부장관에게 신고하여야 한다.
② 농림축산식품부장관 또는 해양수산부장관은 제1항에 따라 신고된 제품에 대하여 통관절차가 끝나기 전에 관계 공무원으로 하여금 유기식품등의 인증 및 표시 기준 적합성을 조사하게 하여야 한다.

③ 농림축산식품부장관 또는 해양수산부장관은 제1항에 따라 신고된 제품이 다음 각 호의 어느 하나에 해당하는 경우에는 제2항에도 불구하고 조사의 전부 또는 일부를 생략할 수 있다.
   1. 제25조에 따라 동등성이 인정된 인증을 시행하고 있는 외국의 정부 또는 인증기관이 발행한 인증서가 제출된 경우
   2. 제26조에 따라 지정된 인증기관이 발행한 인증서가 제출된 경우
   3. 그 밖에 제1호 또는 제2호에 준하는 경우로서 농림축산식품부령 또는 해양수산부령으로 정하는 경우
④ 농림축산식품부장관 또는 해양수산부장관은 제1항에 따른 신고를 받은 경우 그 내용을 검토하여 이 법에 적합하면 신고를 수리하여야 한다.
⑤ 제1항 및 제2항에 따른 신고의 수리 및 조사의 절차와 방법, 그 밖에 필요한 사항은 농림축산식품부령 또는 해양수산부령으로 정한다.

제24조(인증의 취소 등)
① 농림축산식품부장관·해양수산부장관 또는 인증기관은 인증사업자가 다음 각 호의 어느 하나에 해당하는 경우에는 그 인증을 취소하거나 인증표시의 제거·정지 또는 시정조치를 명할 수 있다. 다만, 제1호에 해당할 때에는 인증을 취소하여야 한다.
   1. 거짓이나 그 밖의 부정한 방법으로 인증을 받은 경우
   2. 제19조제2항에 따른 인증기준에 맞지 아니한 경우
   3. 정당한 사유 없이 제31조제7항에 따른 명령에 따르지 아니한 경우
   4. 전업(轉業), 폐업 등의 사유로 인증품을 생산하기 어렵다고 인정하는 경우
② 농림축산식품부장관·해양수산부장관 또는 인증기관은 제1항에 따라 인증을 취소한 경우 지체 없이 인증사업자에게 그 사실을 알려야 하고, 인증기관은 농림축산식품부장관 또는 해양수산부장관에게도 그 사실을 알려야 한다.
③ 제1항에 따른 처분에 필요한 구체적인 절차와 세부기준 등은 농림축산식품부령 또는 해양수산부령으로 정한다.

제24조의2(과징금)
① 농림축산식품부장관 또는 해양수산부장관은 최근 3년 동안 2회 이상 다음 각 호의 어느 하나에 해당하는 위반행위를 한 자에게 해당 위반행위에 따른 판매금액의 100분의 50 이내의 범위에서 과징금을 부과할 수 있다.
   1. 거짓이나 그 밖의 부정한 방법으로 인증을 받은 경우

2. 고의 또는 중대한 과실로 유기식품등에서 「식품위생법」 제7조제1항에 따라 식품의약품안전처장이 고시한 농약 잔류허용기준을 초과한 합성농약이 검출된 경우
② 농림축산식품부장관 또는 해양수산부장관은 제1항에 따른 과징금을 내야 할 자가 그 납부기한까지 내지 아니하면 국세 체납처분의 예에 따라 징수한다.
③ 제1항에 따른 위반행위의 내용과 위반정도에 따른 과징금의 금액, 판매금액 산정의 세부기준 및 그 밖에 필요한 사항은 대통령령으로 정한다.

제25조(동등성 인정)
① 농림축산식품부장관 또는 해양수산부장관은 유기식품에 대한 인증을 시행하고 있는 외국의 정부 또는 인증기관이 우리나라와 같은 수준의 적합성을 보증할 수 있는 원칙과 기준을 적용함으로써 이 법에 따른 인증과 동등하거나 그 이상의 인증제도를 운영하고 있다고 인정하는 경우에는 그에 대한 검증을 거친 후 유기가공식품 인증에 대하여 우리나라의 유기가공식품 인증과 동등성을 인정할 수 있다. 이 경우 상호주의 원칙이 적용되어야 한다.
② 농림축산식품부장관 또는 해양수산부장관은 제1항에 따라 동등성을 인정할 때에는 그 사실을 지체 없이 농림축산식품부 또는 해양수산부의 인터넷 홈페이지에 게시하여야 한다.
③ 제1항에 따른 동등성 인정에 필요한 기준과 절차, 동등성을 인정할 수 있는 유기가공식품의 품목 범위, 동등성을 인정한 국가 또는 인증기관의 의무와 사후관리 방법, 유기가공식품의 표시방법, 그 밖에 필요한 사항은 농림축산식품부령 또는 해양수산부령으로 정한다.

제2절 유기식품등의 인증기관
제26조(인증기관의 지정 등)
① 농림축산식품부장관 또는 해양수산부장관은 유기식품등의 인증과 관련하여 제26조의2에 따른 인증심사원 등 필요한 인력·조직·시설 및 인증업무규정을 갖춘 기관 또는 단체를 인증기관으로 지정하여 유기식품등의 인증을 하게 할 수 있다.
② 제1항에 따라 인증기관으로 지정받으려는 기관 또는 단체는 농림축산식품부령 또는 해양수산부령으로 정하는 바에 따라 농림축산식품부장관 또는 해양수산부장관에게 인증기관의 지정을 신청하여야 한다.
③ 제1항에 따른 인증기관 지정의 유효기간은 지정을 받은 날부터 5년으로 하고, 유효기간이 끝난 후에도 유기식품등의 인증업무를 계속하려는 인증기관은 유효기간이 끝나기 전에 그 지정을 갱신하여야 한다.
④ 농림축산식품부장관 또는 해양수산부장관은 제1항에 따른 인증기관 지정업무와 제3항에 따른 지정갱신업무의 효율적인 운영을 위하여 인증기관 지정 및 갱신 관련 평가업무를

대통령령으로 정하는 기관 또는 단체에 위임하거나 위탁할 수 있다.
⑤ 인증기관은 지정받은 내용이 변경된 경우에는 농림축산식품부장관 또는 해양수산부장관에게 변경신고를 하여야 한다. 다만, 농림축산식품부령 또는 해양수산부령으로 정하는 중요 사항을 변경할 때에는 농림축산식품부장관 또는 해양수산부장관으로부터 승인을 받아야 한다.
⑥ 제1항부터 제5항까지의 인증기관의 지정기준, 인증업무의 범위, 인증기관의 지정 및 갱신 관련 절차, 인증기관의 지정 및 갱신 관련 평가업무의 위탁과 인증기관의 변경신고에 필요한 구체적인 사항은 농림축산식품부령 또는 해양수산부령으로 정한다.

제26조의2(인증심사원)
① 농림축산식품부장관 또는 해양수산부장관은 농림축산식품부령 또는 해양수산부령으로 정하는 기준에 적합한 자에게 제20조에 따른 인증심사, 재심사 및 인증 변경승인, 제21조에 따른 인증 갱신, 유효기간 연장 및 재심사, 제31조에 따른 인증사업자에 대한 조사 업무(이하 "인증심사업무"라 한다)를 수행하는 심사원(이하 "인증심사원"이라 한다)의 자격을 부여할 수 있다.
② 제1항에 따라 인증심사원의 자격을 부여받으려는 자는 농림축산식품부령 또는 해양수산부령으로 정하는 바에 따라 농림축산식품부장관 또는 해양수산부장관이 실시하는 교육을 받은 후 농림축산식품부장관 또는 해양수산부장관에게 이를 신청하여야 한다.
③ 농림축산식품부장관 또는 해양수산부장관은 인증심사원이 다음 각 호의 어느 하나에 해당하는 때에는 그 자격을 취소하거나 6개월 이내의 기간을 정하여 자격을 정지하거나 시정조치를 명할 수 있다. 다만, 제1호부터 제3호까지에 해당하는 경우에는 그 자격을 취소하여야 한다.
   1. 거짓이나 그 밖의 부정한 방법으로 인증심사원의 자격을 부여받은 경우
   2. 거짓이나 그 밖의 부정한 방법으로 인증심사 업무를 수행한 경우
   3. 고의 또는 중대한 과실로 제19조제2항에 따른 인증기준에 맞지 아니한 유기식품등을 인증한 경우
   3의2. 경미한 과실로 제19조제2항에 따른 인증기준에 맞지 아니한 유기식품등을 인증한 경우
   4. 제1항에 따른 인증심사원의 자격 기준에 적합하지 아니하게 된 경우
   5. 인증심사 업무와 관련하여 다른 사람에게 자기의 성명을 사용하게 하거나 인증심사원증을 빌려 준 경우
   6. 제26조의4제1항에 따른 교육을 받지 아니한 경우
   7. 제27조제2항 각 호에 따른 준수사항을 지키지 아니한 경우

8. 정당한 사유 없이 제31조제1항에 따른 조사를 실시하기 위한 지시에 따르지 아니한 경우

④ 제3항에 따라 인증심사원 자격이 취소된 자는 취소된 날부터 3년이 지나지 아니하면 인증심사원 자격을 부여받을 수 없다.

⑤ 인증심사원의 자격 부여 절차 및 자격 취소·정지 기준, 그 밖에 필요한 사항은 농림축산식품부령 또는 해양수산부령으로 정한다.

제26조의3(인증기관 임직원의 결격사유)
다음 각 호의 어느 하나에 해당하는 사람은 인증기관의 임원 또는 직원(인증심사업무를 담당하는 직원에 한정한다)이 될 수 없다.
1. 제26조의2제3항제1호·제2호·제3호 및 제7호(제27조제2항제2호를 위반한 경우로 한정한다)에 따라 자격취소를 받은 날부터 3년이 지나지 아니한 사람
2. 제29조제1항에 따라 지정이 취소된 인증기관의 대표로서 인증기관의 지정이 취소된 날부터 3년이 지나지 아니한 사람
3. 제60조제1항, 같은 조 제2항제1호·제2호·제3호·제4호·제4호의2·제4호의3 및 같은 조 제3항제2호의 죄(인증심사업무와 관련된 죄로 한정한다)를 범하여 100만원 이상의 벌금형 또는 금고 이상의 형을 선고받아 형이 확정된 날부터 3년이 지나지 아니한 사람

제26조의4(인증심사원의 교육)
① 농림축산식품부령 또는 해양수산부령으로 정하는 인증심사원은 업무능력 및 직업윤리의식 제고를 위하여 필요한 교육을 받아야 한다.
② 제1항에 따른 교육의 내용, 방법 및 실시기관 등 교육에 필요한 사항은 농림축산식품부령 또는 해양수산부령으로 정한다.

제27조(인증기관 등의 준수사항)
① 해양수산부장관 또는 인증기관은 다음 각 호의 사항을 준수하여야 한다.
  1. 인증과정에서 얻은 정보와 자료를 인증 신청인의 서면동의 없이 공개하거나 제공하지 아니할 것. 다만, 이 법 또는 다른 법률에 따라 공개하거나 제공하는 경우는 제외한다.
  2. 인증기관은 농림축산식품부장관 또는 해양수산부장관(제26조제4항에 따라 인증기관 지정 및 갱신 관련 평가업무를 위임받거나 위탁받은 기관 또는 단체를 포함한다)이 요청하는 경우에는 인증기관의 사무소 및 시설에 대한 접근을 허용하거나 필요한 정보 및 자료를 제공할 것

3. 인증 신청, 인증심사 및 인증사업자에 관한 자료를 농림축산식품부령 또는 해양수산부령으로 정하는 바에 따라 보관할 것
4. 인증기관은 농림축산식품부령 또는 해양수산부령으로 정하는 바에 따라 인증 결과 및 사후관리 결과 등을 농림축산식품부장관 또는 해양수산부장관에게 보고할 것
5. 인증사업자가 인증기준을 준수하도록 관리하기 위하여 농림축산식품부령 또는 해양수산부령으로 정하는 바에 따라 인증사업자에 대하여 불시(不時) 심사를 하고 그 결과를 기록·관리할 것

② 인증기관의 임직원은 다음 각 호의 사항을 준수하여야 한다.
1. 인증과정에서 얻은 정보와 자료를 인증 신청인의 서면동의 없이 공개하거나 제공하지 아니할 것. 다만, 이 법 또는 다른 법률에 따라 공개하거나 제공하는 경우는 제외한다.
2. 인증기관의 임원은 인증심사업무를 하지 아니할 것
3. 인증기관의 직원은 인증심사업무를 한 경우 그 결과를 기록할 것

제28조(인증업무의 휴업·폐업)
인증기관이 인증업무의 전부 또는 일부를 휴업하거나 폐업하려는 경우에는 농림축산식품부령 또는 해양수산부령으로 정하는 바에 따라 미리 농림축산식품부장관 또는 해양수산부장관에게 신고하고, 그 인증기관의 인증 유효기간이 끝나지 아니한 인증사업자에게 그 취지를 알려야 한다.

제29조(인증기관의 지정취소 등)
① 농림축산식품부장관 또는 해양수산부장관은 인증기관이 다음 각 호의 어느 하나에 해당하는 경우에는 지정을 취소하거나 6개월 이내의 기간을 정하여 그 업무의 전부 또는 일부의 정지 또는 시정조치를 명할 수 있다. 다만, 제1호, 제1호의2, 제2호부터 제5호까지 및 제11호의 경우에는 그 지정을 취소하여야 한다.
1. 거짓이나 그 밖의 부정한 방법으로 지정을 받은 경우
1의2. 인증기관의 장이 제60조제1항, 같은 조 제2항제1호·제2호·제3호·제4호·제4호의2·제4호의3 및 같은 조 제3항제2호의 죄(인증심사업무와 관련된 죄로 한정한다)를 범하여 100만원 이상의 벌금형 또는 금고 이상의 형을 선고받아 그 형이 확정된 경우
2. 인증기관이 파산 또는 폐업 등으로 인하여 인증업무를 수행할 수 없는 경우
3. 업무정지 명령을 위반하여 정지기간 중 인증을 한 경우
4. 정당한 사유 없이 1년 이상 계속하여 인증을 하지 아니한 경우

5. 고의 또는 중대한 과실로 제19조제2항에 따른 인증기준에 맞지 아니한 유기식품등을 인증한 경우
6. 고의 또는 중대한 과실로 제20조에 따른 인증심사 및 재심사의 처리 절차·방법 또는 제21조에 따른 인증 갱신 및 인증품의 유효기간 연장의 절차·방법 등을 지키지 아니한 경우
7. 정당한 사유 없이 제24조제1항에 따른 처분, 제31조제7항제2호·제3호에 따른 명령 또는 같은 조 제9항에 따른 공표를 하지 아니한 경우
8. 제26조제1항에 따른 지정기준에 맞지 아니하게 된 경우
9. 제27조제1항에 따른 인증기관의 준수사항을 위반한 경우
10. 제32조제2항에 따른 시정조치 명령이나 처분에 따르지 아니한 경우
11. 정당한 사유 없이 제32조제3항을 위반하여 소속 공무원의 조사를 거부·방해하거나 기피하는 경우
12. 제32조의2에 따라 실시한 인증기관 평가에서 최하위 등급을 연속하여 3회 받은 경우

② 농림축산식품부장관 또는 해양수산부장관은 제1항에 따라 지정취소 또는 업무정지 처분을 한 경우에는 그 사실을 농림축산식품부 또는 해양수산부의 인터넷 홈페이지에 게시하여야 한다.
③ 제1항에 따라 인증기관의 지정이 취소된 자는 취소된 날부터 3년이 지나지 아니하면 다시 인증기관으로 지정받을 수 없다. 다만, 제1항제2호에 해당하는 사유로 지정이 취소된 경우는 제외한다.
④ 제1항에 따른 행정처분의 세부적인 기준은 위반행위의 유형 및 위반 정도 등을 고려하여 농림축산식품부령 또는 해양수산부령으로 정한다.

제3절 유기식품등, 인증사업자 및 인증기관의 사후관리
제30조(인증 등에 관한 부정행위의 금지)
① 누구든지 다음 각 호의 어느 하나에 해당하는 행위를 하여서는 아니 된다.
1. 거짓이나 그 밖의 부정한 방법으로 제20조에 따른 인증심사, 재심사 및 인증 변경승인, 제21조에 따른 인증 갱신, 유효기간 연장 및 재심사 또는 제26조제1항 및 제3항에 따른 인증기관의 지정·갱신을 받는 행위
1의2. 거짓이나 그 밖의 부정한 방법으로 제20조에 따른 인증심사, 재심사 및 인증 변경승인, 제21조에 따른 인증 갱신, 유효기간 연장 및 재심사를 하거나 받을 수 있도록 도와주는 행위
1의3. 거짓이나 그 밖의 부정한 방법으로 인증심사원의 자격을 부여받는 행위

2. 인증을 받지 아니한 제품과 제품을 판매하는 진열대에 유기표시, 무농약표시, 친환경 문구 표시 및 이와 유사한 표시(인증품으로 잘못 인식할 우려가 있는 표시 및 이와 관련된 외국어 또는 외래어 표시를 포함한다)를 하는 행위
3. 인증품에 인증받은 내용과 다르게 표시하는 행위
4. 제20조제1항에 따른 인증 또는 제21조제2항에 따른 인증 갱신을 신청하는 데 필요한 서류를 거짓으로 발급하여 주는 행위
5. 인증품에 인증을 받지 아니한 제품 등을 섞어서 판매하거나 섞어서 판매할 목적으로 보관, 운반 또는 진열하는 행위
6. 제2호 또는 제3호의 행위에 따른 제품임을 알고도 인증품으로 판매하거나 판매할 목적으로 보관, 운반 또는 진열하는 행위
7. 인증이 취소된 제품임을 알고도 인증품으로 판매하거나 판매할 목적으로 보관·운반 또는 진열하는 행위
8. 인증을 받지 아니한 제품을 인증품으로 광고하거나 인증품으로 잘못 인식할 수 있도록 광고(유기, 무농약, 친환경 문구 또는 이와 같은 의미의 문구를 사용한 광고를 포함한다)하는 행위 또는 인증품을 인증받은 내용과 다르게 광고하는 행위

② 제1항제2호에 따른 친환경 문구와 유사한 표시의 세부기준은 농림축산식품부령 또는 해양수산부령으로 정한다.

제31조(인증품등 및 인증사업자등의 사후관리)

① 농림축산식품부장관 또는 해양수산부장관은 농림축산식품부령 또는 해양수산부령으로 정하는 바에 따라 소속 공무원 또는 인증기관으로 하여금 매년 다음 각 호의 조사(인증기관은 인증을 한 인증사업자에 대한 제2호의 조사에 한정한다)를 하게 하여야 한다. 이 경우 시료를 무상으로 제공받아 검사하거나 자료 제출 등을 요구할 수 있다.

1. 판매·유통 중인 인증품 및 제23조제3항에 따라 제한적으로 유기표시를 허용한 식품 및 비식용가공품(이하 "인증품등"이라 한다)에 대한 조사
2. 인증사업자의 사업장에서 인증품의 생산, 제조·가공 또는 취급 과정이 제19조제2항에 따른 인증기준에 맞는지 여부 조사

② 제1항에 따라 조사를 할 때에는 미리 조사의 일시, 목적, 대상 등을 관계인에게 알려야 한다. 다만, 긴급한 경우나 미리 알리면 그 목적을 달성할 수 없다고 인정되는 경우에는 그러하지 아니하다.

③ 제1항에 따라 조사를 하거나 자료 제출을 요구하는 경우 인증사업자, 인증품을 판매·유통하는 사업자 또는 제23조제3항에 따라 제한적으로 유기표시를 허용한 식품 및 비식용가공품을

생산, 제조·가공, 취급 또는 판매·유통하는 사업자(이하 "인증사업자등"이라 한다)는 정당한 사유 없이 이를 거부·방해하거나 기피하여서는 아니 된다. 이 경우 제1항에 따른 조사를 위하여 사업장에 출입하는 자는 그 권한을 표시하는 증표를 지니고 이를 관계인에게 보여주어야 한다.

④ 농림축산식품부장관·해양수산부장관 또는 인증기관은 제1항에 따른 조사를 한 경우에는 인증사업자등에게 조사 결과를 통지하여야 한다. 이 경우 조사 결과 중 제1항 각 호 외의 부분 후단에 따라 제공한 시료의 검사 결과에 이의가 있는 인증사업자등은 시료의 재검사를 요청할 수 있다.

⑤ 제4항에 따른 재검사 요청을 받은 농림축산식품부장관·해양수산부장관 또는 인증기관은 농림축산식품부령 또는 해양수산부령으로 정하는 바에 따라 재검사 여부를 결정하여 해당 인증사업자등에게 통보하여야 한다.

⑥ 농림축산식품부장관·해양수산부장관 또는 인증기관은 제4항에 따른 재검사를 하기로 결정하였을 때에는 지체 없이 재검사를 하고 해당 인증사업자등에게 그 재검사 결과를 통보하여야 한다.

⑦ 농림축산식품부장관·해양수산부장관 또는 인증기관은 제1항에 따른 조사를 한 결과 제19조제2항에 따른 인증기준 또는 제23조에 따른 유기식품등의 표시사항 등을 위반하였다고 판단한 때에는 인증사업자등에게 다음 각 호의 조치를 명할 수 있다.
  1. 제24조제1항에 따른 인증취소, 인증표시의 제거·정지 또는 시정조치
  2. 인증품등의 판매금지·판매정지·회수·폐기
  3. 세부 표시사항 변경

⑧ 농림축산식품부장관 또는 해양수산부장관은 인증사업자등이 제7항제2호에 따른 인증품등의 회수·폐기 명령을 이행하지 아니하는 경우에는 관계 공무원에게 해당 인증품등을 압류하게 할 수 있다. 이 경우 관계 공무원은 그 권한을 표시하는 증표를 지니고 이를 관계인에게 보여주어야 한다.

⑨ 농림축산식품부장관·해양수산부장관 또는 인증기관은 제7항 각 호에 따른 조치명령의 내용을 공표하여야 한다.

⑩ 제4항에 따른 조사 결과 통지 및 제6항에 따른 시료의 재검사 절차와 방법, 제7항 각 호에 따른 조치명령의 세부기준, 제8항에 따른 압류 및 제9항에 따른 공표에 필요한 사항은 농림축산식품부령 또는 해양수산부령으로 정한다.

제32조(인증기관에 대한 사후관리)
① 농림축산식품부장관 또는 해양수산부장관은 소속 공무원으로 하여금 인증기관이 제20조 및 제21조에 따라 인증업무를 적절하게 수행하는지, 제26조제1항에 따른 인증기관의 지정기준에 맞는지, 제27조제1항에 따른 인증기관의 준수사항을 지키는지를 조사하게 할 수 있다.
② 농림축산식품부장관 또는 해양수산부장관은 제1항에 따른 조사 결과 인증기관이 다음 각 호의 어느 하나에 해당하는 경우에는 제29조제1항에 따른 지정취소·업무정지 또는 시정조치 명령을 할 수 있다.
  1. 제20조 또는 제21조에 따른 인증업무를 적절하게 수행하지 아니하는 경우
  2. 제26조제1항에 따른 지정기준에 맞지 아니하는 경우
  3. 제27조제1항에 따른 인증기관 준수사항을 지키지 아니하는 경우
③ 제1항에 따라 조사를 하는 경우 인증기관의 임직원은 정당한 사유 없이 이를 거부·방해하거나 기피해서는 아니 된다.

제32조의2(인증기관의 평가 및 등급결정)
① 농림축산식품부장관 또는 해양수산부장관은 인증업무의 수준을 향상시키고 우수한 인증기관을 육성하기 위하여 인증기관의 운영 및 업무수행 실태 등을 평가하여 등급을 결정하고 그 결과를 공표할 수 있다.
② 농림축산식품부장관 또는 해양수산부장관은 제1항에 따른 평가 및 등급결정 결과를 인증기관의 관리·지원·육성 등에 반영할 수 있다.
③ 제1항에 따른 인증기관의 평가와 등급결정의 기준·방법·절차 및 결과 공표 등에 필요한 사항은 농림축산식품부령 또는 해양수산부령으로 정한다.

제33조(인증기관 등의 승계)
① 다음 각 호의 어느 하나에 해당하는 자는 인증사업자 또는 인증기관의 지위를 승계한다.
  1. 인증사업자가 사망한 경우 그 제품 등을 계속하여 생산, 제조·가공 또는 취급하려는 상속인
  2. 인증사업자나 인증기관이 그 사업을 양도한 경우 그 양수인
  3. 인증사업자나 인증기관이 합병한 경우 합병 후 존속하는 법인이나 합병으로 설립되는 법인
② 제1항에 따라 인증사업자의 지위를 승계한 자는 인증심사를 한 해양수산부장관 또는 인증기관(그 인증기관의 지정이 취소된 경우에는 해양수산부장관 또는 다른 인증기관을 말한다)에 그 사실을 신고하여야 하고, 인증기관의 지위를 승계한 자는 농림축산식품부장관 또는 해양

수산부장관에게 그 사실을 신고하여야 한다.
③ 농림축산식품부장관·해양수산부장관 또는 인증기관은 제2항에 따른 신고를 받은 날부터 1개월 이내에 신고수리 여부를 신고인에게 통지하여야 한다.
④ 농림축산식품부장관·해양수산부장관 또는 인증기관이 제3항에서 정한 기간 내에 신고수리 여부 또는 민원 처리 관련 법령에 따른 처리기간의 연장을 신고인에게 통지하지 아니하면 그 기간(민원 처리 관련 법령에 따라 처리기간이 연장 또는 재연장된 경우에는 해당 처리기간을 말한다)이 끝난 날의 다음 날에 신고를 수리한 것으로 본다.
⑤ 제1항에 따른 지위의 승계가 있을 때에는 종전의 인증사업자 또는 인증기관에 한 제24조제1항, 제29조제1항 또는 제31조제7항 각 호에 따른 행정처분의 효과는 그 지위를 승계한 자에게 승계되며, 행정처분의 절차가 진행 중일 때에는 그 지위를 승계한 자에 대하여 그 절차를 계속 진행할 수 있다.
⑥ 제2항에 따른 신고에 필요한 사항은 농림축산식품부령 또는 해양수산부령으로 정한다.

제4장 무농약농산물·무농약원료가공식품 및 무항생제수산물등의 인증

제34조(무농약농산물·무농약원료가공식품 및 무항생제수산물등의 인증 등)
① 농림축산식품부장관 또는 해양수산부장관은 무농약농산물·무농약원료가공식품 및 무항생제수산물등에 대한 인증을 할 수 있다.
② 제1항에 따른 인증을 하기 위한 무농약농산물·무농약원료가공식품 및 무항생제수산물등의 인증대상과 무농약농산물·무농약원료가공식품 및 무항생제수산물등의 생산, 제조·가공 또는 취급에 필요한 인증기준 등은 농림축산식품부령 또는 해양수산부령으로 정한다.
③ 무농약농산물·무농약원료가공식품 또는 무항생제수산물등을 생산, 제조·가공 또는 취급하는 자는 무농약농산물·무농약원료가공식품 또는 무항생제수산물등의 인증을 받으려면 해양수산부장관 또는 제35조제1항에 따라 지정받은 인증기관(이하 이 장에서 "인증기관"이라 한다)에 인증을 신청하여야 한다. 다만, 인증을 받은 무농약농산물·무농약원료가공식품 또는 무항생제수산물등을 다시 포장하지 아니하고 그대로 저장, 운송 또는 판매하는 자는 인증을 신청하지 아니할 수 있다.
④ 제3항에 따른 인증의 신청, 제한, 심사 및 재심사, 인증 변경승인, 인증의 유효기간, 인증의 갱신 및 유효기간의 연장, 인증사업자의 준수사항, 인증의 취소, 인증표시의 제거·정지 및 과징금 부과 등에 관하여는 제20조부터 제22조까지, 제24조 및 제24조의2를 준용한다. 이 경우 "유기식품등"은 "무농약농산물·무농약원료가공식품 또는 무항생제수산물등"으로 본다.

⑤ 무농약농산물·무농약원료가공식품 및 무항생제수산물등의 인증 등에 관한 부정행위의 금지, 인증품 및 인증사업자에 대한 사후관리, 인증기관의 사후관리, 인증사업자 또는 인증기관의 지위 승계 등에 관하여는 제30조부터 제33조까지의 규정을 준용한다. 이 경우 "유기식품등"은 "무농약농산물·무농약원료가공식품 또는 무항생제수산물등"으로, "제한적으로 유기표시를 허용한 식품"은 "제한적으로 무농약표시를 허용한 식품"으로 본다.

제35조(무농약농산물·무농약원료가공식품 및 무항생제수산물등의 인증기관 지정 등)
① 농림축산식품부장관 또는 해양수산부장관은 무농약농산물·무농약원료가공식품 또는 무항생제수산물등의 인증과 관련하여 인증심사원 등 필요한 인력과 시설을 갖춘 자를 인증기관으로 지정하여 무농약농산물·무농약원료가공식품 또는 무항생제수산물등의 인증을 하게 할 수 있다.
② 제1항에 따른 인증기관의 지정·유효기간·갱신·지정변경, 인증기관 등의 준수사항, 인증업무의 휴업·폐업 및 인증기관의 지정취소 등에 관하여는 제26조, 제26조의2부터 제26조의4까지 및 제27조부터 제29조까지의 규정을 준용한다. 이 경우 "유기식품등"은 "무농약농산물·무농약원료가공식품 또는 무항생제수산물등"으로 본다.

제36조(무농약농산물·무농약원료가공식품 및 무항생제수산물등의 표시기준 등)
① 제34조제3항에 따라 인증을 받은 자는 생산, 제조·가공 또는 취급하는 무농약농산물·무농약원료가공식품 및 무항생제수산물등에 직접 또는 그 포장등에 무농약, 무항생제(축산물 또는 수산물만 해당한다), 활성처리제 비사용(해조류만 해당한다) 또는 이와 같은 의미의 도형이나 글자를 표시(이하 "무농약농산물·무농약원료가공식품 및 무항생제수산물등 표시"라 한다)할 수 있다. 이 경우 포장을 하지 아니하고 판매하거나 낱개로 판매하는 때에는 표시판 또는 푯말에 표시할 수 있다.
② 농림축산식품부장관은 무농약농산물을 원료 또는 재료로 사용하면서 제34조제1항에 따른 인증을 받지 아니한 식품에 대해서는 사용한 무농약농산물의 함량에 따라 제한적으로 무농약표시를 허용할 수 있다.
③ 무농약농산물·무농약원료가공식품 및 무항생제수산물등의 생산방법 등에 관한 정보의 표시, 그 밖에 표시사항 등에 관한 구체적인 사항에 관하여는 제23조제2항 및 제5항을 준용한다. 이 경우 "유기표시"는 "무농약농산물·무농약원료가공식품 및 무항생제수산물등 표시"로 본다.

제5장 유기농어업자재의 공시

제37조(유기농어업자재의 공시)

① 농림축산식품부장관 또는 해양수산부장관은 유기농어업자재가 허용물질을 사용하여 생산된 자재인지를 확인하여 그 자재의 명칭, 주성분명, 함량 및 사용방법 등에 관한 정보를 공시할 수 있다.

② 삭제

③ 제1항에 따른 공시(이하 "공시"라 한다)를 할 때에는 제4항에 따른 공시기준에 따라야 한다.

④ 제1항에 따른 공시를 하기 위한 공시의 대상 및 공시에 필요한 기준 등은 농림축산식품부령 또는 해양수산부령으로 정한다.

제38조(유기농어업자재 공시의 신청 및 심사 등)

① 유기농어업자재를 생산하거나 수입하여 판매하려는 자가 공시를 받으려는 경우에는 제44조제1항에 따라 지정된 공시기관(이하 "공시기관"이라 한다)에 제41조제1항에 따라 시험연구기관으로 지정된 기관이 발급한 시험성적서 등 농림축산식품부령 또는 해양수산부령으로 정하는 서류를 갖추어 신청하여야 한다. 다만, 다음 각 호의 어느 하나에 해당하는 자는 공시를 신청할 수 없다.

1. 제43조제1항(같은 항 제4호는 제외한다)에 따라 공시가 취소된 날부터 1년이 지나지 아니한 자

2. 제43조제1항에 따른 판매금지 또는 시정조치 명령이나 제49조제7항제2호 또는 제3호에 따른 명령을 받아서 그 처분기간 중에 있는 자

3. 제60조에 따라 벌금 이상의 형을 선고받고 그 형이 확정된 날부터 1년이 지나지 아니한 자

② 공시기관은 제1항에 따른 신청을 받은 경우 제37조제4항에 따른 공시기준에 맞는지를 심사한 후 그 결과를 신청인에게 알려 주고 기준에 맞는 경우에는 공시를 해 주어야 한다.

③ 제2항에 따른 공시심사 결과에 대하여 이의가 있는 자는 그 공시심사를 한 공시기관에 재심사를 신청할 수 있다.

④ 제2항에 따라 공시를 받은 자(이하 "공시사업자"라 한다)가 공시를 받은 내용을 변경할 때에는 그 공시심사를 한 공시기관에 농림축산식품부령 또는 해양수산부령으로 정하는 바에 따라 공시 변경승인을 받아야 한다.

⑤ 그 밖에 공시의 신청, 제한, 심사, 재심사 및 공시 변경승인 등에 필요한 구체적인 절차와 방법 등은 농림축산식품부령 또는 해양수산부령으로 정한다.

제39조(공시의 유효기간 등)
① 공시의 유효기간은 공시를 받은 날부터 3년으로 한다.
② 공시사업자가 공시의 유효기간이 끝난 후에도 계속하여 공시를 유지하려는 경우에는 그 유효기간이 끝나기 전까지 공시를 한 공시기관에 갱신신청을 하여 그 공시를 갱신하여야 한다. 다만, 공시를 한 공시기관이 폐업, 업무정지 또는 그 밖의 부득이한 사유로 갱신신청이 불가능하게 된 경우에는 다른 공시기관에 신청할 수 있다.
③ 제2항에 따른 공시의 갱신에 필요한 구체적인 절차와 방법 등은 농림축산식품부령 또는 해양수산부령으로 정한다.

제40조(공시사업자의 준수사항)
① 공시사업자는 공시를 받은 제품을 생산하거나 수입하여 판매한 실적을 농림축산식품부령 또는 해양수산부령으로 정하는 바에 따라 정기적으로 그 공시심사를 한 공시기관에 알려야 한다.
② 공시사업자는 농림축산식품부령 또는 해양수산부령으로 정하는 바에 따라 공시심사와 관련된 서류 등을 보관하여야 한다.

제41조(유기농어업자재 시험연구기관의 지정)
① 농림축산식품부장관 또는 해양수산부장관은 대학 및 민간연구소 등을 유기농어업자재에 대한 시험을 수행할 수 있는 시험연구기관으로 지정할 수 있다.
② 제1항에 따라 시험연구기관으로 지정받으려는 자는 농림축산식품부령 또는 해양수산부령으로 정하는 인력·시설·장비 및 시험관리규정을 갖추어 농림축산식품부장관 또는 해양수산부장관에게 신청하여야 한다.
③ 제1항에 따른 시험연구기관 지정의 유효기간은 지정을 받은 날부터 4년으로 하고, 유효기간이 끝난 후에도 유기농어업자재에 대한 시험업무를 계속하려는 자는 유효기간이 끝나기 전에 그 지정을 갱신하여야 한다.
④ 제1항에 따른 시험연구기관으로 지정된 자가 농림축산식품부령 또는 해양수산부령으로 정하는 중요한 사항을 변경하려는 경우에는 농림축산식품부장관 또는 해양수산부장관에게 지정변경을 신청하여야 한다.
⑤ 농림축산식품부장관 또는 해양수산부장관은 제1항에 따라 지정된 시험연구기관(이하 이 조, 제41조의2 및 제41조의3에서 "시험연구기관"이라 한다)이 다음 각 호의 어느 하나에 해당하는 경우에는 시험연구기관의 지정을 취소하거나 6개월 이내의 기간을 정하여 그 업무의 전부 또는 일부의 정지를 명할 수 있다. 다만, 제1호의 경우에는 그 지정을 취소하여야

한다.
1. 거짓이나 그 밖의 부정한 방법으로 지정을 받은 경우
2. 고의 또는 중대한 과실로 다음 각 목의 어느 하나에 해당하는 서류를 사실과 다르게 발급한 경우
   가. 시험성적서
   나. 원제(原劑)의 이화학적(理化學的) 분석 및 독성 시험성적을 적은 서류
   다. 농약활용기자재의 이화학적 분석 등을 적은 서류
   라. 중금속 및 이화학적 분석 결과를 적은 서류
   마. 그 밖에 유기농어업자재에 대한 시험·분석과 관련된 서류
3. 시험연구기관의 지정기준에 맞지 아니하게 된 경우
4. 시험연구기관으로 지정받은 후 정당한 사유 없이 1년 이내에 지정받은 시험항목에 대한 시험업무를 시작하지 아니하거나 계속하여 2년 이상 업무 실적이 없는 경우
5. 업무정지 명령을 위반하여 업무를 한 경우
6. 제41조의2에 따른 시험연구기관의 준수사항을 지키지 아니한 경우
⑥ 그 밖에 시험연구기관의 지정, 지정취소 및 업무정지 등에 관하여 필요한 사항은 농림축산식품부령 또는 해양수산부령으로 정한다.

제41조의2(유기농어업자재 시험연구기관의 준수사항)
시험연구기관은 다음 각 호의 사항을 준수하여야 한다.
1. 시험수행과정에서 얻은 정보와 자료를 신청인의 서면동의 없이 공개하거나 제공하지 아니할 것. 다만, 이 법 또는 다른 법률에 따라 공개하거나 제공하는 경우는 제외한다.
2. 농림축산식품부장관 또는 해양수산부장관이 요청하는 경우에는 시험연구기관의 사무소 및 시설에 대한 접근을 허용하거나 필요한 정보와 자료를 제공할 것
3. 시험의 신청 및 수행에 관한 자료를 농림축산식품부령 또는 해양수산부령으로 정하는 바에 따라 보관할 것

제41조의3(유기농어업자재 시험연구기관의 사후관리)
① 농림축산식품부장관 또는 해양수산부장관은 소속 공무원으로 하여금 시험연구기관이 제41조제2항에 따른 시험연구기관 지정기준을 갖추었는지 여부 및 제41조의2에 따른 시험연구기관의 준수사항을 지키는지 여부를 조사하게 할 수 있다.
② 제1항에 따라 조사를 하는 경우 시험연구기관의 임직원은 정당한 사유 없이 이를 거부·방해하거나 기피해서는 아니 된다.

제42조(공시의 표시 등)

공시사업자는 공시를 받은 유기농어업자재의 포장등에 농림축산식품부령 또는 해양수산부령으로 정하는 바에 따라 유기농어업자재 공시를 나타내는 도형 또는 글자를 표시할 수 있다. 이 경우 공시의 번호, 유기농어업자재의 명칭 및 사용방법 등의 관련 정보를 함께 표시하여야 하며, 제37조제4항의 공시기준에 따라 해당자재의 효능·효과를 표시할 수 있다.

제43조(공시의 취소 등)

① 농림축산식품부장관·해양수산부장관 또는 공시기관은 공시사업자가 다음 각 호의 어느 하나에 해당하는 경우에는 그 공시를 취소하거나 판매금지 또는 시정조치를 명할 수 있다. 다만, 제1호의 경우에는 그 공시를 취소하여야 한다.
  1. 거짓이나 그 밖의 부정한 방법으로 공시를 받은 경우
  2. 제37조제4항에 따른 공시기준에 맞지 아니한 경우
  3. 정당한 사유 없이 제49조제7항에 따른 명령에 따르지 아니한 경우
  4. 전업·폐업 등으로 인하여 유기농어업자재를 생산하기 어렵다고 인정되는 경우
  5. 제3항에 따른 품질관리 지도 결과 공시의 제품으로 부적절하다고 인정되는 경우

② 농림축산식품부장관·해양수산부장관 또는 공시기관은 제1항에 따라 공시를 취소한 경우 지체 없이 해당 공시사업자에게 그 사실을 알려야 하고, 공시기관은 농림축산식품부장관 또는 해양수산부장관에게도 그 사실을 알려야 한다.

③ 공시기관은 직접 공시를 한 제품에 대하여 품질관리 지도를 실시하여야 한다.

④ 제1항에 따른 공시의 취소 등에 필요한 구체적인 절차 및 처분의 기준, 제3항에 따른 품질관리에 관한 사항 등은 농림축산식품부령 또는 해양수산부령으로 정한다.

제44조(공시기관의 지정 등)

① 농림축산식품부장관 또는 해양수산부장관은 공시에 필요한 인력과 시설을 갖춘 자를 공시기관으로 지정하여 유기농어업자재의 공시를 하게 할 수 있다.

② 제1항에 따라 공시기관으로 지정을 받으려는 자는 농림축산식품부장관 또는 해양수산부장관에게 공시기관의 지정을 신청하여야 한다.

③ 제1항에 따른 공시기관 지정의 유효기간은 지정을 받은 날부터 5년으로 하고, 유효기간이 끝난 후에도 유기농어업자재의 공시업무를 계속하려는 공시기관은 유효기간이 끝나기 전에 그 지정을 갱신하여야 한다.

④ 공시기관은 지정받은 내용이 변경된 경우에는 농림축산식품부장관 또는 해양수산부장관에게 변경신고를 하여야 한다. 다만, 농림축산식품부령 또는 해양수산부령으로 정하는 중요

사항을 변경할 때에는 농림축산식품부장관 또는 해양수산부장관으로부터 승인을 받아야 한다.
⑤ 공시기관의 지정기준, 지정신청, 지정갱신 및 변경신고 등에 필요한 사항은 농림축산식품부령 또는 해양수산부령으로 정한다.

제45조(공시기관의 준수사항)
공시기관은 다음 각 호의 사항을 준수하여야 한다.
1. 공시 과정에서 얻은 정보와 자료를 공시의 신청인의 서면동의 없이 공개하거나 제공하지 아니할 것. 다만, 이 법률 또는 다른 법률에 따라 공개하거나 제공하는 경우는 제외한다.
2. 농림축산식품부장관 또는 해양수산부장관이 요청하는 경우에는 공시기관의 사무소 및 시설에 대한 접근을 허용하거나 필요한 정보 및 자료를 제공할 것
3. 공시의 신청·심사, 공시의 취소, 판매금지 처분, 품질관리 지도 및 유기농어업자재의 거래에 관한 자료를 농림축산식품부령 또는 해양수산부령으로 정하는 바에 따라 보관할 것
4. 농림축산식품부령 또는 해양수산부령으로 정하는 바에 따라 공시 결과 및 사후관리 결과 등을 농림축산식품부장관 또는 해양수산부장관에게 보고할 것
5. 공시사업자가 제37조제4항에 따른 공시기준을 준수하도록 관리하기 위하여 농림축산식품부령 또는 해양수산부령으로 정하는 바에 따라 공시사업자에 대하여 불시 심사를 하고 그 결과를 기록·관리할 것

제46조(공시업무의 휴업·폐업)
공시기관은 공시업무의 전부 또는 일부를 휴업하거나 폐업하려는 경우에는 농림축산식품부령 또는 해양수산부령으로 정하는 바에 따라 미리 농림축산식품부장관 또는 해양수산부장관에게 신고하고, 그 공시기관이 공시를 하여 유효기간이 끝나지 아니한 공시사업자에게는 그 취지를 알려야 한다.

제47조(공시기관의 지정취소 등)
① 농림축산식품부장관 또는 해양수산부장관은 공시기관이 다음 각 호의 어느 하나에 해당하는 경우에는 지정을 취소하거나 6개월 이내의 기간을 정하여 그 업무의 전부 또는 일부의 정지 또는 시정조치를 명할 수 있다. 다만, 제1호부터 제3호까지의 경우에는 그 지정을 취소하여야 한다.
  1. 거짓이나 그 밖의 부정한 방법으로 지정을 받은 경우
  2. 공시기관이 파산, 폐업 등으로 인하여 공시업무를 수행할 수 없는 경우

3. 업무정지 명령을 위반하여 정지기간 중에 공시업무를 한 경우
4. 정당한 사유 없이 1년 이상 계속하여 공시업무를 하지 아니한 경우
5. 고의 또는 중대한 과실로 제37조제4항에 따른 공시기준에 맞지 아니한 제품에 공시를 한 경우
6. 고의 또는 중대한 과실로 제38조에 따른 공시심사 및 재심사의 처리 절차·방법 또는 제39조에 따른 공시 갱신의 절차·방법 등을 지키지 아니한 경우
7. 정당한 사유 없이 제43조제1항에 따른 처분, 제49조제7항제2호 또는 제3호에 따른 명령 및 같은 조 제9항에 따른 공표를 하지 아니한 경우
8. 제44조제5항에 따른 공시기관의 지정기준에 맞지 아니하게 된 경우
9. 제45조에 따른 공시기관의 준수사항을 지키지 아니한 경우
10. 제50조제2항에 따른 시정조치 명령이나 처분에 따르지 아니한 경우
11. 정당한 사유 없이 제50조제3항을 위반하여 소속 공무원의 조사를 거부·방해하거나 기피하는 경우

② 농림축산식품부장관 또는 해양수산부장관은 제1항에 따라 지정취소 또는 업무정지 등의 처분을 한 경우에는 그 사실을 농림축산식품부 또는 해양수산부의 인터넷 홈페이지에 게시하여야 한다.
③ 제1항에 따라 공시기관의 지정이 취소된 자는 취소된 날부터 2년이 지나지 아니하면 다시 공시기관으로 지정받을 수 없다. 다만, 제1항제2호의 사유에 해당하여 지정이 취소된 경우에는 제외한다.
④ 제1항에 따른 행정처분의 세부적인 기준은 위반행위의 유형 및 위반 정도 등을 고려하여 농림축산식품부령 또는 해양수산부령으로 정한다.

제48조(공시에 관한 부정행위의 금지)
누구든지 다음 각 호의 어느 하나에 해당하는 행위를 하여서는 아니 된다.
1. 거짓이나 그 밖의 부정한 방법으로 제38조에 따른 공시, 재심사 및 공시 변경승인, 제39조제2항에 따른 공시 갱신 또는 제44조제1항·제3항에 따른 공시기관의 지정·갱신을 받는 행위
2. 공시를 받지 아니한 자재에 제42조에 따른 유기농어업자재 공시를 나타내는 표시 또는 이와 유사한 표시(공시를 받은 유기농어업자재로 잘못 인식할 우려가 있는 표시 및 이와 관련된 외국어 또는 외래어 표시를 포함한다)를 하는 행위
3. 공시를 받은 유기농어업자재에 공시를 받은 내용과 다르게 표시하는 행위
4. 제38조제1항에 따른 공시 또는 제39조제2항에 따른 공시 갱신의 신청에 필요한 서류를 거짓으로 발급하여 주는 행위

5. 제2호 또는 제3호의 행위에 따른 자재임을 알고도 그 자재를 판매하는 행위 또는 판매할 목적으로 보관·운반하거나 진열하는 행위
6. 공시가 취소된 자재임을 알고도 공시를 받은 유기농어업자재로 판매하거나 판매할 목적으로 보관·운반 또는 진열하는 행위
7. 공시를 받지 아니한 자재를 공시를 받은 유기농어업자재로 광고하거나 공시를 받은 유기농어업자재로 잘못 인식할 수 있도록 광고하는 행위 또는 공시를 받은 유기농어업자재를 공시를 받은 내용과 다르게 광고하는 행위
8. 허용물질이 아닌 물질 또는 제37조제4항에 따른 공시기준에서 허용하지 아니한 물질 등을 유기농어업자재에 섞어 넣는 행위

제49조(유기농어업자재 및 공시사업자등의 사후관리)
① 농림축산식품부장관 또는 해양수산부장관은 농림축산식품부령 또는 해양수산부령으로 정하는 바에 따라 소속 공무원 또는 공시기관으로 하여금 매년 다음 각 호의 조사(공시기관은 공시를 한 공시사업자에 대한 제2호의 조사에 한정한다)를 하게 하여야 한다. 이 경우 시료를 무상으로 제공받아 검사하거나 자료 제출 등을 요구할 수 있다.
  1. 판매·유통 중인 공시 받은 유기농어업자재에 대한 조사
  2. 공시사업자의 사업장에서 유기농어업자재의 생산 과정을 확인하여 제37조제4항에 따른 공시기준에 맞는지 여부 조사
② 제1항에 따라 조사를 할 때에는 미리 조사의 일시, 목적, 대상 등을 관계인에게 알려야 한다. 다만, 긴급한 경우나 미리 알리면 그 목적을 달성할 수 없다고 인정되는 경우에는 그러하지 아니하다.
③ 제1항에 따라 조사를 하거나 자료 제출을 요구하는 경우 공시사업자 또는 공시 받은 유기농어업자재를 판매·유통하는 사업자(이하 "공시사업자등"이라 한다)는 정당한 사유 없이 거부·방해하거나 기피하여서는 아니 된다. 이 경우 제1항에 따른 조사를 위하여 사업장에 출입하는 자는 그 권한을 표시하는 증표를 지니고 이를 관계인에게 보여주어야 한다.
④ 농림축산식품부장관·해양수산부장관 또는 공시기관은 제1항에 따른 조사를 한 경우에는 공시사업자등에게 조사 결과를 통지하여야 한다. 이 경우 조사 결과 중 제1항 각 호 외의 부분 후단에 따라 제공한 시료의 검사 결과에 이의가 있는 공시사업자등은 시료의 재검사를 요청할 수 있다.
⑤ 제4항에 따른 재검사 요청을 받은 농림축산식품부장관·해양수산부장관 또는 공시기관은 농림축산식품부령 또는 해양수산부령으로 정하는 바에 따라 재검사 여부를 결정하여 해당 공시사업자등에게 통보하여야 한다.

⑥ 농림축산식품부장관·해양수산부장관 또는 공시기관은 제4항에 따른 재검사를 하기로 결정하였을 때에는 지체 없이 재검사를 하고 해당 공시사업자등에게 그 재검사 결과를 통보하여야 한다.

⑦ 농림축산식품부장관·해양수산부장관 또는 공시기관은 제1항에 따른 조사를 한 결과 제37조제4항에 따른 공시기준 또는 제42조에 따른 공시의 표시사항 등을 위반하였다고 판단한 때에는 공시사업자등에게 다음 각 호의 조치를 명할 수 있다.

1. 제43조제1항에 따른 공시취소, 판매금지 또는 시정조치
2. 유기농어업자재의 회수·폐기
3. 공시표시의 제거·정지 또는 세부 표시사항 변경

⑧ 농림축산식품부장관 또는 해양수산부장관은 공시사업자등이 제7항제2호에 따른 회수·폐기 명령을 이행하지 아니하는 경우에는 관계 공무원에게 해당 유기농어업자재를 압류하게 할 수 있다. 이 경우 관계 공무원은 그 권한을 표시하는 증표를 지니고 이를 관계인에게 보여주어야 한다.

⑨ 농림축산식품부장관·해양수산부장관 또는 공시기관은 제7항 각 호에 따른 조치명령의 내용을 공표하여야 한다.

⑩ 제4항에 따른 조사 결과 통지 및 제6항에 따른 시료의 재검사 절차와 방법, 제7항 각 호에 따른 조치명령의 세부기준, 제8항에 따른 압류 및 제9항에 따른 공표에 필요한 사항은 농림축산식품부령 또는 해양수산부령으로 정한다.

제50조(공시기관의 사후관리)

① 농림축산식품부장관 또는 해양수산부장관은 소속 공무원으로 하여금 공시기관이 제38조 및 제39조에 따라 공시업무를 적절하게 수행하는지, 제44조제5항에 따른 공시기관의 지정기준에 맞는지, 제45조에 따른 공시기관의 준수사항을 지키는지를 조사하게 할 수 있다.

② 농림축산식품부장관 또는 해양수산부장관은 제1항에 따른 조사결과 공시기관이 다음 각 호의 어느 하나에 해당하는 경우에는 제47조제1항에 따른 지정취소·업무정지 또는 시정조치 명령을 할 수 있다.

1. 제38조 또는 제39조에 따라 공시업무를 적절하게 수행하지 아니하는 경우
2. 제44조제5항에 따른 지정기준에 맞지 아니하는 경우
3. 제45조에 따른 공시기관의 준수사항을 지키지 아니하는 경우

③ 제1항에 따라 조사를 하는 경우 공시기관의 임직원은 정당한 사유 없이 이를 거부·방해하거나 기피해서는 아니 된다.

제51조(공시기관 등의 승계)
① 다음 각 호의 어느 하나에 해당하는 자는 공시사업자 또는 공시기관의 지위를 승계한다.
  1. 공시사업자가 사망한 경우 그 유기농어업자재를 계속하여 생산하거나 수입하여 판매하려는 상속인
  2. 공시사업자나 공시기관이 사업을 양도한 경우 그 양수인
  3. 공시사업자나 공시기관이 합병한 경우 합병 후 존속하는 법인이나 합병으로 설립되는 법인
② 제1항에 따라 공시사업자의 지위를 승계한 자는 공시심사를 한 공시기관(그 공시기관의 지정이 취소된 경우에는 해양수산부장관 또는 다른 공시기관을 말한다)에 그 사실을 신고하여야 하고, 공시기관의 지위를 승계한 자는 농림축산식품부장관 또는 해양수산부장관에게 그 사실을 신고하여야 한다.
③ 농림축산식품부장관·해양수산부장관 또는 공시기관은 제2항에 따른 신고를 받은 날부터 1개월 이내에 신고수리 여부를 신고인에게 통지하여야 한다.
④ 농림축산식품부장관·해양수산부장관 또는 공시기관이 제3항에서 정한 기간 내에 신고수리 여부 또는 민원 처리 관련 법령에 따른 처리기간의 연장을 신고인에게 통지하지 아니하면 그 기간(민원 처리 관련 법령에 따라 처리기간이 연장 또는 재연장된 경우에는 해당 처리기간을 말한다)이 끝난 날의 다음 날에 신고를 수리한 것으로 본다.
⑤ 제1항에 따른 지위의 승계가 있을 때에는 종전의 공시기관 또는 공시사업자에게 한 제43조제1항 또는 제47조제1항에 따른 행정처분의 효과는 그 처분기간 내에 그 지위를 승계한 자에게 승계되며, 행정처분의 절차가 진행 중일 때에는 그 지위를 승계한 자에 대하여 그 절차를 계속 진행할 수 있다.
⑥ 제2항에 따른 신고에 필요한 사항은 농림축산식품부령 또는 해양수산부령으로 정한다.

제52조(「농약관리법」 등의 적용 배제)
① 공시를 받은 유기농어업자재에 대하여는 「농약관리법」 제8조 및 제17조, 「비료관리법」 제11조 및 제12조에도 불구하고 「농약관리법」에 따른 농약이나 「비료관리법」에 따른 비료로 등록하거나 신고하지 아니할 수 있다.
② 유기농어업자재를 생산하거나 수입하여 판매하려는 자가 공시를 받았을 때에는 「농약관리법」 제3조에 따른 등록을 하지 아니할 수 있다.

제6장 보칙

제53조(친환경 인증관리 정보시스템의 구축·운영)

① 농림축산식품부장관 또는 해양수산부장관은 다음 각 호의 업무를 수행하기 위하여 친환경 인증관리 정보시스템을 구축·운영할 수 있다.

1. 인증기관 지정·등록, 인증 현황, 수입증명서 관리 등에 관한 업무
2. 인증품 등에 관한 정보의 수집·분석 및 관리 업무
3. 인증품 등의 사업자 목록 및 생산, 제조·가공 또는 취급 관련 정보 제공
4. 인증받은 자의 성명, 연락처 등 소비자에게 인증품 등의 신뢰도를 높이기 위하여 필요한 정보 제공
5. 인증기준 위반품의 유통 차단을 위한 인증취소 등의 정보 공표

② 제1항에 따른 친환경 인증관리 정보시스템의 구축·운영에 필요한 사항은 농림축산식품부령 또는 해양수산부령으로 정한다.

제53조의2(유기농어업자재 정보시스템의 구축·운영)

① 농림축산식품부장관 또는 해양수산부장관은 다음 각 호의 업무를 수행하기 위하여 유기농어업자재 정보시스템을 구축·운영할 수 있다.

1. 공시기관 지정 현황, 공시 현황, 시험연구기관의 지정 현황 등의 관리에 관한 업무
2. 공시에 관한 정보의 수집·분석 및 관리 업무
3. 공시사업자 목록 및 공시를 받은 제품의 생산, 제조, 수입 또는 취급 관련 정보 제공 업무
4. 공시사업자의 성명, 연락처 등 소비자에게 공시의 신뢰도를 높이기 위하여 필요한 정보 제공 업무
5. 공시기준 위반품의 유통 차단을 위한 공시의 취소 등 정보 공표 업무

② 제1항에 따른 유기농어업자재 정보시스템의 구축·운영에 필요한 사항은 농림축산식품부령 또는 해양수산부령으로 정한다.

제54조(인증제도 활성화 지원)

① 농림축산식품부장관 또는 해양수산부장관은 인증제도 활성화를 위하여 다음 각 호의 사항을 추진하여야 한다.

1. 이 법에 따른 인증제도의 홍보에 관한 사항
2. 인증제도 운영에 필요한 교육·훈련에 관한 사항
3. 이 법에 따른 인증품의 생산, 제조·가공 또는 취급 계획서의 견본문서 개발 및 보급에

관한 사항

② 농림축산식품부장관 또는 해양수산부장관은 다음 각 호의 하나에 해당하는 자에게 예산의 범위에서 품질관리체제 구축 또는 기술지원 및 교육·훈련 사업 등에 필요한 자금을 지원할 수 있다.
　1. 농어업인 또는 민간단체
　2. 제품 등의 인증사업자, 공시사업자, 인증기관 또는 공시기관
　3. 인증제도 관련 교육과정 운영자
　4. 인증품 등의 생산, 제조·가공 또는 취급 관련 표준모델 개발 및 기술지원 사업자

제54조의2(명예감시원)

① 농림축산식품부장관 또는 해양수산부장관은 「농수산물 품질관리법」 제104조에 따른 농수산물 명예감시원에게 친환경농수산물, 유기식품등, 무농약원료가공식품 또는 유기농어업자재의 생산·유통에 대한 감시·지도·홍보를 하게 할 수 있다.
② 농림축산식품부장관 또는 해양수산부장관은 제1항에 따른 농수산물 명예감시원에게 예산의 범위에서 그 활동에 필요한 경비를 지급할 수 있다.

제55조(우선구매)

① 국가와 지방자치단체는 농어업의 환경보전기능 증대와 친환경농어업의 지속가능한 발전을 위하여 친환경농수산물·무농약원료가공식품 또는 유기식품을 우선적으로 구매하도록 노력하여야 한다.
② 농림축산식품부장관·해양수산부장관 또는 지방자치단체의 장은 이 법에 따른 인증품의 구매를 촉진하기 위하여 다음 각 호의 어느 하나에 해당하는 기관 및 단체의 장에게 인증품의 우선구매 등 필요한 조치를 요청할 수 있다.
　1. 「중소기업제품 구매촉진 및 판로지원에 관한 법률」 제2조제2호에 따른 공공기관
　2. 「국군조직법」에 따라 설치된 각군 부대와 기관
　3. 「영유아보육법」에 따른 어린이집, 「유아교육법」에 따른 유치원, 「초·중등교육법」 또는 「고등교육법」에 따른 학교
　4. 농어업 관련 단체 등
③ 국가 또는 지방자치단체는 이 법에 따른 인증품의 소비촉진을 위하여 제2항에 따라 우선구매를 하는 기관 및 단체 등에 예산의 범위에서 재정지원을 하는 등 필요한 지원을 할 수 있다.

제56조(수수료)

① 다음 각 호의 어느 하나에 해당하는 자는 수수료를 해양수산부장관이나 해당 인증기관 또는 공시기관에 납부하여야 한다.

1. 제20조제1항 또는 제34조제3항에 따라 인증을 받으려는 자
1의2. 제20조제8항(제34조제4항에서 준용하는 경우를 포함한다)에 따라 인증 변경승인을 받으려는 자
2. 제21조제2항(제34조제4항에서 준용하는 경우를 포함한다)에 따라 인증을 갱신하려는 자
2의2. 삭제
3. 제21조제3항(제34조제4항에서 준용하는 경우를 포함한다)에 따라 인증의 유효기간을 연장받으려는 자
4. 제38조제1항에 따라 공시를 받으려는 자
5. 제39조제2항에 따라 공시를 갱신하려는 자

② 다음 각 호의 어느 하나에 해당하는 자는 수수료를 농림축산식품부장관 또는 해양수산부장관에게 납부하여야 한다.

1. 제25조에 따라 동등성을 인정받으려는 외국의 정부 또는 인증기관
2. 제26조 또는 제35조에 따라 인증기관으로 지정받거나 인증기관 지정을 갱신하려는 자
2의2. 제41조에 따라 시험연구기관으로 지정받거나 시험연구기관 지정을 갱신하려는 자
3. 제44조에 따라 공시기관으로 지정받거나 공시기관 지정을 갱신하려는 자

③ 제1항 및 제2항에 따른 수수료의 금액, 납부방법 및 납부기간 등에 필요한 사항은 농림축산식품부령 또는 해양수산부령으로 정한다.

제57조(청문 등)

① 농림축산식품부장관 또는 해양수산부장관은 다음 각 호의 어느 하나에 해당하는 경우에는 청문을 하여야 한다.

1. 제14조의2제1항에 따라 교육훈련기관의 지정을 취소하는 경우
2. 제26조의2제3항(제35조제2항에서 준용하는 경우를 포함한다)에 따라 인증심사원의 자격을 취소하는 경우
3. 제29조제1항(제35조제2항에서 준용하는 경우를 포함한다) 또는 제47조제1항에 따라 인증기관 또는 공시기관의 지정을 취소하는 경우

② 인증기관 또는 공시기관이 제24조제1항(제34조제4항에서 준용하는 경우를 포함한다) 또는 제43조제1항에 따라 인증이나 공시를 취소하려는 경우에는 해당 사업자에게 의견제출의 기회를 주어야 한다. 다만, 해당 사업자가 청문을 신청하는 경우에는 청문을 하여야 한다.

③ 제2항에 따른 의견제출 및 청문에 관하여는 「행정절차법」 제22조제4항부터 제6항까지 및 같은 법 제2장제2절의 규정을 준용한다. 이 경우 "행정청"은 "인증기관" 또는 "공시기관"으로 본다.

제58조(권한의 위임 또는 위탁)
① 이 법에 따른 농림축산식품부장관 또는 해양수산부장관의 권한 또는 업무는 그 일부를 대통령령으로 정하는 바에 따라 농촌진흥청장, 산림청장, 시·도지사 또는 농림축산식품부 또는 해양수산부 소속 기관의 장에게 위임하거나, 식품의약품안전처장, 「과학기술분야 정부출연연구기관 등의 설립·운영 및 육성에 관한 법률」에 따라 설립된 한국식품연구원의 원장 또는 민간단체의 장이나 「고등교육법」 제2조에 따른 학교의 장에게 위탁할 수 있다.
② 제1항에 따라 위임 또는 위탁을 받은 농림축산식품부 또는 해양수산부 소속 기관의 장 또는 식품의약품안전처장, 농촌진흥청장은 그 위임 또는 위탁받은 권한의 일부 또는 전부를 소속 기관의 장에게 재위임하거나 민간단체에 재위탁할 수 있다.

제59조(벌칙 적용 시의 공무원 의제 등)
다음 각 호의 어느 하나에 해당하는 사람은 「형법」 제129조부터 제132조까지의 규정에 따른 벌칙을 적용할 때에는 공무원으로 본다.
1. 제26조제1항 또는 제35조제1항에 따라 인증업무에 종사하는 인증기관의 임직원
1의2. 제41조제1항에 따라 지정된 시험연구기관에서 유기농어업자재의 시험업무에 종사하는 임직원
2. 제44조제1항에 따라 공시업무에 종사하는 공시기관의 임직원
3. 제26조제4항 또는 제58조에 따라 위탁받은 업무에 종사하는 기관, 단체, 법인 또는 「고등교육법」 제2조에 따른 학교의 임직원

제7장 벌칙 등
제60조(벌칙)
① 제27조제1항제1호, 같은 조 제2항제1호, 제41조의2제1호 또는 제45조제1호를 위반하여 인증과정, 시험수행과정 또는 공시 과정에서 얻은 정보와 자료를 신청인의 서면동의 없이 공개하거나 제공한 자는 5년 이하의 징역 또는 5천만원 이하의 벌금에 처한다.
② 다음 각 호의 어느 하나에 해당하는 자는 3년 이하의 징역 또는 3천만원 이하의 벌금에 처한다.
1. 제26조제1항 또는 제35조제1항에 따라 인증기관의 지정을 받지 아니하고 인증업무를

하거나 제44조제1항에 따라 공시기관의 지정을 받지 아니하고 공시업무를 한 자
2. 제26조제3항(제35조제2항에서 준용하는 경우를 포함한다)에 따라 인증기관 지정의 유효기간이 지났음에도 인증업무를 하였거나 제44조제3항에 따라 공시기관 지정의 유효기간이 지났음에도 공시업무를 한 자
3. 제29조제1항(제35조제2항에서 준용하는 경우를 포함한다)에 따라 인증기관의 지정취소 처분을 받았음에도 인증업무를 하거나 제47조제1항에 따라 공시기관의 지정취소 처분을 받았음에도 공시업무를 한 자
4. 제30조제1항제1호(제34조제5항에서 준용하는 경우를 포함한다)를 위반하여 거짓이나 그 밖의 부정한 방법으로 제20조에 따른 인증심사, 재심사 및 인증 변경승인, 제21조에 따른 인증 갱신, 유효기간 연장 및 재심사 또는 제26조제1항 및 제3항에 따른 인증기관의 지정·갱신을 받은 자
4의2. 제30조제1항제1호의2(제34조제5항에서 준용하는 경우를 포함한다)를 위반하여 거짓이나 그 밖의 부정한 방법으로 제20조에 따른 인증심사, 재심사 및 인증 변경승인, 제21조에 따른 인증 갱신, 유효기간 연장 및 재심사를 하거나 받을 수 있도록 도와준 자
4의3. 제30조제1항제1호의3(제34조제5항에서 준용하는 경우를 포함한다)을 위반하여 거짓이나 그 밖의 부정한 방법으로 인증심사원의 자격을 부여받은 자
5. 제30조제1항제2호(제34조제5항에서 준용하는 경우를 포함한다)를 위반하여 인증을 받지 아니한 제품과 제품을 판매하는 진열대에 유기표시, 무농약표시, 친환경 문구 표시 및 이와 유사한 표시(인증품으로 잘못 인식할 우려가 있는 표시 및 이와 관련된 외국어 또는 외래어 표시를 포함한다)를 한 자
6. 제30조제1항제3호(제34조제5항에서 준용하는 경우를 포함한다) 또는 제48조제3호를 위반하여 인증품 또는 공시를 받은 유기농어업자재에 인증 또는 공시를 받은 내용과 다르게 표시를 한 자
7. 제30조제1항제4호(제34조제5항에서 준용하는 경우를 포함한다) 또는 제48조제4호를 위반하여 인증, 인증 갱신 또는 공시, 공시 갱신의 신청에 필요한 서류를 거짓으로 발급한 자
8. 제30조제1항제5호(제34조제5항에서 준용하는 경우를 포함한다)를 위반하여 인증품에 인증을 받지 아니한 제품 등을 섞어서 판매하거나 섞어서 판매할 목적으로 보관, 운반 또는 진열한 자
9. 제30조제1항제6호(제34조제5항에서 준용하는 경우를 포함한다)를 위반하여 인증을 받지 아니한 제품에 인증표시나 이와 유사한 표시를 한 것임을 알거나 인증품에 인증을 받은 내용과 다르게 표시한 것임을 알고도 인증품으로 판매하거나 판매할 목적으로 보관, 운반 또는 진열한 자

10. 제30조제1항제7호(제34조제5항에서 준용하는 경우를 포함한다) 또는 제48조제6호를 위반하여 인증이 취소된 제품 또는 공시가 취소된 자재임을 알고도 인증품 또는 공시를 받은 유기농어업자재로 판매하거나 판매할 목적으로 보관·운반 또는 진열한 자
11. 제30조제1항제8호(제34조제5항에서 준용하는 경우를 포함한다)를 위반하여 인증을 받지 아니한 제품을 인증품으로 광고하거나 인증품으로 잘못 인식할 수 있도록 광고(유기, 무농약, 친환경 문구 또는 이와 같은 의미의 문구를 사용한 광고를 포함한다)하거나 인증품을 인증받은 내용과 다르게 광고한 자
11의2. 제48조제1호를 위반하여 거짓이나 그 밖의 부정한 방법으로 제38조에 따른 공시, 재심사 및 공시 변경승인, 제39조제2항에 따른 공시 갱신 또는 제44조제1항·제3항에 따른 공시기관의 지정·갱신을 받은 자
12. 제48조제2호를 위반하여 공시를 받지 아니한 자재에 공시의 표시 또는 이와 유사한 표시를 하거나 공시를 받은 유기농어업자재로 잘못 인식할 우려가 있는 표시 및 이와 관련된 외국어 또는 외래어 표시 등을 한 자
13. 제48조제5호를 위반하여 공시를 받지 아니한 자재에 공시의 표시나 이와 유사한 표시를 한 것임을 알거나 공시를 받은 유기농어업자재에 공시를 받은 내용과 다르게 표시한 것임을 알고도 공시를 받은 유기농어업자재로 판매하거나 판매할 목적으로 보관, 운반 또는 진열한 자
14. 제48조제7호를 위반하여 공시를 받지 아니한 자재를 공시를 받은 유기농어업자재로 광고하거나 공시를 받은 유기농어업자재로 잘못 인식할 수 있도록 광고하거나 공시를 받은 자재를 공시 받은 내용과 다르게 광고한 자
15. 제48조제8호를 위반하여 허용물질이 아닌 물질이나 제37조제4항에 따른 공시기준에서 허용하지 아니하는 물질 등을 유기농어업자재에 섞어 넣은 자

③ 다음 각 호의 어느 하나에 해당하는 자는 1년 이하의 징역 또는 1천만원 이하의 벌금에 처한다.
1. 제23조의2제1항을 위반하여 수입한 제품(제23조에 따라 유기표시가 된 인증품 또는 제25조에 따라 동등성이 인정된 인증을 받은 유기가공식품을 말한다)을 신고하지 아니하고 판매하거나 영업에 사용한 자
2. 제29조(제35조제2항에서 준용하는 경우를 포함한다) 또는 제47조에 따른 인증심사업무 또는 공시업무의 정지기간 중에 인증심사업무 또는 공시업무를 한 자
3. 제31조제7항 각 호(제34조제5항에서 준용하는 경우를 포함한다) 또는 제49조제7항 각 호의 명령에 따르지 아니한 자

제60조의2(벌금형의 분리 선고)

「형법」 제38조에도 불구하고 제60조제1항, 같은 조 제2항제1호·제2호·제3호·제4호·제4호의2·제4호의3 및 같은 조 제3항제2호의 죄(인증심사업무와 관련된 죄로 한정한다)와 다른 죄의 경합범(競合犯)에 대하여 벌금형을 선고하는 경우에는 이를 분리하여 선고하여야 한다.

제61조(양벌규정)

법인의 대표자나 법인 또는 개인의 대리인, 사용인, 그 밖의 종업원이 그 법인 또는 개인의 업무에 관하여 제60조제1항, 같은 조 제2항 각 호 또는 같은 조 제3항 각 호에 따른 위반행위를 하면 그 행위자를 벌하는 외에 그 법인 또는 개인에게도 해당 조문의 벌금형을 과(科)한다. 다만, 법인 또는 개인이 그 위반행위를 방지하기 위하여 해당 업무에 관하여 상당한 주의와 감독을 게을리하지 아니한 경우에는 그러하지 아니한다.

제62조(과태료)

① 정당한 사유 없이 제32조제1항(제34조제5항에서 준용하는 경우를 포함한다), 제41조의3제1항 또는 제50조제1항에 따른 조사를 거부·방해하거나 기피한 자에게는 1천만원 이하의 과태료를 부과한다.

② 다음 각 호의 어느 하나에 해당하는 자에게는 500만원 이하의 과태료를 부과한다.
　1. 인증을 받지 아니한 사업자가 인증품의 포장을 해체하여 재포장한 후 제23조제1항 또는 제36조제1항에 따른 표시를 한 자
　2. 제23조제3항 또는 제36조제2항에 따른 제한적 표시기준을 위반한 자
　3. 제27조제1항제3호·제5호(제35조제2항에서 준용하는 경우를 포함한다), 제41조의2제3호, 제45조제3호 또는 제5호를 위반하여 관련 서류·자료 등을 기록·관리하지 아니하거나 보관하지 아니한 자
　4. 제27조제1항제4호(제35조제2항에서 준용하는 경우를 포함한다) 또는 제45조제4호를 위반하여 인증 결과 또는 공시 결과 및 사후관리 결과 등을 거짓으로 보고한 자
　5. 제27조제2항제2호(제35조제2항에서 준용하는 경우를 포함한다)를 위반하여 인증심사업무를 한 자
　6. 제27조제2항제3호(제35조제2항에서 준용하는 경우를 포함한다)를 위반하여 인증심사업무 결과를 기록하지 아니한 자
　7. 제28조(제35조제2항에서 준용하는 경우를 포함한다) 또는 제46조를 위반하여 신고하지 아니하고 인증업무 또는 공시업무의 전부 또는 일부를 휴업하거나 폐업한 자
　8. 정당한 사유 없이 제31조제1항(제34조제5항에서 준용하는 경우를 포함한다) 또는 제49조

제1항에 따른 조사를 거부·방해하거나 기피한 자
9. 제33조(제34조제5항에서 준용하는 경우를 포함한다) 또는 제51조를 위반하여 인증기관 또는 공시기관의 지위를 승계하고도 그 사실을 신고하지 아니한 자

③ 다음 각 호의 어느 하나에 해당하는 자에게는 300만원 이하의 과태료를 부과한다.
1. 제20조제8항(제34조제4항에서 준용하는 경우를 포함한다) 또는 제38조제4항을 위반하여 해당 인증기관 또는 공시기관으로부터 승인을 받지 아니하고 인증받은 내용 또는 공시를 받은 내용을 변경한 자
2. 제26조제5항 단서(제35조제2항에서 준용하는 경우를 포함한다) 또는 제44조제4항 단서를 위반하여 중요 사항을 승인받지 아니하고 변경한 자
3. 제27조제1항제4호(제35조제2항에서 준용하는 경우를 포함한다) 또는 제45조제4호를 위반하여 인증 결과 또는 공시 결과 및 사후관리 결과 등을 보고하지 아니한 자
4. 제33조(제34조제5항에서 준용하는 경우를 포함한다) 또는 제51조를 위반하여 인증사업자 또는 공시사업자의 지위를 승계하고도 그 사실을 신고하지 아니한 자
5. 제42조에 따른 표시기준을 위반한 자

④ 다음 각 호의 어느 하나에 해당하는 자에게는 100만원 이하의 과태료를 부과한다.
1. 제22조제1항(제34조제4항에서 준용하는 경우를 포함한다) 또는 제40조제1항을 위반하여 인증품 또는 공시를 받은 유기농어업자재의 생산, 제조·가공 또는 취급 실적을 농림축산식품부장관 또는 해양수산부장관, 해당 인증기관 또는 공시기관에 알리지 아니한 자
2. 제22조제2항(제34조제4항에서 준용하는 경우를 포함한다) 또는 제40조제2항을 위반하여 관련 서류 등을 보관하지 아니한 자
3. 제23조제1항 또는 제36조제1항에 따른 표시기준을 위반한 자
4. 제26조제5항 본문(제35조제2항에서 준용하는 경우를 포함한다) 또는 제44조제4항 본문을 위반하여 변경사항을 신고하지 아니한 자

⑤ 제1항부터 제4항까지의 규정에 따른 과태료는 대통령령으로 정하는 바에 따라 농림축산식품부장관 또는 해양수산부장관이 부과·징수한다.

부칙(식품 등의 표시·광고에 관한 법률)
제1조(시행일) 이 법은 2023년 1월 1일부터 시행한다. <단서 생략>
제2조 및 제3조 생략
제4조(다른 법률의 개정) ①부터 ⑥까지 생략
⑦ 친환경농어업 육성 및 유기식품 등의 관리·지원에 관한 법률 일부를 다음과 같이 개정한다.
제21조제3항 단서 중 "유통기한"을 "소비기한"으로 한다.

■ 농림축산식품부 소관 친환경농어업 육성 및 유기식품 등의 관리·지원에 관한 법률 시행규칙 [별지 제4호서식]

인증신청서(생산자용)

※ 뒤쪽의 작성방법을 읽고 작성하시기 바라며, [ ]에는 해당되는 곳에 √표를 합니다.

(앞쪽)

접수번호		접수일시		처리기간	50일(국외심사에 소요되는 체류기간은 처리기간에서 제외)
신청인	신청단위	[ ] 개인, [ ] 법인, [ ] 단체			
	성명(대표자 성명)		생산자 수		
	법인 또는 단체명		사업자등록번호(대표자의 생년월일)		
			농업경영체 등록번호		
	법인·단체(대표자) 주소			(전화번호	)
신청내용	인증구분 [ ] 유기농산물·유기임산물, [ ] 유기축산물, [ ] 유기양봉의 산물등 [ ] 무농약농산물				
	신청구분 [ ] 인증 신청, [ ] 인증 갱신신청, [ ] 인증의 유효기간 연장승인 신청				
	사업장 소재지				
	신청면적(m²)				
	신청품목				

「친환경농어업 육성 및 유기식품 등의 관리·지원에 관한 법률」 제20조·제21조(제34조) 및 「농림축산식품부 소관 친환경농어업 육성 및 유기식품 등의 관리·지원에 관한 법률 시행규칙」(이하 "규칙"이라 한다) 제12조·제17조(제55조제1항)에 따라 위와 같이 [ ] 인증 신청, [ ] 인증 갱신신청, [ ] 인증의 유효기간 연장승인을 신청합니다.

년 월 일

신청인 (서명 또는 인)

인증기관 귀하

첨부서류	1. 인증 신청의 경우에는 다음 각 목의 서류 가. 규칙 별지 제6호서식·별지 제7호서식에 따른 인증품 생산계획서 나. 규칙 별표 5의 경영 관련 자료 다. 사업장의 경계면을 표시한 지도 라. 유기농축산물·유기축산물·유기양봉의 산물등·무농약농산물의 생산 또는 취급에 관련된 작업장의 구조와 용도를 적은 도면(작업장이 있는 경우로 한정합니다) 마. 친환경농업에 관한 교육 이수 증명자료(전자적 방법으로 확인이 가능한 경우는 제외합니다) 2. 인증 갱신신청 또는 인증의 유효기간 연장승인 신청의 경우에는 다음 각 목의 서류. 다만, 가목 및 다목부터 마목까지의 서류는 변경사항이 없는 경우에는 제출하지 않을 수 있습니다. 가. 규칙 별지 제6호서식·별지 제7호서식에 따른 인증품 생산계획서 나. 규칙 별표 5의 경영 관련 자료 다. 사업장의 경계면을 표시한 지도 라. 인증품의 생산 또는 취급에 관련된 작업장의 구조와 용도를 적은 도면(작업장이 있는 경우로 한정합니다) 마. 친환경농업에 관한 교육 이수 증명자료(인증 갱신신청을 하려는 경우로 한정되며, 전자적 방법으로 확인이 가능한 경우는 제외합니다)	수 수 료 규칙 제90조 및 별표 23에 따른 수수료

210mm×297mm[백상지(80g/m²) 또는 중질지(80g/m²)]

■ 농림축산식품부 소관 친환경농어업 육성 및 유기식품 등의 관리·지원에 관한 법률 시행규칙 [별지 제6호서식]

인증품 생산계획서(농산물·임산물)

1. 신청인

신 청 인	생년월일	주 소
(서명 또는 인)		

2. 신청 내용

재배포장				재배품목	생산계획량 (kg)
소 재 지	지번	면적(m²)	시설 여부 (수경·양액 등)		

※ 수경재배 및 양액재배의 경우 시설 여부와 함께 별도 표시

3. 재배 작기(作期)

파 종 일	수확기간	판매기간

4. 경영관리

5. 재배포장·재배용수·종자

6. 재배방법

7. 생산물의 품질관리

※ 제4호부터 제7호까지는 「농림축산식품부 소관 친환경농어업 육성 및 유기식품 등의 관리·지원에 관한 법률 시행규칙」 제11조 및 별표 4(유기식품등) 또는 제54조 및 별표 14(무농약농산물·무농약원료가공식품)의 인증기준에서 요구하고 있는 사항에 대해 국립농산물품질관리원장 또는 인증기관이 정하는 방법에 따라 작성합니다.
※ 칸이 부족할 때는 해당 내용을 별지에 작성하여 첨부할 수 있습니다.

210mm×297mm[백상지 80g/m²]

■ 농림축산식품부 소관 친환경농어업 육성 및 유기식품 등의 관리·지원에 관한 법률 시행규칙 [별지 제7호서식]

인증품 생산계획서(축산물)

1. 신청인

신 청 인	생년월일	주 소
(서명 또는 인)		

2. 신청 내용

구 분	사 육 시 설			비 고
	소재지	지 번	면적(m²)	
사 육 장 목 초 지 사료작물 재배지 축산분뇨배출시설 그 밖의 시설 등				

3. 사육 규모 및 생산계획량

품목별	사육규모(두수, 군수)						생산계획량 (마릿수,갯수,ℓ,kg)
	계	성축	육성축	자축	군수	벌통수	

4. 일반원칙 또는 경영관리

5. 사육장 및 사육 조건

6. 자급사료 기반

7. 가축의 선택, 번식방법 및 입식

8. 전환기간

9. 사료(먹이) 및 영양관리

10. 동물복지 및 질병관리

11. 운송·도축·가공과정의 품질관리

12. 가축분뇨의 처리 등

※ 제4호부터 제12호까지는 「농림축산식품부 소관 친환경농어업 육성 및 유기식품 등의 관리·지원에 관한 법률 시행규칙」 제11조 및 별표 4(유기식품등)의 인증기준에서 요구하고 있는 사항에 대해 국립농산물품질관리원장 또는 인증기관이 정하는 방법에 따라 작성합니다.
※ 칸이 부족할 때는 해당 내용을 별지에 작성하여 첨부할 수 있습니다.

210mm×297mm[백상지 80g/m²]

부록 II

실기 복원문제

ORGANIC AGRICULTURE

2021년 1회 필답형 복원문제

이 문제는 수험자의 기억을 토대로 작성하였으므로 실제문제와 일부 다를 수도 있습니다.

01 빈칸에 알맞은 말을 적으시오.

> 유기축산물로 출하되는 축산물에 동물용의약품이 잔류되어서는 아니 된다. 다만, 식품위생법에 따라 식품의약품안전처장이 고시한 동물용의약품 잔류 허용기준의 ( )분의 1 이하여야 한다.

해답
10

02 토성 중 통기성, 배수성이 큰 순서대로 아래 보기를 참고하여 적으시오.

> < 보기 >
> 식양토, 사토, 양토, 사양토, 식토

해답
사토, 사양토, 양토, 식양토, 식토

03 덜 익은 바나나, 떫은 감 등의 착색증진, 연화 등을 촉진시켜 상품가치를 향상시키는 물질이며 바나나, 홍시 등 원예산물의 후숙과 생리작용에 관련된 물질을 아래 보기에서 고르시오.

> < 보기 >
> 아이오딘, 에틸렌, ABA, 티오황산

해답
에틸렌

04 다음 내용과 대기성분에 관련된 것끼리 연결하시오.

> 혐기성 호흡 •   • 산소
> 식물의 호흡 •   • 질소
> 과자봉지 포장 •   • 이산화탄소

해답
혐기성호흡 – 이산화탄소
식물의 호흡 – 산소
과자봉지 포장 – 질소

05 다음 내용을 보고 알맞은 것을 고르시오.

> 바나나, 사과 등을 장기 보관하기 위해서 이산화탄소 농도는 ㉠(높게 / 낮게), 산소는 ㉡(높게 / 낮게) 해야 과일이 신선하다.

해답
㉠ 높게
㉡ 낮게

06 흡수성, 통기성이 좋기 때문에 함수율이 높은 재료의 퇴비화 보조제로 활용되고 탄질율이 500~1000 정도인 임산부산물의 대표적인 퇴비를 보기에서 찾아 적으시오.

> < 보기 >
> 왕겨, 볏짚, 톱밥, 산야초

해답
톱밥

07 오리농법의 장점 2가지를 적으시오.

해답
- 잡초 및 해충이 방제된다.
- 토양에 산소가 공급된다.

08 아래 내용을 보고 알맞은 것끼리 연결하시오

① 한랭습윤지대의 침엽수림, 논의 노후화답 • • 포드졸화

② 배수가 좋지 못한 토양에서 환원상태가 되어 청회색, 회녹색 • • 이탄토

③ 이끼류 등 습생식물이 추운 늪지대에 퇴적된 것 • • 회색화

해답
① 포드졸화
② 회색화
③ 이탄토

09 유기농업에서 토양 피복의 효과 2가지를 적으시오

해답
- 잡초 발생이 억제된다.
- 토양의 건조가 방지된다.
- 토양의 침식이 방지된다.

10 답전윤환 재배의 정의를 적고 장점을 1가지 적으시오

해답
- 정의 : 답전윤환은 논상태와 밭상태로 몇 해씩 돌려가면서 벼와 작물을 재배하는 방식을 말한다.
- 장점 : 답전윤환을 통해 잡초의 발생이 억제된다.

11 친환경농업에서 천적을 이용한 병해충 방제에서 이용되는 천적의 종류를 찾아 알맞게 선을 이으시오

포식성 곤충 •	• 세균, 곰팡이
기생성 곤충 •	• 기생벌, 기생파리
병원성 미생물 •	• 풀잠자리, 무당벌레

해답

포식성 곤충 – 풀잠자리, 무당벌레
기생성 곤충 – 기생벌, 기생파리
병원성 미생물 – 세균, 곰팡이

12 다음은 유기농산물에 대한 설명이다. ( ) 안에 알맞은 내용을 쓰시오

◎ 유기농산물은 작물별로 국립농산물품질관리원장이 정하여 고시하는 전환기간 이상을 유기농산물 및 유기임산물 재배방법에 따라 재배(다년생 작물은 최초 수확 전 (㉠), 그 외 작물은 파종 또는 재식 전 (㉡)의 전환기간을 가져야 한다)한 농산물이다

해답

㉠ 3년
㉡ 2년

13 다음 보기에 퇴비제조 순서를 차례대로 나열하고 질소 함량을 높이는 방법을 1가지 적으시오

< 보기 >
원료 준비, 후숙, 뒤집기와 퇴적, 원료혼합

해답

• 원료 준비 → 원료 혼합 → 뒤집기와 퇴적 → 후숙
• 요소 비료를 시비하면 질소 함량을 높일 수 있다.

14 유기축산물 및 비식용유기가공품의 사료로 직접 사용되거나 배합사료의 원료로 사용 가능한 물질을 아래 보기에서 3가지 적으시오

<보기>
견과류, 합성화합물, 버섯, 비단백태질소화합물, 식품가공부산물, 성장촉진제

해답
견과류, 버섯, 식품가공부산물

15 다음 ( ) 안에 알맞은 것을 적으시오

◎ 유기생산물의 생산을 위한 가축에게는 (㉠) 비식용유기가공식품을 급여하여야 하며. 사료 급여가 어려운 경우에는 (㉡) 또는 인증기관의 장이 일정기간 동안 유기사료가 아닌 사료를 일정비율로 급여하는 것을 허용할 수 있다.
◎ (㉢) 가축에게 담근먹이만 급여하지 않는다. 비반추 가축도 가능한 조사료(생초나 건초 등의 거친 먹이)를 급여 한다.

해답
㉠ 100%
㉡ 국립농산물품질관리원장
㉢ 반추

16 토양부식 중 알칼리 불용부로서 전체부식의 20~30%를 차지하고, 무기성분과 매우 강하게 결합 되어 있으며, 분해되지 않는 물질을 보기 중 고르시오

< 보기 >
Lignin, Humin, STS, I-MCP

해답
Humin

17 pH 7 이하의 산도를 보기 중 고르시오

< 보기 >
산성, 알칼리성, 중성, 강알칼리성

해답
산성

18 다음 보기의 친환경자재 중 병충해 방제 2가지를 보기에서 고르시오

< 보기 >
제충국, 키토산, 볏짚, 펄라이트, 활성탄

해답
제충국, 키토산

19 다음 중 설명이 적합한 것끼리 연결하시오

양이온치환용량 증대	•	•	녹비작물
질소 고정	•	•	제올라이트
산도 조절	•	•	석회 시용

해답
- 양이온치환용량 증대 – 제올라이트
- 질소 고정 – 녹비작물
- 산도 조절 – 석회 시용

20 유기농산물을 생산, 제조, 가공 또는 취급하는 과정에서 사용할 수 있는 허용물질을 원료 또는 재료로 하여 만든 제품을 보기 중 고르시오

< 보기 >
유기가공식품, 유기식품, 무항생제축산물, 유기농어업자재

해답
유기농어업자재

2021년 2회 필답형 복원문제

이 문제는 수험자의 기억을 토대로 작성하였으므로 실제문제와 일부 다를 수도 있습니다.

01 관련법에 따른 토양개량과 작물생육을 위하여 사용이 가능한 물질 중 '사람의 배설물'의 사용가능 조건(오줌만 있는 경우 제외)이다. 아래 빈칸을 채우시오

◎ 고온발효의 경우 (㉠)°C 이상에서 (㉡)일 이상 발효된 것. 또는 저온발효의 경우 (㉢)개월 이상 발효된 것일 것

해답
㉠ 50
㉡ 7
㉢ 6

02 토양유기물 유지 방법 3가지를 적으시오

해답
- 녹비작물을 재배한다.
- 유기비료를 시비한다.
- 객토를 실시한다.

03 다음은 퇴비 부숙도에 대한 설명이다. 다음 내용을 보고 옳은 것을 모두 고르시오

① 황갈색이 흑갈색보다 부숙도가 높다.
② 형태를 알 수 없으면 부숙도가 높다.
③ 악취는 원료냄새가 강하면 퇴비냄새가 나는 것보다 부숙도가 낮다.
④ 수분이 50% 전후 손으로 움켜쥐어 손가락 사이로 물기가 스며들지 않으면 수분 70% 보다 부숙도가 낮다.

해답
②, ③

04 퇴비화 과정에서 발열, 감열, 숙성에 대해 설명하시오

해답
- 발열 : 박테리아가 유기물을 분해되면서 열이 발생하고 재료의 온도가 높아진다.
- 감열 : 유기물 분해가 완료되고 퇴비더미 온도가 내려간다.
- 숙성 : 다양한 종류의 생물이 서식하고 퇴비더미의 부피가 줄어들고 흑색으로 변한다.

05 다음 내용의 ( ) 안에 알맞은 내용을 적으시오

> 토양은 광물입자인 무기물과 유기물로 구성된 (㉠), 액체로 채워진 (㉡), 액체로 채워지지 않은 (㉢) 상태로 이루어져 있다

해답
- ㉠ 고상
- ㉡ 액상
- ㉢ 기상

06 토양 유기물의 분해속도가 빠른 것부터 순서대로 나열하시오

> < 보기 >
> 헤미셀룰로오스, 셀룰로오스, 전분, 리그닌

해답
전분, 헤미셀룰로오스, 셀룰로오스, 리그닌

07 아래 보기에 내용에 적합한 유기농 관련 용어를 적으시오

> (㉠) : 사육되는 가축에 대하여 그 생산물이 식용으로 사용하기 전에 동물용의약품의 사용을 제한하는 일정기간을 말한다.
> (㉡) : 토양을 이용하지 않고 통제된 시설공간에서 빛, 온도, 수분, 양분 등을 인공적으로 투입하여 작물을 재배하는 시설을 말한다.
> (㉢) : 비식용유기가공품 인증기준에 맞게 재배, 생산된 사료를 말한다.

해답

㉠ 휴약기간
㉡ 식물공장
㉢ 유기사료

08 답전윤환의 효과 2가지를 적으시오

해답

- 지력이 증진된다.
- 잡초가 감소한다.

09 퇴비의 생물학적 시험방법 중 지렁이법에 대하여 설명하시오

해답

수분함량이 약 65% 퇴비를 정도되는 퇴비를 비커에 약 1/3 정도 담고 줄지렁이 5~6마리를 넣어 검은 천으로 감싸 어두운 환경을 조성한다. 약 1시간 후 검은 천을 벗겨 밝게 한 후 행동을 관찰하여 다음과 같이 판정한다.

아주 미숙한 퇴비	지렁이가 부분적으로 녹기 시작
약간 미숙한 퇴비	지렁이가 행동력을 잃고 움직임이 없으며 몸체가 백색 또는 암갈색으로 변한다.
완숙 퇴비	지렁이 활동이 활발하다.

10 아래 보기를 보고 질소고정(kg/10a)이 큰 순서대로 나열하시오

< 보기 >
스위트클로버, 알팔파, 완두, 대두, 땅콩

해답

알팔파, 스위트클로버, 대두, 완두, 땅콩

참고 콩과식물 질소고정량(단위 : kg/10a)
- 알팔파 : 22
- 스위트클로버 : 14
- 대두 : 11.3
- 완두 : 8.3
- 땅콩 : 4.8

11 다음 설명에 맞는 용어를 보기에서 고르시오

< 보기 >
고초균, 유산균, 광합성균

◎ (㉠) : 유기물 분해능력 우수하며 살균·살충작용을 한다. 30~70°C에서 가장 잘 증식하며 50~56°C의 고온에서도 잘 발육하지만, 120°C 증기 속에서 15분이면 사멸한다.

◎ (㉡) : 유기물을 분해하여 젖산, 각종효소, 비타민, 핵산 등을 분비, 토양개량 및 작물생육 효과가 있다.

◎ (㉢) : 빛에너지를 이용하여 동화 작용을 하는 세균으로 식물 클로로필과 마찬가지로 마그네슘 포르피린인데 아세틸기를 갖고 있다. 유해가스를 유용물질로 전환하고 악취제거에 탁월한 효과가 있다.

해답

㉠ 고초균
㉡ 유산균
㉢ 광합성균

12 유인물질(페로몬)의 특징 2가지를 적으시오

해답
- 미량으로 효과가 높다.
- 분해가 빠르다.

참고 성유인물질(페로몬)의 특징
- 대상종 이외의 다른 곤충에게 영향이 적다.
- 감도가 높아 미량으로 효과가 크다.
- 독성이 적고 분해가 빠르다.
- 농작물의 잔류나 환경오염의 가능성이 거의 없다.
- 교미교란 방제작용으로 활용한다.

13 아래 보기 중 유기농재배에서 퇴비로 사용 가능한 2개를 고르시오

< 보기 >
항생제, 호르몬제, 합성항균제 / 화학비료 / 음식물류 제조 폐기물 물질
병원성 미생물 / 유기합성농약 / 부숙된 분뇨

해답
부숙된 분뇨, 음식물류 제조 폐기물 물질

14 다음 중 타감작용이 큰 작물 3가지를 고르시오

< 보기 >
메밀, 담배, 감자, 고추, 오이, 헤어리베치, 클로버

해답
메밀, 헤어리베치, 클로버

15 다음 중 토양 시료 채취 시 깊이 파야되는 순서대로 적으시오

> < 보기 >
> 상추, 벼, 사과나무

해답
사과나무, 벼, 상추

참고
- 사과나무 : 가지 끝 안쪽 30cm 지점의 20~40cm 깊이
- 벼 : 18cm 깊이
- 밭작물(상추) : 15cm 깊이

16 농산물의 상처로 병원균이 침입하여 저장 중 부패하는 것을 방지하기 위하여 처리하는 작업을 적으시오

해답
큐어링

17 아래 보기를 보고 토양유기물 함량 검사 절차를 바르게 나열하고 유기물 함량의 공식을 적으시오

> ㉠ 토양시료를 도가니에 담아 무게를 측정한다.
> ㉡ 풍건한 시료를 도가니에 담아 105℃ 로 건조한다.
> ㉢ 시료가 담긴 도가니를 550~600℃ 회화로에 넣어 완전히 태운다.
> ㉣ 도가니를 데시케이터에 식힌 후 무게를 측정하여 유기물의 함량을 구한다.

해답
- 순서 : ㉡ - ㉠ - ㉢ - ㉣
- 유기물 함량(%) = $\dfrac{\text{준비된 토양무게} - \text{유기물을 태운 후 토양무게}}{\text{준비된 토양무게}} \times 100$

18 콩과작물이 아닌 것을 2개 고르시오

< 보기 >
옥수수, 클로버, 귀리, 자운영, 헤어리베치

해답
옥수수, 귀리

참고 옥수수, 귀리 등은 화본과작물이다

19 보기 중 유기배합사료 제조물질을 각각 고르시오

< 보기 >
엽산, 중조, 판토텐산, 산화마그네슘, 아민초산, 황산L-라이신, 탄산나트륨
① 아미노산
② 비타민제
③ 완충제

해답
① 아미노산 : 아민초산, 황산L-라이신
② 비타민제 : 엽산, 판토텐산
③ 완충제 : 중조, 산화마그네슘, 탄산나트륨

20 다음 중 해충과 천적으로 알맞게 짝지어지도록 선을 그으시오

잎응애	•		• 총채벌레
진딧물	•		• 칠레이리응애
애꽃노린재	•		• 진디혹파리

해답
잎응애 – 칠레이리응애
진딧물 – 진디혹파리
애꽃노린재 – 총채벌레

01 식품첨가물에 대한 설명이다. 다음 설명에 맞는 용어를 보기를 보고 적으시오

<보기>
젖산, 천연향료, 염화마그네슘

㉠ 유제품의 응고제 및 치즈 가공 중 염수의 산도 조절제
㉡ 사용 가능한 용도 제한 없음. 다만, [식품위생법] 제7조1항에 따라 식품첨가물의 기준 및 규격이 물, 발효주정, 이산화탄소 및 물리적 방법으로 추출한 것만 사용할 것
㉢ 두류 제품 응고제

해답
㉠ 젖산
㉡ 천연향료
㉢ 염화마그네슘

02 윤작의 정의와 효과 한가지를 적으시오

해답
- 정의 : 윤작은 한 농경지에 동일 작물을 재배하는 연작과는 반대로 다른 종류의 작물을 순차적으로 재배하는 방식이다.
- 효과 : 지력이 유지된다.

03 유기물이 토양에 미치는 영향에 대한 설명이다. 옳은 것을 고르시오

㉠ 유기물이 분해되면서 산을 생성하여 암석을 분해시킨다 (O / X)
㉡ 토양의 미생물을 증가시킨다 (O / X)
㉢ 유기물이 토양의 완충능력을 낮춘다 (O / X)
㉣ 토양 물리성을 개선한다 (O / X)
㉤ 토양미생물 활성을 증진시킨다 (O / X)

해답
㉠ O ㉡ O ㉢ X ㉣ O ㉤ O

04 병해충을 예방하기 위한 친환경적인 방법 3가지를 적으시오

해답
- 윤작을 실시한다.
- 병해충에 저항성이 있는 작물을 선택한다.
- 천적을 활용한다.

05 병해충 관리를 위해 사용 가능한 물질 3가지를 아래 보기에서 고르시오

< 보기 >
어분, 데리스추출물, 톱밥, 제충국, 님추출물

해답
데리스추출물, 제충국, 님추출물

06 아래 보기를 보고 점토 함량이 많은 것부터 순서대로 나열하시오

< 보기 >
양토, 식토, 식양토, 사양토

해답
식토, 식양토, 양토, 사양토

07 아래 설명을 보고 빈칸을 채우시오

◎ 식물의 잎에서 동화작용에 의해 생성되는 (㉠)와 식물의 뿌리를 통해 흡수되는 (㉡)의 비율을 (㉢)이라 하며 식물의 생장, 꽃눈의 형성, 결실 등에 영향을 준다.

해답
㉠ 탄소
㉡ 질소
㉢ 탄질율

08 다음 빈칸에 적합한 말을 적으시오

◎ ( ) 은 과수원에 깨끗이 김을 매 주는 재배법으로 청경재배 대신에 목초, 녹비 등을 나무 아래 가꾸는 재배법으로 토양침식 방지, 제초노력 경감, 지력 증진의 효과가 있다.

해답
초생재배

09 아래 보기 중에서 에틸렌이 가장 많이 생성되는 작물을 고르시오

< 보기 >
딸기, 포도, 사과, 감귤, 고추

해답
사과

참고 에틸렌이 많이 생성되는 작물
사과, 바나나, 무화과, 복숭아, 감, 자두, 토마토 등

10 다음 빈칸을 알맞은 말을 쓰시오

◎ 유기축산물 생산을 위해 가축에게 (㉠)% 유기사료를 급여해야 하고 어려운 경우 (㉡) 또는 인증기관의 동의가 있어야 한다.

해답
㉠ 100
㉡ 국립농산물품질관리원장

11 기생성 천적곤충의 종류 2가지 쓰시오

해답
고치벌, 기생파리

12 가축의 종류별 전환기간에 따른 최소 사육기간을 알맞게 연결하시오

입식 후 6주 •	• 한우(식육)
입식 후 3개월 •	• 돼지
입식 후 5개월 •	• 산란계
입식 후 12개월 •	• 오리(식육)

> **해답**

입식 후 6주 – 오리(식육)
입식 후 3개월 - 산란계
입식 후 5개월 - 돼지
입식 후 12개월 – 한우(식육)

13 유기가공식품에 대한 설명이다. 빈칸에 알맞은 말을 적으시오

◎ 유기가공식품 등의 인증 유효기간은 인증을 받은 날부터 (　)년 이다

> **해답**

1

14 친환경농축산물의 종류 3가지를 적으시오

> **해답**

유기농산물, 유기축산물, 무농약농산물

15 아래 보기에서 질소 고정 작물을 3가지 고르시오

< 보기 >
콩, 클로버, 벼, 팥, 메밀, 옥수수

> **해답**

콩, 클로버, 팥

16 토양 개량과 작물 생육을 위해 사용 가능한 물질을 모두 고르시오

< 보기 >
오줌, 구아노, 비누, 목초액, 에틸렌, 파라핀 오일, 왕겨

해답
오줌, 구아노, 왕겨

17 다음은 해충의 방제 방법에 대한 내용이다. 알맞게 연결하시오

온탕소독 • • 식물학적 방법
곰팡이균 이용 • • 물리적 방법
저항성 품종 • • 생물학적 방법

해답
온탕소독 – 물리적 방법
곰팡이균 이용 – 생물학적 방법
저항성 품종 – 식물학적 방법

18 아래 보기에서 경운의 장점 3가지를 선택하시오

< 보기 >
토양의 통기성 증대 / 생명체 활동의 촉진 / 토양의 생태계 확대 / 잡초의 제거
/ 비료효과의 감소 / 토양의 물리성 개선

해답
토양의 통기선 개선, 잡초의 제거, 토양의 물리성 개선

19 유기가공식품의 표면 세척 소독제로 사용이 불가능한 물질을 아래 보기에서 선택하시오

< 보기 >
오존수, 요소수, 과산화수소, 차아염소산수

해답
요소수

참고 식품 표면의 세척 소독제
과산화수소, 오존수, 차아염소수산, 이산화염소

20 배수를 원활하게 하기 위해 지하에 배수관을 설치하는 방법을 적으시오

해답
암거배수

2022 1회 필답형 복원문제

이 문제는 수험자의 기억을 토대로 작성하였으므로 실제문제와 일부 다를 수도 있습니다.

01 다음은 볍씨 염수선을 위해 준비된 소금물의 비중과 계란의 뜬 모양을 나타낸 그림이다. 다음 그림을 보고 소금물의 비중이 낮은 것부터 높은 것 순서로 적으시오.

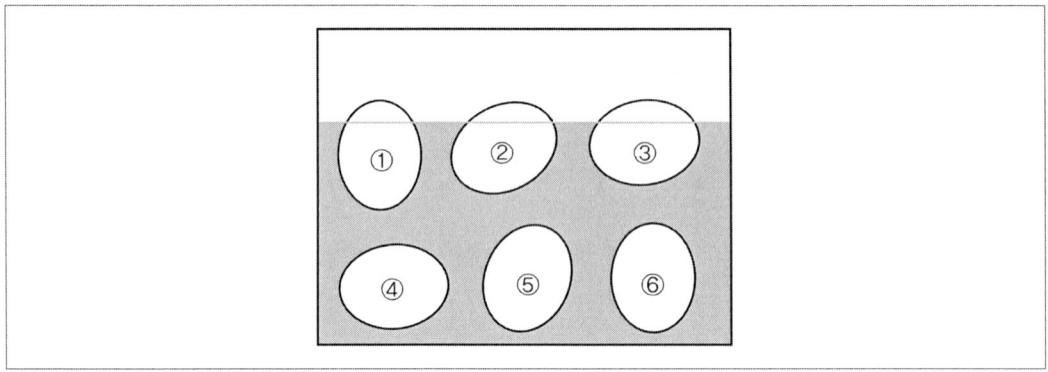

해답

④, ⑤, ⑥, ①, ②, ③

참고 비중값

① 1.09 ② 1.11 ③ 1.13 ④ 1.00 ⑤ 1.03 ⑥ 1.08

02 토양에 집적된 염류를 제거하는 방법 3가지를 적으시오.

해답

- 석회를 시용한다.
- 토양개량제를 사용하여 토양의 물리성을 개선한다.
- 심경을 실시한다.

03 유기농산물 및 유기축산물 인증에서 토양 개량과 작물 생육을 위해 사용 가능한 물질 3가지를 고르시오

< 보기 >
보르도액, 황산칼륨, 난황, 구아노, 생석회, 키토산

해답
황산칼륨, 키토산, 구아노

참고
난황, 보르도액, 생석회는 병해충 관리를 위해 사용 가능한 물질에 해당된다

04 윤작의 효과를 5가지 적으시오

해답
- 지력이 유지된다.
- 토양이 보호된다.
- 병해충이 경감된다.
- 노동의 합리적 분배가 가능하다.
- 경영의 안정화를 도모한다.

05 친환경적인 잡초 방제 방법을 3가지 적으시오

해답
- 오리농법
- 우렁이농법
- 윤작 실시
- 인위적 제초 및 예취

06 진딧물의 천적 2가지를 적으시오

해답
무당벌레, 진디혹파리

07 병해충관리로 이용 가능한 물질 중 달팽이 관리용으로만 사용 가능한 물질을 적으시오

> 해답
인산철

08 다음은 유기농산물 및 유기임산물의 인증기준 대한 내용이다. 빈칸을 채우시오

> ◎ 재배용수는 (㉠) 이상의 수질기준에 적합해야 하며, 농산물의 세척 등에 사용되는 용수는 (㉡)의 수질기준에 적합할 것
> ◎ 종자는 최소한 (㉢) 이상 다목의 재배방법에 따라 재배된 것을 사용하며, (㉣)인 종자는 사용하지 않을 것

> 해답
㉠ 농업용수
㉡ 먹는물
㉢ 1세대
㉣ 유전자변형농산물

09 화본과 작물이 두과작물보다 분해 속도가 느린 이유를 적으시오

> 해답
화본과 작물이 두과작물보다 탄질율이 높기 때문이다.

10 자갈, 모래, 미사, 점토 중 점토의 특징 2가지를 적으시오

> 해답
- 보수성이 높다.
- 지름이 0.002mm 이하의 입자이다.
- 보비력이 높다.

11 아래 보기를 보고 탄질율이 높은 순서대로 나열하시오

< 보기 >
알팔파, 쌀보리짚, 볏짚, 밀짚

해답
쌀보리짚, 밀짚, 볏짚, 알팔파

12 토양을 구성하는 3상을 적으시오

해답
고상, 액상, 기상

13 유기식품등의 생산, 제조·가공 또는 취급에 필요한 인증기준에서 말하는 윤작의 정의를 적으시오

해답
동일한 재배포장에서 동일한 작물을 연이어 재배하지 않고, 서로 다른 종류의 작물을 순차적으로 조합·배열하여 차례로 심는 것을 말한다.

14 인증품 또는 인증품의 포장·용기에 표시하는 인증정보 5가지 항목을 적으시오

해답
- 인증사업자의 성명 또는 업체명
- 전화번호
- 사업장 소재지
- 인증번호와 인증기관명
- 생산지

15 퇴비화 과정에 대한 설명이다. 알맞은 것끼리 연결하시오

발열 •   • 다양한 종류의 미생물이 서식하면서 원재료 부피의 20~70% 까지 줄어들고 검은색을 띠면서 잘 부스러진다

감열 •   • 퇴비재료를 쌓으면 온도가 60~80℃ 까지 오르는데 박테리아의 유기물 분해로 에너지가 방출

숙성 •   • 유기물의 분해가 완료되면 퇴비더미의 온도가 25~45℃ 정도로 내려온다

해답
- 발열 – 퇴비재료를 쌓으면 온도가 60~80℃ 까지 오르는데 박테리아의 유기물 분해로 에너지가 방출
- 감열 – 유기물의 분해가 완료되면 퇴비더미의 온도가 25~45℃ 정도로 내려온다.
- 숙성 – 다양한 종류의 미생물이 서식하면서 원재료 부피의 20~70% 까지 줄어들고 검은색을 띠면서 잘 부스러진다.

16 다음은 유기가공식품·비식용유기가공품의 인증기준에서 생산물의 품질관리에 대한 내용이다. 빈칸에 적합한 것을 적으시오

◎ (㉠) 성분은 검출되지 않을 것. 다만, 비유기 원료 또는 재료의 오염 등 비의도적인 요인으로 (㉠) 성분이 검출된 것으로 입증되는 경우에는 (㉡)mg/kg 이하까지만 허용한다.
◎ 인증품에 인증품이 아닌 제품을 혼합하거나 인증품이 아닌 제품을 인증품으로 판매하지 않을 것

해답
㉠ 합성농약
㉡ 0.01

17 다음은 유기농어업자재 공시에 대한 내용이다. 빈칸에 알맞은 말을 적으시오

> (㉠) 또는 (㉡)은 (㉢)가 허용물질을 사용하여 생산된 자재인지를 확인하여 그 자재의 명칭, 주성분명, 함량 및 사용방법 등에 관한 정보를 공시할 수 있다.

해답
㉠ 농림축산식품부장관
㉡ 해양수산부장관
㉢ 유기농어업자재

18 퇴비 모재료에 대한 내용이다. 내용을 보고 옳은 것은 O, 틀린 것은 X를 고르시오

> ㉠ 탄질비가 가장 중요한 요소이다. (O / X)
> ㉡ 계분이 우분보다 인산함량이 많다. (O / X)
> ㉢ 65 ℃ 이상일 때 미생물의 활성이 높아진다. (O / X)
> ㉣ 병원성 미생물도 이용할 수 있다. (O / X)

해답
㉠ O ㉡ O ㉢ O ㉣ X

19 다음은 유기식품등의 생산, 제조·가공 또는 취급에 필요한 인증기준에 대한 내용이다. 보기 중 옳은 내용을 고르시오

> ㉠ 유기식품의 재료의 세척에 사용된 물질이 함유되지 않아야 한다.
> ㉡ 시설 및 장비에 세척제 및 소독제를 사용할 수 없다.
> ㉢ 가공에 사용되는 원료는 모두 유기적으로 생산되어야 한다.
> ㉣ 유전자변형생물체에서 유래한 원료도 사용 가능하다.

해답
㉠, ㉢

20 유기농산물 포장재의 기능 2가지를 적으시오

해답
- 외관을 보호한다.
- 신선도 유지 및 저장성이 향상된다.

2022 2회 필답형 복원문제

이 문제는 수험자의 기억을 토대로 작성하였으므로 실제문제와 일부 다를 수도 있습니다.

01 유기식품등의 생산, 제조·가공 또는 취급에 필요한 인증기준에서 유기축산물에 대한 내용이다. 아래 보기 중 옳은 내용을 고르시오.

> ㉠ 유기가축에는 100% 유기사료를 급여하는 것을 원칙으로 한다.
> ㉡ 반추가축에게 담근먹이만 급여 한다.
> ㉢ 유전자변형농산물 또는 유전자변형농산물에서 유래한 물질을 급여하지 않는다.
> ㉣ 합성화합물 등 금지물질을 사료에 첨가하거나 가축에 급여하지 않는다.
> ㉤ 성장촉진제, 호르몬제의 사용은 주기적으로 사용해야 한다.

해답

㉠, ㉢, ㉣

02 혼작의 정의와 장점 2가지를 적으시오

해답

- 정의 : 혼작은 생육기간이 거의 같거나 유사한 작물을 섞어 재배하는 방법이다
- 장점
  ① 병해충에 대한 저항성을 높인다.
  ② 잡초의 발생량이 감소한다.

03 산파의 정의와 장단점을 각 1개씩 적으시오

해답

- 정의 : 포장 전면에 종자를 흩어 뿌리는 방법이다.
- 장점 : 다른 파종 방법에 비해 노동력이 적게 든다.
- 단점 : 종자의 소모량이 많다.

04 다음 중 토양에서 분해속도가 빠른 것부터 순서대로 적으시오

<보기>
리그닌, 조단백질, 당류, 셀룰로오스

해답
당류, 조단백질, 셀룰로오스, 리그닌

05 다음은 사료의 효용을 높이기 위해 사료에 첨가 가능한 물질들이다. 아래 보기를 보고 아미노산제, 비타민제, 완충제에 분류하여 적으시오

< 보기 >
중조, 황산 L-라이신, 엽산, 판토텐산, 산화마그네슘, L-트립토판

㉠ 아미노산제
㉡ 비타민제
㉢ 완충제

해답
㉠ 아미노산제 : 황산 L-라이신, L-트립토판
㉡ 비타민제 : 엽산, 판토텐산
㉢ 완충제 : 중조, 산화마그네슘

06 아래 보기에서 병해충 관리, 토양개량과 작물 생육, 사료 첨가용 물질을 각각 적으시오

< 보기 >
데리스, 효소제, 쿠아시아, 구아노, 오줌, 아미노산제

㉠ 병해충 관리
㉡ 토양개량과 작물 생육
㉢ 사료 첨가용

해답
㉠ 병해충 관리 : 데리스, 쿠아시아
㉡ 토양개량과 작물 생육 : 오줌, 구아노
㉢ 사료 첨가용 : 효소제, 아미노산제

07 작물의 고온 피해 대책을 2가지 적으시오

해답
- 고온에 강한 작물을 선택한다.
- 관개시설을 만든다.

08 경종적 잡초 방제법 2가지를 적으시오

해답
- 피복작물을 이용한다.
- 재식밀도를 높인다.

09 유기물 함량을 계산하시오

◎ 준비된 토양의 무게 : 50g
◎ 유기물을 태운 후 토양의 무게 : 47.5g

해답
$$\frac{50-47.5}{50} \times 100 = 5\,(\%)$$

10 다음 조건을 보고 질소 함량을 계산하시오

◎ 탄질율 : 25 %
◎ 탄소 함량 : 50 %

해답
$$25 = \frac{50}{N} \rightarrow N : 2\,\%$$

11 질소기아현상에 대한 정의를 탄질률, 작물, 미생물 단어가 포함되게 적으시오

해답

토양에 탄질율이 30 이상 높은 유기물이 투입되면 미생물이 원래 토양에 있는 질소를 이용하기에 작물이 일시적으로 질소 부족 현상이 나타나게 된다.

12 친환경농업에서 사용되는 천적을 분류한 것이다. 아래 빈칸을 채우시오

◎ (㉠) : 진딧물, 기생벌
◎ (㉡) : 풀잠자리, 딱정벌레
◎ (㉢) : 세균, 곰팡이

해답

㉠ 기생성
㉡ 포식성
㉢ 병원성

13 토양유기물의 기능 3가지를 적으시오

해답

- 양분을 공급한다.
- 토양의 물리성이 개선된다.
- 토양의 미생물이 증가한다.

14 아래는 토성 구분 삼각도이다. 삼각도에서 빈칸에 적합한 내용을 적으시오

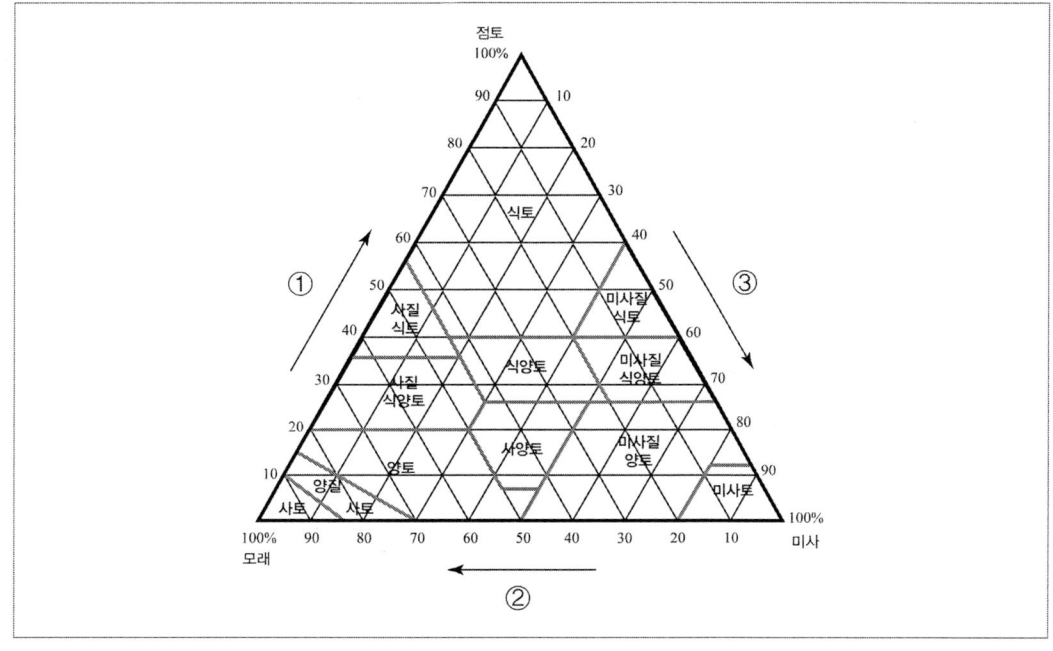

해답

① 점토 ② 모래 ③ 미사

15 아래 보기에서 질소기아현상이 일어나기 쉬운 순서부터 차례대로 적으시오

< 보기 >
호밀, 볏짚, 톱밥, 밀짚

해답

톱밥, 밀짚, 볏짚, 호밀

참고 탄질율
톱밥(500~1000), 밀짚(116), 볏짚(67), 호밀(37)

16 다음 중 고분자 필름으로 호흡하는 산물을 밀봉하여 포장 내 산소와 이산화탄소 농도를 바꾸는 기술을 이용하여 농산물의 저장성을 향상시키는 저장법을 고르시오

< 보기 >
CA 저장, MA 저장, 움저장, 저온저장

해답
MA 저장

17 아래 보기에서 10년 이상 휴작이 필요한 작물 2가지를 고르시오

< 보기 >
담배, 아마, 감자, 인삼, 호박, 당근

해답
아마, 인삼

18 아래 보기 중 생물학적 방제 요소가 아닌 것을 2가지 적으시오

< 보기 >
사상균, 다이옥신, 대장균, 농약

해답
농약, 다이옥신

19 식품첨가물 또는 가공보조제로 사용 가능한 물질 중에서 두류제품의 응고제로 활용되는 것을 2가지 적으시오

해답
염화마그네슘, 염화칼슘

20 유기축산물 및 비식용유기가공품 중 사료로 직접 사용되거나 배합사료의 원료로 사용 가능한 물질을 아래 보기를 보고 구분하여 적으시오

> < 보기 >
> 서류, 곡류, 플랑크톤류, 곤충류, 식염류, 인산염류, 제약부산물류
>
> ㉠ 식물성
> ㉡ 동물성
> ㉢ 광물성

해답

㉠ 식물성 : 서류, 곡류, 제약부산물류
㉡ 동물성 : 플랑크톤류, 곤충류
㉢ 광물성 : 식염류, 인산염류

참고 유기축산물 및 비식용유기가공품에서 사료로 직접 사용되거나 배합사료의 원료로 사용 가능한 물질
- 식물성 : 곡류(곡물), 곡물부산물류(강피류), 박류(단백질류), 서류, 식품가공부산물류, 조류, 섬유질류, 제약부산물류, 유지류, 전분류, 콩류, 견과·종실류, 과실류, 채소류, 버섯류, 그 밖의 식물류
- 동물성 : 단백질류, 낙농가공부산물류, 곤충류, 플랑크톤류, 무기물류, 유지류
- 광물성 : 식염류, 인산염류 및 칼슘염류, 다량광물질류, 혼합광물질류

2022년 3회 필답형 복원문제

이 문제는 수험자의 기억을 토대로 작성하였으므로 실제문제와 일부 다를 수도 있습니다.

01 다음 중 병해충관리를 위해 사용 가능한 물질 3가지를 적으시오.

< 보기 >
천연해수, 제충국, 젤라틴, 화학공정식초, 규조토,

해답
천연해수, 제충국, 규조토

02 다음 설명을 보고 아래 보기에서 적합한 것을 고르시오

< 보기 >
질소, 산소, 이산화탄소

㉠ 산화작용에 영향을 미치고 작물의 호흡에 관여한다.
㉡ 포장에 쓰이는 무색무취의 가스이다.
㉢ 식물 생육 호흡결과로 생성되며 과하면 이취가 발생한다.

해답
㉠ 산소
㉡ 질소
㉢ 이산화탄소

03 법령에 따른 유기가공식품 인증 유효기간을 적으시오

해답
1년

04 유기가공식품에서 구연산삼나트륨이 사용가능한 식품을 1가지 적으시오

해답
소시지

참고 구연산삼나트륨 사용가능 범위
소시지, 난백의 저온살균, 유제품, 과립음료

05 임증심사원의 유기축산 및 무항생제 축산 농가의 현장심사를 할 수 있는 시기를 적으시오

해답
가축이 사육 중인 시기

참고 인증심사 절차 및 세부사항
현장심사는 작물이 생육 중인 시기, 가축이 사육 중인 시기, 인증품을 제조·가공 또는 취급 중인 시기에 실시하고 신청한 농산물, 축산물, 가공품의 생산이 완료되는 시기에는 현장심사를 할 수 없다.

06 퇴비 제조에서 퇴비의 온도가 올라가지 않는 경우의 원인, 이유, 해결법을 각 1가지씩 적으시오

해답
- 원인 : 호기성 미생물이 적어 발효가 되지 않는다.
- 이유 : 너무 건조하거나 통기성이 부족하다.
- 해결법 : 수분을 공급하거나 뒤집어 준다.

07 가축을 유기가축, 비유기가축 병행사육 시 준수해야되는 사항 2가지를 적으시오

해답
- 유기가축과 비유기가축의 생산부터 출하까지 구분관리 계획을 마련하여 이행하여야 한다.
- 유기가축, 사료취급, 약품투여 등은 비유기가축과 구분하여 정확히 기록 관리하고 보관하여야 한다.

08 친환경농어업 육성 및 유기식품 등의 관리, 지원에 관한 법률에서 인증신청서의 첨부서류 종류 3가지를 적으시오.

> **해답**
> · 인증품 생산계획서
> · 경영 관련 자료
> · 사업장의 경계면을 표시한 지도

09 사과, 배, 감과 같은 낙엽수의 생육기간을 쓰시오

> **해답**
> 생장(개엽 또는 개화) 개시기부터 첫 수확일까지

> **참고** 작물별 생육기간
> · 3년생 미만 작물 : 파종일부터 첫 수확일까지
> · 3년 이상 다년생 작물(인삼, 더덕 등) : 파종일부터 3년의 기간을 생육기간으로 적용
> · 낙엽수(사과, 배, 감 등) : 생장(개엽 또는 개화) 개시기부터 첫 수확일까지
> · 상록수(감귤, 녹차 등) : 직전 수확이 완료된 날부터 다음 첫 수확일까지

10 아래는 유기식품등의 생산, 제조·가공 또는 취급에 필요한 인증기준에 정의에 관한 내용이다. 아래 보기 내용을 보고 빈칸에 적합한 것을 적으시오

> ◎ (㉠) : 동일한 재배포장에서 동일한 작물을 연이어 재배하지 않고, 서로 다른 종류의 작물을 순차적으로 조합·배열하여 차례로 심는 것을 말한다.
> ◎ (㉡) : 작물을 재배하는 일정구역을 말한다.
> ◎ (㉢) : 토양을 이용하지 않고 통제된 시설공간에서 빛, 온도, 수분 및 양분 등을 인공적으로 투입해 작물을 재배하는 시설을 말한다.

> **해답**
> ㉠ 윤작
> ㉡ 재배포장
> ㉢ 식물공장

11 아래는 퇴비부숙에서 관능적 검사에 대한 설명이다. 내용을 보고 옳은 것을 표시하시오.

> ㉠ 부숙된 퇴비는 황갈색이어야 한다. (O / X)
> ㉡ 부숙된 퇴비는 모양이 남아 있어야 한다. (O / X)
> ㉢ 부숙된 퇴비는 원료 냄새가 없어야 한다. (O / X)
> ㉣ 부숙된 퇴비는 수분함유량은 40~50% 이어야 한다. (O / X)

해답
㉠ X ㉡ X ㉢ O ㉣ O

12 아래 구분에 보고 사료의 품질저하 방지 또는 사료의 효용을 높이기 위해 사료에 첨가하여 사용 가능한 물질을 1가지씩 적으시오.

> ㉠ 완충제
> ㉡ 미생물제제
> ㉢ 천연보존제

해답
㉠ 완충제 : 산화마그네슘, 탄산나트륨, 중조
㉡ 미생물제제 : 유익균, 유익효모, 유익곰팡이, 박테리오파지
㉢ 천연보존제 : 산미제, 항산화제, 항곰팡이제

13 다음은 토양 유기물에서 시비에 관련된 내용이다. 내용을 적합한 것을 고르시오.

> ㉠ 중금속의 유해작용을 감소시킨다. (O / X)
> ㉡ 알루미늄, 철의 유효도를 높인다. (O / X)
> ㉢ 토지의 물리성을 개선시킨다. (O / X)
> ㉣ 토양의 입단형성을 촉진시킨다. (O / X)

해답
㉠ O ㉡ X ㉢ O ㉣ O

14 다음 중 탄질율이 제일 높은 것을 적으시오.

> < 보기 >
> 톱밥, 가축분뇨, 곰팡이, 부식

해답
톱밥

15 아래 보기를 보고 각각의 천적을 골라 적으시오.

> < 보기 >
> 칠레이리응애, 진디혹파리, 굴파리좀벌, 애꽃노린재

◎ 총채벌레류 : (㉠)
◎ 응애류 : (㉡)
◎ 진딧물 : (㉢)
◎ 잎굴파리 : (㉣)

해답
㉠ 애꽃노린재
㉡ 칠레이리응애
㉢ 진디혹파리
㉣ 굴파리좀벌

16 식물에서 생성되는 화학물질로 인접 식물의 생육에 부정적인 영향을 끼쳐 생장을 저해시키거나 혹은 과도하게 촉진하는 작용을 무엇이라 하는지 적으시오.

해답
타감작용

17 다음은 녹비작물의 분류와 녹비작물의 종류이다. 알맞은 것끼리 선을 그으시오.

```
콩과녹비작물 •           • 헤어리베치
벼과녹비작물 •           • 수단그라스
야생녹비작물 •           • 갈대
```

해답

콩과녹비작물 - 헤어리베치
벼과녹비작물 - 수단그라스
야생녹비작물 - 갈대

참고 녹비작물 종류

콩과녹비작물	헤어리베치, 자운영, 살갈퀴, 콩
벼과녹비작물	호밀, 수단그라스, 옥수수, 보리
야생녹비작물	갈대, 망초, 명아주, 자귀풀

18 다음 중 작물 재배 시 휴작기간이 가장 긴 것을 적으시오.

< 보기 >
콩, 완두, 잠두, 강낭콩, 땅콩

해답

완두

참고 휴작기간
완두(5~7년), 강낭콩(3년), 땅콩(2년), 잠두(2년), 콩(1년)

19 가축의 면역기능 증진을 목적으로 사용 가능한 물질을 아래 보기에서 모두 고르시오.

< 보기 >
효소제, 구충제, 포도당, 마취제, 약초, 생균제

해답

효소제, 약초, 생균제

20 병해충 방제를 위한 물리적 방제법 3가지 적으시오.

해답
유아등 설치, 방충망 설치, 과실에 봉지씌우기

2023년 1회 필답형 복원문제

이 문제는 수험자의 기억을 토대로 작성하였으므로 실제문제와 일부 다를 수도 있습니다.

01 아래 보기를 보고 탄질율이 큰 것부터 차례대로 적으시오

< 보기 >
옥수수잎, 톱밥, 토양부식

해답
톱밥, 옥수수잎, 토양부식

02 식품첨가물 또는 가공보조제로 사용 시 과산화수소의 사용 가능 범위를 적으시오

해답
식품표면의 세척, 소독제

03 아래 식물병의 종류를 보고 관련된 병원미생물을 연결하시오

세균 •	• 감자 더뎅이병
바이러스 •	• 담배모자이크
곰팡이 •	• 탄저병

해답
세균 - 감자 더뎅이병
바이러스 - 담배모자이크
곰팡이 - 탄저병

04 다음은 퇴비 3단계에 대한 내용이다. 내용을 보고 빈칸에 적합한 것을 아래 보기에서 골라 적으시오

< 보기 >
숙성, 감열, 발열

(㉠) : 박테리아가 유기물을 분해되면서 열이 발생하고 재료의 온도가 높아진다.
(㉡) : 유기물 분해가 완료되고 퇴비더미 온도가 내려간다.
(㉢) : 다양한 종류의 생물이 서식하고 퇴비더미의 부피가 줄어들고 흑색으로 변한다.

해답
㉠ 발열
㉡ 감열
㉢ 숙성

05 병해충 관리를 위해 사용 가능한 물질 2가지를 아래 보기에서 고르시오

< 보기 >
어분, 데리스 추출물, 톱밥, 쿠아시아 추출물, 님추출물, 목초액

해답
데리스 추출물, 쿠아시아 추출물, 님추출물

06 다음은 탄질율에 관련된 내용이다. 내용을 보고 적합한 것을 고르시오

㉠ 탄질율은 C/N 비라 표현하는데 C는 탄소, N은 질소를 의미한다 (O / X)
㉡ C/N비가 10 인 물질을 투입하면 일시적인 질소기아현상이 나타난다 (O / X)
㉢ 화본과 작물은 두과작물보다 탄질율이 높다 (O / X)
㉣ 탄질율은 꽃눈의 형성에 영향을 준다 (O / X)

해답
㉠ O ㉡ X ㉢ O ㉣ O

07 다음 중 고분자 필름으로 호흡하는 산물을 밀봉하여 포장 내 산소와 이산화탄소 농도를 바꾸는 기술을 이용하여 농산물의 저장성을 향상시키는 저장법을 적으시오

해답
MA 포장

08 다음은 퇴비의 부숙도 검사방법이다. 보기 중에서 생물학적 검사 방법에 해당하는 것을 모두 고르시오

< 보기 >
지렁이법, pH 판정법, 온도 측정, 냄새 측정, 발아시험법

해답
지렁이법, 발아시험법

09 아래 작물들을 보고 혼작 시 도움이 되는 작물들 끼리 서로 짝지어 연결하시오

감자 •	• 근대
무 •	• 당근
상추 •	• 콩

해답
감자 – 콩
무 – 근대
상추 – 당근

참고 작물 혼작의 예
콩+옥수수, 콩+고구마, 목화+참깨, 마늘+상추,
양파+시금치, 감자+콩, 무+배추, 당근+상추, 무+근대

10 미숙논을 개량하는 방법 3가지를 적으시오

해답
- 석회질 비료를 공급하여 산성토양을 개선한다.
- 퇴비 등 유기물을 시용한다.
- 논토양에 적합한 토양을 객토한다.

11 개간지 토양의 특성 3가지를 적으시오

해답
- 토양의 물리적 성질이 불량하다.
- 토양의 보수력 및 보비력이 약하다.
- 토양의 비옥도가 낮다.

12 가축을 유기가축, 비유기가축 병행사육 시 준수해야되는 사항 1가지를 적으시오

해답
유기가축과 비유기가축의 생산부터 출하까지 구분관리 계획을 마련하여 이행하여야 한다.

13 아래 내용을 보고 빈칸에 적합한 것을 채우시오

◎ 식물에서 생성되는 화학물질로 인접 식물의 생육에 부정적인 영향을 끼쳐 생장을 저해시키거나 혹은 과도하게 촉진하는 작용을 (   ) 이라 한다.

해답
타감작용

14 아래 보기를 보고 병충해의 생물적 방제, 토양지력유지에 해당하는 방법을 보기에서 찾아 적으시오

< 보기 >
왕우렁이농법, 오리농법, 녹지작물재배, 쌀겨농법

◎ 병충해 방제 :
◎ 토양지력유지 :

해답
- 병충해 방제 : 오리농법, 왕우렁이농법, 쌀겨농법
- 토양지력유지 : 녹비작물재배

15 일반적으로 토양 검정 항목 5가지를 적으시오

해답
토양산도, 유기물, 전기전도도, 유효인산, 치환성양이온

16 비닐, 플라스틱 필름, 건초를 이용하여 포장 토양의 표면을 덮는 작업의 명칭을 적으시오

해답
멀칭

17 다음은 윤작에 대한 설명이다. 내용을 보고 옳은 것을 모두 고르시오

㉠ 지력 유지 및 향상을 위해 콩과, 녹비작물이 포함된다.
㉡ 토양의 보호를 위해 피복작물이 포함된다.
㉢ 토양의 이용도를 높이기 위해 봄작물, 겨울작물이 결합된다.
㉣ 잡초의 경감을 위해 중경작물이나 피복작물이 포함된다.

해답
㉠, ㉡, ㉣

18 유기축산물의 인증기준에 대한 내용이다. 아래 빈칸에 적합한 것을 적으시오

> ◎ 유기가축에게는 (㉠)퍼센트 유기사료를 공급하는 것을 원칙으로 할 것. 다만, 극한 기후조건 등의 경우에는 국립농산물품질관리원장이 정하여 고시하는 바에 따라 유기사료가 아닌 사료를 공급하는 것을 허용할 수 있다.
> ◎ (㉡)에게 담근먹이만을 공급하지 않으며, (㉢)도 가능한 조사료를 공급해야 한다.

해답
㉠ 100
㉡ 반추가축
㉢ 비반추가축

19 다음은 부식에 대한 설명이다. 설명을 보고 적합한 것을 고르시오

> ㉠ 부식물질은 비부식물질보다 (간단 / 복잡)하다.
> ㉡ 부식물질은 비부식물질보다 (정형 / 무정형)이다.
> ㉢ (부식 / 비부식)물질은 부식산, 부식탄, 풀빅산 등의 물질이 있다.

해답
㉠ 복잡
㉡ 무정형
㉢ 부식

20 다음 보기는 병해충의 방제 방법이다. 보기 중에서 물리적 방제 방법에 해당하는 것을 모두 고르시오

> < 보기 >
> 살균제, 윤작, 경운, 유살, 재배관리, 소각

해답
유살, 소각

2023 2회 필답형 복원문제

이 문제는 수험자의 기억을 토대로 작성하였으므로 실제문제와 일부 다를 수도 있습니다.

01 유기농업에서 병해충 관리를 위해 사용하는 물질을 보기 중 2가지를 선택하시오

< 보기 >
제충국, 목초액, 키토산, 쌀겨

해답

제충국, 키토산

02 아래 보기를 보고 기생성, 포식성, 병원성을 구분하여 적으시오

< 보기 >
기생파리, 기생벌, 세균, 무당벌레, 풀잠자리, 바이러스

㉠ 기생성
㉡ 포식성
㉢ 병원성

해답

㉠ 기생성 : 기생파리, 기생벌
㉡ 포식성 : 풀잠자리, 무당벌레
㉢ 병원성 : 세균, 바이러스

03 유기축산에 대한 내용이다. 옳은 것을 고르시오

유기축산물의 생산을 위해서 사육된 가축에게는 ㉠(100 / 80 / 50)% 비식용 유기가공품을 급여하여야 한다. 유기축산물 생산과정 중 심각한 천재지변, 극한 기후조건 등으로 인하여 유기사료 급여가 어려운 경우는 ㉡(국립농산물품질관리원장 / 녹림축산식품부장관) 또는 인증기관의 장은 일정기간 동안 유기사료가 아닌 사료를 일정 비율로 급여하는 것을 허용할 수 있다. ㉢(단일 / 반추가축)에게 사일리지만 급여해서는 안 된다.

해답
㉠ 100
㉡ 국립농산물품질관리원장
㉢ 반추가축

04 감이 홍시로 되거나 바나나를 후숙할 때 사용하는 물질을 아래 보기를 보고 1가지 적으시오

< 보기 >
옥신, 지베렐린, 에틸렌, 보르도액

해답
에틸렌

05 유기농산물을 생산, 제조, 가공 또는 취급하는 과정에서 사용할 수 있는 허용물질을 원료 또는 재료로 하여 만든 제품을 보기에서 고르시오

< 보기 >
유기식품, 유기합성자재, 유기농어업자재

해답
유기농어업자재

06 토양개량과 작물생육을 위해 사용한 물질을 고르시오

< 보기 >
톱밥, 젤라틴, 밀랍, 오줌, 파라핀오일, DL-알라닌

해답
톱밥, 오줌

07 다음 설명에 맞는 포장용 기체를 보기에서 골라 적으시오

< 보기 >
산소, 이산화탄소, 질소

(㉠) : 식물 호흡에 필요하며 육식 색깔을 유지한다.
(㉡) : 이취를 발생하고, 육식 색깔을 변화시킨다.
(㉢) : 무색무취이며, 과자 포장에 사용된다.

해답
㉠ 산소
㉡ 이산화탄소
㉢ 질소

08 퇴비화 과정에 대한 명칭과 설명을 올바르게 연결하시오

발열 •	• 유기물 분해가 완료되고 곰팡이가 정착한다.
감열 •	• 박테리아에 의해 에너지가 방출되고 유기물이 분해된다.
숙성 •	• 다양한 종류의 생물들이 서식한다.

해답
발열 - 박테리아에 의해 에너지가 방출되고 유기물이 분해된다.
감열 - 유기물 분해가 완료되면 곰팡이가 정착한다.
숙성 - 다양한 종류의 생물들이 서식한다.

09 토양유기물의 기능 3가지를 적으시오

해답
- 토양의 양분을 공급한다.
- 토양의 물리성이 개선된다.
- 토양미생물의 활성이 증진된다.

10 아래 보기의 토성 중에서 용적밀도가 가장 높은 것을 적으시오

< 보기 >
식토, 사양토, 식양토, 미사질토

해답
사양토

11 포복경의 형태를 가진 녹비 작물을 보기에서 고르시오

< 보기 >
헤어리베치, 자운영, 보리, 밀

해답
헤어리베치

12 유기축산물의 인증기준에서 가축의 전환기간을 보기를 보고 빈칸을 채우시오

< 보기 >
3 / 5 / 6 / 12 / 90

구분	생산물	최소 사유기간
한우, 육우	식육	입식 후 (㉠) 개월
돼지	식육	입식 후 (㉡) 개월

해답
㉠ 12
㉡ 5

13 다음은 유기가공식품으로 사용 가능한 물질에 대한 내용이다. 아래 표를 보고 사용가능 여부를 올바르게 표시하시오

구분	식품첨가물 사용 시	가공보조제 사용시
과산화수소	㉠ (O / X)	㉡ (O / X)
규조토	㉢ (O / X)	㉣ (O / X)

해답

㉠ X ㉡ O ㉢ X ㉣ O

14 다음 내용을 보고 빈칸에 적합한 것을 적으시오

◎ 토양 염류집적을 확인할 수 있는 방법으로 염류 이온의 농도를 이용한 (㉠)가 있으며 측정 단위는 (㉡)로 표시한다.

해답

- ㉠ : 전기전도도
- ㉡ : ds/m

15 해충을 잡아먹는 곤충 천적의 밀도가 지속적으로 유지될 수 있도록 심는 식물을 적으시오(예를 들어 딸기의 경우 보리를 심어준다)

해답

뱅커플랜트(Banker plants)

16 유기농업에 있어 녹비작물의 장점 1가지를 적으시오

해답

토양의 지력이 유지 및 향상된다.

17 유기농산물 및 유기임산물의 인증에 대한 내용이다. 아래 내용을 보고 적합한 것을 고르시오

> ㉠ 토양을 기반으로 하지 않는 농산물, 임산물은 외부투입 물질도 사용 가능하다 (O / X)
> ㉡ 과산화수소, 오존수, 이산화염소, 차아염소산수는 식품 표면의 세척 및 소독제로 사용이 가능하다 (O / X)
> ㉢ 규조토는 여과보조제로 사용 가능하다 (O / X)
> ㉣ 염화마그네슘은 식품첨가물로 사용시 채소제품에 사용 가능하다 (O / X)

해답

㉠ X
㉡ O
㉢ O
㉣ X

참고

㉠ 토양을 기반으로 하지 않는 농산물·임산물은 수분 외에는 어떠한 외부투입 물질도 사용하지 않을 것
㉣ 염화마그네슘은 식품첨가물로 사용시 두류제품에 사용 가능하다

18 다음은 재배포장의 토양 시료 채취 방법에 대한 내용이다. 내용을 보고 적합한 것을 고르시오

> ㉠ 대표성을 위해 한 곳에서만 시료를 채취한다 (O / X)
> ㉡ 시료양은 전문시험연구기관이 필요로 하는 양으로 채취한다 (O / X)
> ㉢ 원칙적으로 시료를 채취할 때는 신청인 또는 그 대리인이 있을 때 인증심사원이 직접 채취한다 (O / X)
> ㉣ 시료채취는 채취지점의 지표에서 밭토양은 10cm, 논토양은 15cm 깊이까지 흙을 채취한다 (O / X)

해답

㉠ X
㉡ X
㉢ O
㉣ O

19 탄질율이 높은 것을 순서대로 적으시오

< 보기 >
톱밥, 왕겨, 발효우분, 부식, 볏짚

해답
톱밥, 왕겨, 볏짚, 발효우분, 부식

20 사료로 직접 사용되거나 배합사료의 원료로 사용 가능한 물질을 아래 보기에서 3가지 고르시오

< 보기 >
항생제, 견과류, 낙농가공부산물, 버섯, 생장촉진제, 유전자변형식품

해답
견과류, 낙농가공부산물, 버섯

2023 3회 필답형 복원문제

이 문제는 수험자의 기억을 토대로 작성하였으므로 실제문제와 일부 다를 수도 있습니다.

01 유기농산물에 토양개량 및 작물생육을 위한 허용 물질 중에서 사람의 배설물의 사용 가능 조건을 1가지 적으시오

해답

완전히 발효되어 부숙된 것을 사용할 것

참고 사람의 배설물 사용가능조건
- 완전히 발효되어 부숙된 것일 것
- 고온발효: 50℃ 이상에서 7일 이상 발효된 것
- 저온발효: 6개월 이상 발효된 것일 것
- 엽채류 등 농산물·임산물 중 사람이 직접 먹는 부위에는 사용하지 않을 것

02 유기농산물을 생산하는 시설재배지 토양의 염류 함량이 기준을 초과하는 경우 대처하는 방법 3가지를 적으시오

해답
- 담수를 실시한다.
- 객토 및 환토를 실시한다.
- 토양개량제를 사용하여 토양의 물리성을 개선한다.

03 다음은 녹비작물의 재배에 장단점에 대한 내용이다. 아래 내용을 보고 ( ) 안에 옳은 것은 O, 틀린 것은 X 로 표시하시오

㉠ 작물을 재배한 후 그대로 토양에 갈아 넣는 것을 의미한다 ( )
㉡ 녹비작물 중 두과작물은 자운영, 알팔파, 완두, 호밀, 유채 등이 있다 ( )
㉢ 토양 부식의 함량을 증대시켜 보습력, 보비력이 높다 ( )
㉣ 간작으로 재배하면 주 작물과 양분 경합이 나타난다 ( )
㉤ 토양침식 방지 효과가 있다 ( )

해답

㉠ O ㉡ X ㉢ O ㉣ O ㉤ O

04 토양의 유기물 함량을 높이는 방법 3가지를 적으시오

해답
- 녹비작물을 재배한다.
- 유기질 비료를 시비한다.
- 적당한 객토 및 경운을 실시한다.

05 토양 개량과 작물 생육을 위해 사용 가능한 물질 중에서 동물에서 유래된 물질을 보기에서 찾아 적으시오

< 보기 >
고초산, 유산균, 폴리라이신, 키토산

해답
키토산

참고
키토산은 게나 새우 등 갑각류의 껍질로부터 추출된다.

06 퇴비화 과정의 3단계를 적으시오

해답
발열 – 감열 – 숙성

07 오리농법의 장점 2가지를 적으시오

해답
- 잡초 및 병해충이 방제된다.
- 토양에 산소를 공급한다.

08 다음은 퇴비의 부숙도 검사를 실시한 것이다. 완숙에 적합한 조건을 고르시오

> ㉠ 원료의 색깔 : (갈색 / 흙갈색~흑색 / 회색)
> ㉡ 원료의 냄새 : (심함 / 약함 / 거의 안남)
> ㉢ 원료의 수분 : (많음 / 적음 / 거의 안느껴짐)

해답
㉠ 흙갈색~흑색
㉡ 거의 안남
㉢ 거의 안느껴짐

09 다음 빈칸에 알맞은 것을 보기에서 골라 적으시오

> < 보기 >
> 10 / 20 / 100 / 200 / 500
>
> 유기축산물로 출하되는 축산물에 동물용의약품이 잔류되어서는 아니 된다. 다만, 동물용 의약품을 사용한 경우 이를 허용하되, 식품위생법에 따라 식품의약품안전처장이 고시한 동물용 의약품 잔류 허용 기준의 ( ) 분의 1을 초과하여 검출되지 아니하여야 한다.

해답
10

10 다음 내용을 보고 유기농업 관련 용어를 적으시오

> (㉠) : 사육되는 가축에 대하여 그 생산물이 식용으로 사용하기 전에 동물용의약품의 사용을 제한하는 일정기간을 말한다.
> (㉡) : 토양을 이용하지 않고 통제된 시설공간에서 빛, 온도, 수분, 양분 등을 인공적으로 투입하여 작물을 재배하는 시설을 말한다.
> (㉢) : 비식용유기가공품 인증기준에 맞게 재배, 생산된 사료를 말한다.

해답
㉠ 휴약기간
㉡ 식물공장
㉢ 유기사료

11 유기재배에서 종자 코팅을 하는 주된 이유 1가지를 적으시오

해답

종자의 보호나 발아, 생육을 조장하기 위해서

참고

종자코팅은 종자피복이라 하며 종자의 보호, 발아, 생육을 조장하기 위해 농약 및 필요한 재료를 종자의 외부에 바르는 작업을 말한다. 종자 코팅에 사용되는 물질에 살균제, 살충제, 안정제, 염료, 생장조절제 등을 첨가하여 처리한다.

12 다음 중 해충과 천적으로 알맞게 짝지어지도록 선을 그으시오

잎응애 • • 총채벌레
진딧물 • • 칠레이리응애
애꽃노린재 • • 진디혹파리

해답

잎응애 – 칠레이리응애
진딧물 – 진디혹파리
애꽃노린재 – 총채벌레

13 퇴비의 공정 규격의 검사 기준에서 유해성분의 종류 3가지를 적으시오

해답

비소, 카드뮴, 수은, 납, 크롬, 구리, 니켈, 아연

참고 퇴비 공정규격설정
◎ 함유할 수 있는 유해성분의 최대량
비 소 45mg/kg, 카드뮴 5mg/kg, 수은 2mg/kg, 납 130mg/kg, 크롬 200mg/kg, 구리 360mg/kg, 니켈 45mg/kg, 아연 900mg/kg

14 천적을 이용하여 해충을 방제하는 경우 나타나는 문제점 2가지를 적으시오

해답
- 천적 곤충 사육에 대한 전문적인 기술을 요구하고 대량 사육에 어려움이 있다.
- 방제 시간이 오래 걸리고 경비가 과다하고 소요된다.
- 생태계의 균형이 파괴될 수 있다.

15 다음은 필수 원소에 대한 설명이다. 설명에 해당하는 필수 원소를 보기에서 골라 적으시오

< 보기 >
질소, 인, 칼슘, 칼륨

◎ (㉠) : 식물의 잎의 녹색으로 만들어주며 유기화합물을 구성하는 필수 원소이다.
◎ (㉡) : 식물의 뿌리 발달 및 개화에 영향을 주며 에너지 대사가 있는 대부분의 식물에 영향을 준다.

해답
㉠ 질소
㉡ 인

16 윤작에 이용되는 작물이 아닌 것을 보기에서 고르시오

< 보기 >
두과작물, 심근성 작물, 백합과작물, 중경작물

해답
백합과 작물

17 pH 7 보다 낮은 토양의 명칭을 적으시오

해답
산성토양

18 다음 중 작물 재배 시 유인이 필요하지 않은 작물을 고르시오

< 보기 >
오이, 양파, 수박, 토마토

해답
양파

참고 양파는 백합과로 구를 형성하는 직립형 작물로 유인이 필요없다.

19 일반적으로 토양 검정 항목 5가지를 적으시오

해답
토양산도, 유기물, 전기전도도, 유효인산, 치환성양이온

20 흡수성, 통기성이 좋아 함수율이 높은 퇴비화 보조제로 활용되고 탄질율이 500~1000 정도의 임산부산물의 대표적 퇴비 원료를 아래 보기에서 고르시오

< 보기 >
톱밥, 산야초, 볏짚, 왕겨

해답
톱밥

2023년 4회 필답형 복원문제

이 문제는 수험자의 기억을 토대로 작성하였으므로 실제문제와 일부 다를 수도 있습니다.

01 유기농업의 기준으로 보았을 경우 토양 피복의 효과 2가지를 적으시오

해답
- 잡초 발생이 억제된다.
- 토양의 건조가 방지된다.
- 토양의 침식이 방지된다.

02 답전윤환의 효과 2가지를 적으시오

해답
- 지력이 증진된다.
- 잡초가 감소한다.

03 아래 보기를 보고 질소비율이 큰 순서대로 나열하시오

< 보기 >
톱밥, 낙엽, 계분, 땅콩짚

해답
계분, 땅콩짚, 낙엽, 톱밥

04 사람 배설물의 사용 가능 조건에 대한 내용이다. 빈칸을 채우시오

◎ 고온 발효의 경우 (㉠)℃ 이상에서 (㉡)일 이상 발효된 것 또는 저온발효의 경우 (㉢)개월 이상 발효된 것일 것

해답
㉠ 50
㉡ 7
㉢ 6

참고 사람의 배설물 사용 가능 조건
- 완전히 발효되어 부숙된 것일 것
- 고온발효: 50℃ 이상에서 7일 이상 발효된 것
- 저온발효: 6개월 이상 발효된 것일 것
- 엽채류 등 농산물·임산물 중 사람이 직접 먹는 부위에는 사용하지 않을 것

05 병해충 관리로 이용 가능한 물질 중 '달팽이 관리용'으로만 사용 가능한 물질을 적으시오

해답
인산철

06 퇴비의 단계별 내용을 보고 알맞은 것을 보기에서 찾아 적으시오

< 보기 >
감열, 숙성, 발열

◎ (㉠) : 박테리아가 유기물을 분해되면서 열이 발생하고 재료의 온도가 높아진다.
◎ (㉡) : 유기물 분해가 완료되고 퇴비더미 온도가 내려간다.
◎ (㉢) : 다양한 종류의 생물이 서식하고 퇴비더미의 부피가 줄어들고 흑색으로 변한다.

해답
㉠ 발열
㉡ 감열
㉢ 숙성

07 병해충 관리용으로 사용 가능한 물질을 보기에서 3가지 고르시오

<보기>
규조토, 목초액, 대두박, 구아노, 버섯추출물, 키토산

해답
버섯추출물, 규조토, 키토산

08 인접지역에서 사용한 금지물질이 인증을 받은 지역으로 유입되지 않도록 인증을 받은 지역을 두르는 일정한 구역을 무엇이라 하는지 적으시오

해답
완충지대

09 다음 설명하는 내용을 보기에서 골라 적으시오

<보기>
회색화, 포드졸화, 이탄토

◎ (㉠) : 한랭다습한 지역의 침엽수림에 주로 발생한다.
◎ (㉡) : 배수가 좋지 못한 토양에서 환원상태가 되어 청회색, 회녹색 등을 띤다.
◎ (㉢) : 분해되지 못한 낙엽들, 이끼류 등의 습생식물이 늪지대에 최적된 것

해답
㉠ 포드졸화
㉡ 회색화
㉢ 이탄토

10 아래 내용을 보고 관련된 것끼리 서로 연결하시오

식물의 재 •		• 무기물
석회 •		• 산도조절
돌가루 •		• 유기물

해답
식물의 재 – 유기물
석회 – 산도조절
돌가루 - 무기물

11 토양의 3상을 적으시오

해답
고상, 액상, 기상

12 아래 내용을 보고 알맞은 것을 고르시오

◎ 작물을 수확 후 오래 장기 보관하기 위해서는 산소를 ㉠(낮게 / 높게), 이산화탄소를 ㉡(낮게 / 높게) 해야 한다.

해답
㉠ 낮게
㉡ 높게

13 아래 보기의 조건을 보고 한발의 피해 발생 정도가 높은 것부터 낮은 것 순서로 적으시오

토양	벼 재배시기
식양토, 양토, 미사질 양토	수잉기, 분얼기, 유수형성기

해답
· 토양 : 미사질 양토, 양토, 식양토
· 벼 재배시기 : 수잉기, 유수형성기, 분얼기

14 다음은 잡초 방제 방법에 대한 내용이다. 내용을 읽고 옳으면 O, 틀리면 X를 고르시오

> ㉠ 잡초균에 오염된 농기계를 사용하면 안된다 (O / X)
> ㉡ 윤작보다 연작을 하는 것이 잡초 방제에 우수하다 (O / X)
> ㉢ 피복작물을 이용하여 잡초 발생을 억제한다 (O / X)
> ㉣ 잡초 발생지에 완숙퇴비를 사용한다 (O / X)
> ㉤ 적정 시비를 통해 작물의 경합력을 증대시킨다 (O / X)

해답

㉠ O
㉡ X
㉢ O
㉣ O
㉤ O

15 퇴비 부숙 여부 판정에 대한 내용이다. 내용을 읽고 옳으면 O, 틀리면 X를 고르시오

> ㉠ 흑색보다 갈색에 가까우면 부숙도가 높다. (O / X)
> ㉡ 악취가 심하면 부숙도가 높다. (O / X)
> ㉢ 원래 형태를 유지하면 부숙도가 낮다. (O / X)
> ㉣ 퇴비의 통기를 많이 시키면 부숙도가 높아진다. (O / X)

해답

㉠ X
㉡ X
㉢ O
㉣ O

16 유기축산에 대한 설명이다. 내용을 읽고 옳으면 O, 틀리면 X를 고르시오

> ㉠ 자연교배보다 인공교배가 우선해야 한다. (O / X)
> ㉡ 수정란이식기법, 번식호르몬 처리를 하면 안된다. (O / X)
> ㉢ 유전공학을 이용한 번식방법은 기관장의 허락 후에는 가능하다. (O / X)
> ㉣ 번식을 위한 수컷에 관한 사항은 승인을 받지 않아도 된다. (O / X)
> ㉤ 축산의 종 선택 시 자연환경에 대한 생육환경을 고려해야 한다. (O / X)

해답
㉠ X
㉡ O
㉢ X
㉣ X
㉤ O

17 친환경농업을 실천하는 자가 경종과 축산을 겸업하면서 각각의 부산물을 작물재배 및 가축사육에 활용하고, 경종작물의 퇴비소요량에 맞게 가축사육 마릿수를 유지하는 형태의 농법을 적으시오

해답
경축순환농법

18 다음 내용을 보고 빈칸을 채우시오

> ◎ 페로몬의 종류 중 성페로몬은 암컷이 수컷을 유인할 때 발생되는 호르몬이고 (   ) 호르몬은 개미, 좀벌레 등 먹이, 서식지를 발견했을 때 발생되는 호르몬이다

해답
집합

참고 페로몬
- 페로몬의 경우 곤충이 방출하는 일종의 화학물질로서 종 특이적으로 작용한다.
- 같은 종의 이성을 유인하는 성페로몬, 서식지에서 동족을 부르는 집합페로몬, 위험을 전파하는 경보페로몬, 길을 안내하기 위한 길잡이 페로몬, 동족의 과밀현상을 피하기 위한 분산페로몬 등 목적에 따라 다양한 페로몬이 있다.

19 심사원의 유기농작물의 현장심사를 할 수 있는 시기를 적으시오

해답

작물이 생육 중인 시기

참고 인증심사 절차 및 세부사항

현장심사는 작물이 생육 중인 시기, 가축이 사육 중인 시기, 인증품을 제조·가공 또는 취급 중인 시기에 실시하고 신청한 농산물, 축산물, 가공품의 생산이 완료되는 시기에는 현장심사를 할 수 없다

20 유기식품 및 무농약농산물 등의 인증에 대한 내용이다. 내용을 읽고 옳으면 O, 틀리면 X를 고르시오

> ㉠ 교배는 종축을 사용한 자연교배를 권장하되, 인공수정을 허용할 수 없다. (O / X)
> ㉡ 방사선은 해충방제, 식품보존, 병원의 제거 또는 위생의 목적으로 사용할 수 없다. (O / X)
> ㉢ 수정란 이식기법이나 번식호르몬 처리, 유전공학을 이용한 번식기법은 허용되지 아니한다. (O / X)
> ㉣ '어린잎채소'란 생육기간(15일 내외)이 짧아 본엽이 4엽 내외로 재배되어 주로 생식용으로 이용되는 어린 채소류를 말한다. (O / X)
> ㉤ 재배포장에 관행농업을 번갈아 하여서는 아니 된다. (O / X)
> ㉥ 저장구역 또는 수송컨테이너에 대한 병해충 관리방법으로 물리적 장벽, 소리·초음파, 빛·자외선, 덫(페로몬 및 전기유혹 덫을 말한다), 온도조절, 대기조절 및 규조토를 이용할 수 있다. (O / X)

해답

㉠ X
㉡ O
㉢ O
㉣ O
㉤ O
㉥ O

참고

교배는 종축을 사용한 자연교배를 권장하되, 인공수정을 허용할 수 있다.

2024 1회 필답형 복원문제

이 문제는 수험자의 기억을 토대로 작성하였으므로 실제문제와 일부 다를 수도 있습니다.

01 다음 설명과 용어를 알맞게 연결하시오

고초균 •	• 유기물을 분해하여 젖산, 각종효소를 분비하며 식품 발효에 이용한다.
유산균 •	• 빛에너지를 이용하여 동화 작용을 하는 세균이다.
광합성균 •	• 유기물 분해능력 우수하며 살균·살충작용을 한다.

해답
- 고초균 : 유기물 분해능력 우수하며 살균·살충작용을 한다.
- 유산균 : 유기물을 분해하여 젖산, 각종효소를 분비하며 식품 발효에 이용한다.
- 광합성균 : 빛에너지를 이용하여 동화 작용을 하는 세균이다.

02 친환경농축산물의 종류 3가지를 적으시오.

해답
유기농산물, 유기축산물, 무농약농산물

03 잡초의 방제법에는 화학적 방제법, 생물적 방제법, 기계적 방제법 등 다양한 방법이 있다. 여기서 화학적 방제법, 생물적 방제법과 비교하여 기계적 방제법인 경운의 특징을 아래 보기에서 모두 고르시오.

> ㉠ 상대적으로 비용이 많이 든다.
> ㉡ 다른 방제법에 비해 생태계에 큰 영향을 준다.
> ㉢ 방제 효과가 오래 지속된다.
> ㉣ 뿌리 및 잡초종자까지 제거가 가능하다.
> ㉤ 토양의 통기성이 개선되는 효과도 있다.

해답
㉣, ㉤

04 퇴비의 생물학적 시험방법 중 지렁이법에 대하여 설명하시오

해답

수분함량이 약 65% 퇴비를 정도되는 퇴비를 비커에 약 1/3 정도 담고 줄지렁이 5~6마리를 넣어 검은 천으로 감싸 어두운 환경을 조성한다. 약 1시간 후 검은 천을 벗겨 밝게 한 후 행동을 관찰하여 다음과 같이 판정한다.

아주 미숙한 퇴비	지렁이가 부분적으로 녹기 시작
약간 미숙한 퇴비	지렁이가 행동력을 잃고 움직임이 없으며 몸체가 백색 또는 암갈색으로 변한다.
완숙 퇴비	지렁이 활동이 활발하다.

05 토성 중 통기성, 배수성이 큰 순서대로 아래 보기를 참고하여 적으시오.

< 보기 >
식양토, 사토, 양토, 사양토, 식토

해답

사토, 사양토, 양토, 식양토, 식토

06 재배포장 전환기간을 생략하는 대상 3가지를 적으시오.

해답

- 싹을 틔워 직접 먹는 농산물
- 어린잎채소(토양재배 제외)
- 버섯류의 재배 시설 및 포장

07 산림 등 자연 상태에서 자생하는 식용식물을 굴취·채취하는 경우 충족해야하는 요건 2가지를 적으시오.

> **해답**
> - 채취지역은 뚜렷이 구분될 수 있도록 채취예정구역도를 작성하여 해당지역에서 채취하여야 한다.
> - 채취예정량을 산정할 수 있도록 채취예정수량 조사서를 제시하여야 한다.
> - 채취는 관련법령을 준수하여야 한다.
> - 채취과정에서 해당지역 내 자생환경의 안정이 침해받지 않도록 하고 종의 유지에 문제가 없을 정도로 채취한다.
> - 인증을 받으려는 채취지역 이외의 지역에서 같은 품목을 채취하거나 취급하여서는 아니 된다.

08 토양 유기물의 분해속도가 빠른 것부터 순서대로 나열하시오.

< 보기 >
헤미셀룰로오스, 셀룰로오스, 전분, 리그닌

> **해답**
> 전분, 헤미셀룰로오스, 셀룰로오스, 리그닌

09 병해충 관리를 위해 사용 가능한 물질 3가지를 아래 보기에서 고르시오.

< 보기 >
어분, 데리스추출물, 톱밥, 제충국, 님추출물

> **해답**
> 데리스추출물, 제충국, 님추출물

10 콩과작물이 아닌 것을 2개 고르시오.

< 보기 >
옥수수, 클로버, 귀리, 자운영, 헤어리베치

해답
옥수수, 귀리

11 토양 개량과 작물 생육을 위해 사용 가능한 물질을 모두 고르시오.

< 보기 >
오줌, 구아노, 비누, 톱밥, 에틸렌, 파라핀 오일, 왕겨

해답
오줌, 구아노, 톱밥, 왕겨

12 유인물질(페로몬)의 특징 2가지를 적으시오.

해답
- 미량으로 효과가 높다.
- 분해가 빠르다.

참고 성유인물질(페로몬)의 특징
- 대상종 이외의 다른 곤충에게 영향이 적다.
- 감도가 높아 미량으로 효과가 크다.
- 독성이 적고 분해가 빠르다.
- 농작물의 잔류나 환경오염의 가능성이 거의 없다.
- 교미교란 방제작용으로 활용한다.

13 유기가공식품에 대한 설명이다. 빈칸에 알맞은 말을 적으시오.

◎ 유기가공식품 등의 인증 유효기간은 인증을 받은 날부터 ( )년 이다

해답
1

14 아래 보기를 보고 탄질율이 높은 순서대로 나열하시오.

< 보기 >
활엽수 톱밥, 가축의 분뇨. 사탕수수 찌꺼기

해답
활엽수의 톱밥, 사탕수수 찌꺼기, 가축의 분뇨

15 식품첨가물 또는 가공보조제로 사용 가능한 물질 중 설탕 가공 중의 산도 조절제, 유지 가공에 활용되는 물질을 아래 보기에서 고르시오.

< 보기 >
수산화나트륨, 산탄검, 벤토나이트, 무수아황산

해답
수산화나트륨

16 배수를 원활하게 하기 위해 지하에 배수관을 설치하는 방법을 적으시오.

해답
암거배수

17 윤작의 정의와 효과 1가지를 적으시오.

해답
- 정의 : 윤작은 한 농경지에 동일 작물을 재배하는 연작과는 반대로 다른 종류의 작물을 순차적으로 재배하는 방식이다.
- 효과 : 지력이 유지된다.

18 다음 내용은 퇴비화에 조건이다. 퇴비화 가장 잘 이루어지기 위한 조건들을 고르시오.

㉠ 토양의 수분은 (10 ~ 20% / 60 ~ 70%) 로 한다.
㉡ 토양의 온도는 (0 ~ 20℃ / 40 ~ 60℃) 으로 한다.
㉢ 토양의 pH 는 (산성 / 염기성) 으로 한다.
㉣ 외부로부터 공기를 (공급 / 차단) 한다.
㉤ 퇴비화는 (호기성 / 혐기성) 미생물에 의해 진행된다.

해답
㉠ 60 ~ 70%
㉡ 40 ~ 60℃
㉢ 염기성
㉣ 공급
㉤ 호기성

19 다음 유기축산물에 관련된 내용을 보고 옳은 것을 모두 고르시오.

㉠ 가축에게 급여하는 사료가 유기사료임을 입증할 수 있는 자료를 확인한 후 급여하여야 한다.
㉡ 같은 축사 내에서 유기가축과 비유기가축을 번갈아 사육해야 한다.
㉢ 반추가축에게 사일리지만 급여해야 한다.
㉣ 전환기간이 충족되지 아니한 가축을 인증품으로 판매하여서는 아니 된다.

해답
㉠, ㉣

2024 2회 필답형 복원문제

이 문제는 수험자의 기억을 토대로 작성하였으므로 실제문제와 일부 다를 수도 있습니다.

01 '친환경농수산물'에 해당하지 않는 것을 1가지 고르시오

< 보기 >
유기농수산물 / 무농약농산물 / 무항생제수산물 / 기능성농산물 / 활성처리제 비사용 수산물

해답
기능성농산물

02 아래 보기를 보고 가축의 전환기간을 바르게 연결하시오

한우 • • 6주
돼지 • • 3개월
산란계(알) • • 5개월
오리(식용) • • 12개월

해답
- 오리(식용) – 6주
- 산란계(알) – 3개월
- 돼지 – 5개월
- 한우 – 12개월

03 아래 보기 중에서 질소고정작물을 고르시오

> < 보기 >
> 엽채류, 심근류, 과채류, 서류, 두과, 화본과

해답
두과

참고
두과작물은 뿌리혹박테리아가 있어 질소를 고정하는 능력이 뛰어나 녹비작물로 많이 이용되고 있다.

04 법령에 따른 유기가공식품 인증 유효기간을 적으시오

해답
1년

05 다음 중 타감작용이 큰 작물 3가지를 고르시오

> < 보기 >
> 메밀, 담배, 감자, 고추, 오이, 헤어리베치, 클로버

해답
메밀, 헤어리베치, 클로버

06 아래 설명을 보고 설명하는 것을 적으시오

◎ (㉠) : 생육기간(15일 내외)이 짧아 본엽이 4엽 내외로 재배되어 주로 생식용으로 이용되는 어린 채소류를 말한다.
◎ (㉡) : 사육되는 가축에 대하여 그 생산물이 식용으로 사용하기 전에 동물용의약품의 사용을 제한하는 일정기간을 말한다.
◎ (㉢) : 버섯류, 양액재배농산물 등의 생육에 필요한 양분의 전부 또는 일부를 공급하거나 작물체가 자랄 수 있도록 하기 위해 조성된 토양이외의 물질을 말한다.

해답
㉠ 어린잎채소
㉡ 휴약기간
㉢ 배지

07 아래 보기를 보고 토양유기물 함량 검사 절차를 바르게 나열하시오

㉠ 토양시료를 도가니에 담아 무게를 측정한다.
㉡ 풍건한 시료를 도가니에 담아 105℃ 로 건조한다.
㉢ 시료가 담긴 도가니를 550~600℃ 회화로에 넣어 완전히 태운다.
㉣ 도가니를 데시케이터에 식힌 후 무게를 측정하여 유기물의 함량을 구한다.

해답
순서 : ㉡ - ㉠ - ㉢ - ㉣

08 다음은 볍씨 염수선을 위해 준비된 소금물의 비중과 계란의 뜬 모양을 나타낸 그림이다. 다음 그림을 보고 소금물의 비중이 낮은 것부터 높은 것 순서로 적으시오

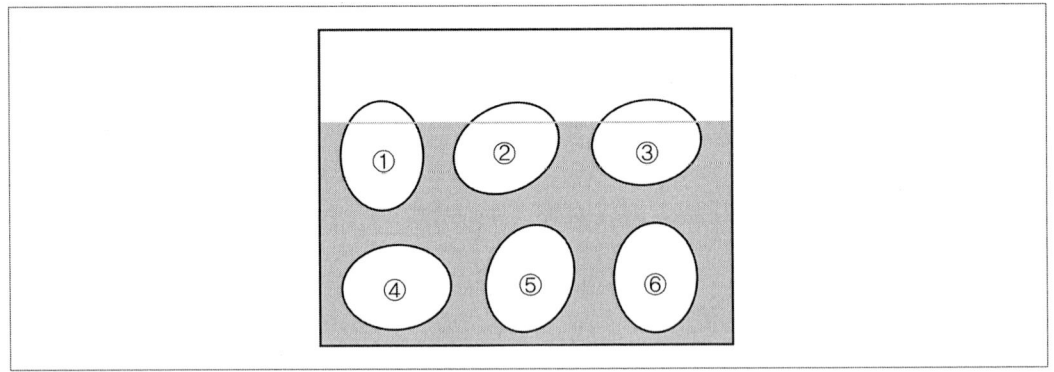

해답

④, ⑤, ⑥, ①, ②, ③

참고 비중값
① 1.09 ② 1.11 ③ 1.13 ④ 1.00 ⑤ 1.03 ⑥ 1.08

09 인증품 또는 인증품의 포장·용기에 표시하는 인증정보 5가지 항목을 적으시오

해답
- 인증사업자의 성명 또는 업체명
- 전화번호
- 사업장 소재지
- 인증번호와 인증기관명
- 생산지

10 아래 보기를 보고 질소고정(kg/10a)이 큰 순서대로 나열하시오

< 보기 >
콩, 스위트클로버, 알팔파

해답
알팔파, 스위트클로버, 콩

11 아래 보기에서 식품첨가물로 사용이 가능한 것을 모두 적으시오

> < 보기 >
> 과산화수소, 규조토, 구아검, 구연산, 글리세린

해답
구아검, 구연산, 글리세린

12 병해충 관리를 위해 사용 가능한 물질 3가지를 아래 보기에서 고르시오

> < 보기 >
> 염화나트륨, 클로렐라, 키토산, 구아노, 랑베나이트, 난황

해답
클로렐라, 키토산, 난황

13 답전윤환의 효과 2가지를 적으시오

해답
- 지력이 증진된다.
- 잡초가 감소한다.

14 생물학적 방제법에서 기생성 천적에 해당하는 것을 2가지 적으시오

해답
기생파리, 기생벌

15 아래 설명을 보고 보기에서 적합한 것을 고르시오

< 보기 >

리그닌 / Humin acid / Fulvic acid / Humin

◎ 알칼리성 용액을 넣고 침전된 부식으로 산도와 관계없이 물에 녹지 않는 흑색 고분자 화합물이다.

해답

Humin

16 촉감에 의한 간이토성분석법에 대한 내용으로 옳은 것은 O, 틀린 것은 X로 표시하시오.

㉠ 사토는 손바닥 안에서 뭉쳐지지 않고 그대로 부서진다.
㉡ 양토는 손 안에 뭉쳐지며 띠를 만들 때 2.5cm 이상으로 만들 수 있다.
㉢ 식양토는 띠를 만들 때 약 5cm 까지 만들 수 있고 손으로 문질렀을 때 다소 까칠까칠한 느낌이다.
㉣ 식토는 약 5cm 이상의 띠를 만들 수 있고 문질렀을 때 매끄러운 느낌이 있다.

해답

㉠ O ㉡ X ㉢ O ㉣ O

참고

㉡ 양토는 손 안에서 토양이 뭉쳐지며 띠를 만들 때 2.5cm 이상 길어지지 않는다

17 아래 내용을 보고 식물에 관련된 필수 원소를 적으시오.

석회가 부족한 산성토양에서 결핍되기 쉽고 결핍시 황백화현상이 나타나며 줄기나 뿌리의 생장점의 발육이 나빠진다.

해답

마그네슘

18 다음은 해충의 방제 방법에 대한 내용이다. 알맞게 연결하시오

온탕소독	•	• 식물학적 방법
곰팡이분의 종자처리	•	• 물리적 방법
마늘가루 코팅처리	•	• 생물학적 방법

해답
온탕소독 – 물리적 방법
곰팡이분의 종자처리 – 생물학적 방법
마늘가루 코팅처리 – 식물학적 방법

19 재배포장 주변에 공동방제구역 등 오염원이 있는 경우 조치사항 2가지를 적으시오

해답
- 적절한 완충지대나 보호시설을 확보하여야 한다.
- 해당구역에서 생산된 농산물에 대한 구분관리 계획을 세워 이행한다.
- 재배포장 입구나 인근 재배포장과의 경계지 등의 잘 보이는 곳에 유기농산물·유기임산물 재배지임을 알리는 표지판을 설치하여야 한다.

20 유기농산물의 경영관리에서 재배하고 있는 농산물 중 일부만 인증 받으려고 하는 경우 인증을 신청하지 않은 농산물의 재배과정에서 기록 및 보관해야 하는 자료 2가지를 적으시오

해답
- 재배과정에서 사용한 합성농약 및 화학비료의 사용량
- 해당 농산물의 생산량 및 출하처별 판매량

2024 3회 필답형 복원문제

이 문제는 수험자의 기억을 토대로 작성하였으므로 실제문제와 일부 다를 수도 있습니다.

01 아래 보기의 토양목 중 우리나라에 없는 것을 고르시오.

< 보기 >
인셉티솔 / 엔티솔 / 안디솔 / 옥시솔

해답
옥시솔

02 병해충 관리를 위해 사용 가능한 물질 1가지를 아래 보기에서 고르시오.

< 보기 >
과망간산칼륨 / 구아노 / 황산칼륨 / 염화나트륨

해답
과망간산칼륨

03 자갈, 모래, 미사, 점토 중 점토의 특징 2가지를 적으시오.

해답
- 보수성이 높다.
- 지름이 0.002mm 이하의 입자이다.
- 보비력이 높다.

04 아래 설명을 보고 빈칸을 채우시오.

◎ 식물의 잎에서 동화작용에 의해 생성되는 (㉠)와 식물의 뿌리를 통해 흡수되는 (㉡)의 비율을 (㉢)이라 하며 식물의 생장, 꽃눈의 형성, 결실 등에 영향을 준다.

해답
- ㉠ 탄소
- ㉡ 질소
- ㉢ 탄질율

05 다음 보기에 퇴비제조 순서를 차례대로 나열하고 질소 함량을 높이는 방법을 1가지 적으시오.

< 보기 >
원료 준비, 후숙, 뒤집기와 퇴적, 원료혼합

해답
- 원료 준비 → 원료 혼합 → 뒤집기와 퇴적 → 후숙
- 요소 비료를 시비하면 질소 함량을 높일 수 있다

06 토양에 집적된 염류를 제거하는 방법 3가지를 적으시오.

해답
- 석회를 시용한다.
- 토양개량제를 사용하여 토양의 물리성을 개선한다.
- 심경을 실시한다.

07 다음은 생물학적 제초에 대한 내용이다. 내용을 보고 옳은 것은 O, 틀린 것은 X를 고르시오.

> ㉠ 벼를 이앙하고 바로 오리를 풀어준다. (O / X)
> ㉡ 월동 우렁이는 강이나 하천에서 생태계를 교란시킨다. (O / X)
> ㉢ 쌀겨가 가진 지방성분으로 인하여 잡초 발생이 억제된다. (O / X)
> ㉣ 우렁이는 논의 잡초 및 수중의 어류 등의 사체를 섭식한다. (O / X)

해답
㉠ X
㉡ O
㉢ X
㉣ O

08 답전윤환 재배의 정의를 적고 장점을 1가지 적으시오.

해답
- 정의 : 답전윤환은 논상태와 밭상태로 몇 해씩 돌려가면서 벼와 작물을 재배하는 방식을 말한다.
- 장점 : 답전윤환을 통해 잡초의 발생이 억제된다.

09 퇴비의 효과 3가지를 적으시오.

해답
- 토양의 입단구조 형성을 촉진하여 토양의 물리성을 개선한다.
- 토양의 이화학적 성질을 개선한다.
- 토양 중 생물의 활성 및 증진에 효과가 있다.

10 아래 물질을 보고 식품첨가물 및 가공보조제로 사용 가능 범위를 올바르게 연결하시오.

젖산 •	• 제한 없음
조제해수 •	• 발효채소제품
천연향료 •	• 두류제품 및 응고제

해답
- 젖산 - 발효채소제품
- 조제해수 - 두류제품 및 응고제
- 천연향료 - 제한 없음

11 유기농산물 및 유기축산물 인증에서 토양 개량과 작물 생육을 위해 사용 가능한 물질 3가지를 고르시오.

< 보기 >
보르도액, 황산칼륨, 난황, 구아노, 생석회, 키토산

해답
황산칼륨, 키토산, 구아노

12 다음은 유기가공식품·비식용유기가공품의 인증기준에서 생산물의 품질관리에 대한 내용이다. 빈칸에 적합한 것을 적으시오.

◎ (㉠) 성분은 검출되지 않을 것. 다만, 비유기 원료 또는 재료의 오염 등 비의도적인 요인으로 (㉠) 성분이 검출된 것으로 입증되는 경우에는 (㉡)mg/kg 이하까지만 허용한다.
◎ 인증품에 인증품이 아닌 제품을 혼합하거나 인증품이 아닌 제품을 인증품으로 판매하지 않을 것

해답
㉠ 합성농약
㉡ 0.01

13 다음은 유기농산물 및 유기임산물의 인증기준 대한 내용이다. 빈칸을 채우시오.

◎ 재배용수는 (㉠) 이상의 수질기준에 적합해야 하며, 농산물의 세척 등에 사용되는 용수는 (㉡)의 수질기준에 적합할 것
◎ 종자는 최소한 (㉢) 이상 다목의 재배방법에 따라 재배된 것을 사용하며, (㉣)인 종자는 사용하지 않을 것

해답
㉠ 농업용수
㉡ 먹는물
㉢ 1세대
㉣ 유전자변형농산물

14 유기가공식품의 표면 세척 소독제로 사용이 불가능한 물질을 아래 보기에서 선택하시오.

< 보기 >
오존수, 요소수, 과산화수소, 차아염소산수

해답
요소수

15 유기축산에 대한 설명이다. 내용을 읽고 옳으면 O, 틀리면 X를 고르시오.

㉠ 가축에 있어 꼬리 부분에 접착밴드 붙이기, 꼬리 자르기, 이빨 자르기와 같은 행위는 일반적으로 가능하다. (O / X)
㉡ 보통 생산성 촉진을 위해서 성장촉진제 및 호르몬제를 사용 가능하다. (O / X)
㉢ 생산물의 품질향상과 전통적인 생산방법의 유지를 위하여 물리적 거세를 할 수 있다. (O / X)
㉣ 동물용의약품을 사용하는 경우 용법, 용량, 주의사항 등을 준수해야 한다. (O / X)
㉤ 동물용의약품에 유기합성 농약 성분이 함유된 물질도 사용 가능하다. (O / X)

해답
㉠ X
㉡ X
㉢ O
㉣ O
㉤ X

16 다음은 유기작물 재배에 대한 설명이다. 내용을 읽고 옳으면 O, 틀리면 X를 고르시오.

> ㉠ 혼작은 생육기간이 서로 다른 작물을 섞어 재배하는 방법이다. (O / X)
> ㉡ 혼작은 상호보완이 가능한 작물끼리 재배하는 것이 유리하다. (O / X)
> ㉢ 혼작을 하면 잡초 발생이 늘어난다. (O / X)
> ㉣ 혼작을 하면 작업관리 및 기계화가 용이하다. (O / X)

해답
㉠ X
㉡ O
㉢ X
㉣ X

17 아래 보기의 단어들을 빈칸에 적합하게 채우시오.

> < 보기 >
> 객토 / 근권 / 유기물 / 경운깊이 / 암거배수 / 명거배수 / 윤작
>
> ◎ 개거법은 개방된 토수로에 투수하여 모관상승을 통해 (㉠)에 공급하는 방법이다.
> ◎ (㉡)은 토양을 갈아 흙덩이를 반전시켜 대강 부스러뜨리는 작업을 말한다.
> ◎ 토관이나 시멘트관을 땅속 깊이 묻어 배수하는 방법을 (㉢)라 한다.
> ◎ (㉣)의 시용량이 많은 논은 심경이 유효하지만 습답에서는 심경이 불리하다.

해답
㉠ 근권
㉡ 경운
㉢ 암거배수
㉣ 유기물

18 다음 내용을 읽고 옳으면 O, 틀리면 X를 고르시오.

> ㉠ 일반농산물은 관행농업을 영위하는 과정에서 생산된 농산물이다. (O / X)
> ㉡ 싹을 틔워 직접 먹는 농산물은 종실의 싹을 틔워 일정기간 재배하여 종실이나 어린줄기 등을 먹는 농산물을 말한다. (O / X)
> ㉢ 식물공장에서 생산된 농산물도 유기농산물이다. (O / X)
> ㉣ 이온화 방사선은 해충방제, 식품보전 등을 위해 양봉의 산물에 사용 가능하다. (O / X)

해답
㉠ O
㉡ O
㉢ X
㉣ X

19 다음은 유기농산물 인증에 대한 설명이다. 내용을 읽고 옳으면 O, 틀리면 X를 고르시오.

> ㉠ 유기농산물은 유기농산물이 아닌 농산물과 혼합하여 저장 및 수송할 수 있다. (O / X)
> ㉡ 유기농산물을 포장하지 아니한 상태로 일반농산물과 함께 저장하는 경우 칸막이를 설치한다. (O / X)
> ㉢ 병해충의 관리 및 방제에서 예방책이 부적합한 경우 기계적, 물리적 및 생물학적 방법을 사용한다. (O / X)
> ㉣ 저장구역이나 수송컨테이너에 대한 병해충 관리방법으로 규조토를 이용할 수 없다. (O / X)
> ㉤ 유기농산물을 세척하거나 소독하는 경우 오존수는 사용할 수 없다. (O / X)

해답
㉠ X
㉡ O
㉢ O
㉣ X
㉤ X

20 주어진 이미지 로고의 차이점을 서술하시오.

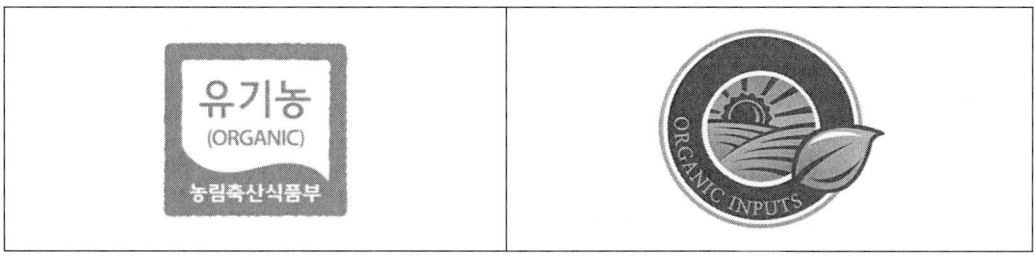

해답

작도법상 '유기농'은 국문 및 영문 모두 고딕체로 하고 글자 크기는 표시 도형의 크기에 따라 조정한다. 색상은 녹색을 기본으로 하되 포장재 색깔을 고려하여 파란색, 빨간색, 검은색으로 할 수 있다. '유기농업자재'의 글자체는 나눔 명조체로 글자색은 연두색으로 한다.

2024 4회 필답형 복원문제

이 문제는 수험자의 기억을 토대로 작성하였으므로 실제문제와 일부 다를 수도 있습니다.

01 작물의 고온 피해 대책을 3가지 적으시오

> **해답**
> - 고온에 강한 작물을 선택한다.
> - 관개시설을 만든다.
> - 그늘을 만들어 준다.

02 현재 퇴비 더미의 온도가 너무 낮다. 아래 보기 중 발생 가능한 원인, 발생 이유, 대책을 선택하여 번호를 적으시오

< 보기 >
① 톱밥을 공급한다.
② 퇴비 내 미생물이 활동하지 않는다
③ 곰팡이가 많이 생성된다
④ 주기적으로 뒤집어 준다
⑤ 퇴비가 너무 건조하다
⑥ 물이나 오줌을 공급한다.
⑦ 퇴비의 밀도를 높이도록 퇴비더미를 더 쌓아준다

◎ 발생 가능한 원인 : (㉠)
◎ 발생 이유 : (㉡)
◎ 대책 : (㉢)

> **해답**
> ㉠ 2
> ㉡ 5
> ㉢ 6

03 토양의 염류직접의 원인 3가지를 적으시오

해답
- 재배환경의 온도가 너무 높을 경우 수분증발이 자주 나타난다.
- 과도한 비료의 공급이 이루어지면 염류집적 현상이 나타난다.
- 수분공급이 원활하지 않을 경우 염류가 용탈되지 못하고 집적된다.

04 다음은 퇴비의 품질검사 방법에 내용이다. 어떤 항목의 평가에 대한 내용인지 적으시오

◎ 퇴비의 평가를 위해 용기에 표기된 눈금까지 퇴비를 채우고 이산화탄소와 암모니아 측정용 패드를 꽂고 공기가 통하지 않게 뚜껑을 덮은 다음 상온(25℃)에서 4시간 방치 후 패드의 색깔을 디지털 판독기로 읽고 판정한다.

해답
퇴비의 부숙도

05 다음 내용을 보고 적합한 것을 고르시오.

◎ 시설재배지의 토양의 염류농도는 ㉠(낮다 / 높다)
◎ 시설재배지의 토양의 pH 는 ㉡(낮다 / 높다)
◎ 시설재배지의 토양의 공극률은 ㉢(낮다 / 높다)

해답
㉠ 높다
㉡ 낮다
㉢ 낮다

참고
시설재배지는 시비 및 적은 강우로 인하여 염류집적이 발생하기에 염류농도는 높다. 시설재배지는 빈번한 화학비료의 사용으로 토양의 산성화로 인하여 pH 는 낮은 수치를 나타낸다. 시설재배지 토양의 경우 답압이나 염류집적 등으로 인하여 공극률은 낮아지는 경향을 보인다

06 식용유와 계란노른자를 유화시켜 만든 것으로 흰가루병, 응애 등의 예방 및 치료의 목적으로 활용가능한 방제제의 명칭을 적으시오

> **해답**
> 난황유

07 아래는 유기식품등의 생산, 제조·가공 또는 취급에 필요한 인증기준에 정의에 관한 내용이다. 아래 보기 내용을 보고 빈칸에 적합한 것을 적으시오

◎ (㉠) : 작물을 재배하는 일정구역을 말한다.
◎ (㉡) : 동일한 작물을 연이어 재배하지 않고, 서로 다른 종류의 작물을 순차적으로 조합·배열하여 차례로 심는 것을 말한다.
◎ (㉢) : 토양을 이용하지 않고 통제된 시설공간에서 빛, 온도, 수분, 양분 등을 인공적으로 투입하여 작물을 재배하는 시설을 말한다.

> **해답**
> ㉠ 재배포장
> ㉡ 윤작
> ㉢ 식물공장

08 다음은 「친환경농어업 육성 및 유기식품 등의 관리·지원에 관한 법률 시행규칙」에 관한 내용이다. 아래 내용을 보고 사용 가능 물질 1가지를 적으시오

사용 가능 조건	사용 가능 물질
◎ 합성농약, 항생제, 항균제, 호르몬제 성분을 함유하지 않을 것 ◎ 가축의 면역기능 증진을 목적으로 사용할 것	( )

> **해답**
> 생균제, 효소제, 비타민, 무기물

09 '3년생 미만 작물'의 생육기간을 적으시오

해답

파종일부터 첫 수확일까지

10 아래 토양구조에 대한 설명을 보고 관련 명칭을 적으시오

◎ 접시와 같은 모양이거나 수평배열의 토괴로 구성된 구조로 토양생성과정 중에 발달하는 편이며 우리나라의 논토양에서 많이 발견된다.

해답

판상구조

11 다음은 유기가공식품·비식용유기가공품의 인증기준에 대한 내용이다. 빈칸에 적합한 것을 고르시오.

◎ 유기로 표시하는 제품은 유기원료의 함량이 인위적으로 첨가한 물과 소금을 제외한 제품 중량의 (60 / 75 / 95)퍼센트 이상 이어야 한다. 비유기 원료 또는 재료의 오염 등 비의도적인 요인으로 합성농약 성분이 검출된 것으로 입증되는 경우에는 (0.01 / 0.02 / 0.001 / 0.002)mg/kg 이하까지만 허용한다.

해답

㉠ 95
㉡ 0.01

12 아래 보기의 작물을 보고 장일성, 단일성, 중일성에 각 2가지씩 적으시오

< 보기 >
토마토, 당근, 상추, 담배, 시금치, 목화

해답

◎ 장일성 : 시금치, 상추
◎ 단일성 : 담배, 목화
◎ 중일성 : 토마토, 당근

13 양질의 퇴비를 얻기 위해 고려 해야할 조건 3가지를 적으시오

> **해답**
> 탄질률, pH, 통기성, 수분함량, 온도

14 아래 보기에서 토양개량과 병해충 관리를 위해 동시에 적용 가능한 물질 3가지를 고르시오

< 보기 >
클로렐라, 님 추출물, 키토산, 해조류, 식초, 이탄

> **해답**
> 클로렐라, 키토산, 해조류

15 퇴비 부숙 여부 판정에 대한 내용이다. 내용을 읽고 옳으면 O, 틀리면 X를 고르시오

㉠ 흑색보다 갈색에 가까우면 부숙도가 높다 (O / X)
㉡ 악취가 심하면 부숙도가 높다 (O / X)
㉢ 원래 형태를 유지하면 부숙도가 낮다 (O / X)
㉣ 퇴비의 통기를 많이 시키면 부숙도가 높아진다 (O / X)

> **해답**
> ㉠ X
> ㉡ X
> ㉢ O
> ㉣ O

16 아래 내용을 보고 옳은 것을 고르시오

> ㉠ 가축에게 급여하는 사료가 유기사료임을 입증할 수 있는 자료를 확인한 후 급여하여야 한다. (O / X)
> ㉡ 비반추가축도 가능한 조사료를 공급한다. (O / X)
> ㉢ 반추가축에게 담근먹이만 급여한다. (O / X)
> ㉣ 합성화합물 등 금지물질을 사료에 첨가하거나 가축에 공급하지 않아야 한다. (O / X)
> ㉤ 가축에게 「먹는물 수질기준 및 검사 등에 관한 규칙」 제11조에 따른 생활용수의 수질기준에 적합한 먹는 물을 상시 공급해야 한다. (O / X)

해답
㉠ O   ㉡ O   ㉢ X   ㉣ O   ㉤ X

17 아래 보기를 보고 각각의 천적을 골라 적으시오

> < 보기 >
> 애꽃노린재 / 칠레이리응애 / 굴파리좀벌 / 진디혹파리
>
> ◎ 총채벌레 : (㉠)
> ◎ 응애류 : (㉡)
> ◎ 잎굴파리 : (㉢)
> ◎ 진딧물 : (㉣)

해답
㉠ 애꽃노린재
㉡ 칠레이리응애
㉢ 굴파리좀벌
㉣ 진디혹파리

18 유기가공식품에 대한 설명이다. 빈칸에 알맞은 말을 적으시오

> ◎ 유기가공식품 등의 인증 유효기간은 인증을 받은 날부터 ( )년 이다

해답
1

19 아래 보기에서 인증품 또는 인증품의 포장·용기에 표시하는 인증정보 2가지를 고르시오

> < 보기 >
> 생산업체 연락처, 인증사업의 성명, 사업장 소재지, 거래수량

해답

인증사업의 성명, 사업장 소재지

20 아래 내용을 보고 적합한 것을 고르시오.

> ◎ 온실에서 속성 퇴비 제조를 위한 온도는 (0 / 10~15 / 30~35 / 100~120)℃ 조건에서 실시한다.

해답

30~35

 **이러닝 강의 및 교재내용 문의**

올배움 홈페이지 www.kisa.co.kr 에
방문하시면 본 교재의 저자직강 강의를 통하여
자격증 단기합격을 할 수 있습니다.
또한 본 교재의 정오표는
올배움 홈페이지를 통해 확인이 가능하며
그 밖의 다른 의견 및 오탈자를 제보해주시면
더 좋은 강의와 교재로 보답하겠습니다.

www.kisa.co.kr

📞 1544-8509   💬 카톡 ID : kisa

올배움BOOK
홈페이지
바로가기 >

유기농업기능사 실기

1판1쇄 발행 2024년 5월 20일
2판1쇄 발행 2025년 1월 10일

지은이 • 권 현 준
펴낸이 • 이 정 훈
펴낸곳 •
주   소 • 서울시 금천구 가산디지털1로 168 B동 B105(가산동, 우림라이온스밸리)
전   화 • 1544-8509 / FAX 0505-909-0777
홈페이지 • www.kisa.co.kr

법인등록번호 • 110111-5784750
I S B N • 979-11-6517-168-1 (13520)

정가 23,000원

이 책에서 내용의 일부 또는 도해를 다음과 같은 행위자들이 사전 승인없이 인용할 경우에는
저작권법 제93조 「손해배상청구권」에 적용 받습니다.
① 단순히 공부할 목적으로 부분 또는 전체를 복제하여 사용하는 학생 또는 복사업자
② 공공기관 및 사설교육기관(학원, 인정직업학교), 단체 등에서 영리를 목적으로 복제·배포
   하는 대표, 또는 당해 '교육자
③ 디스크 복사 및 기타 정보 재생 시스템을 이용하여 사용하는 자

※ 파본은 구입하신 서점에서 교환해 드립니다.